教育部高等学校软件工程专业教学指导委员会软件工程专业系列教材

普通高等学校计算机教育"十三五"规划教材

计算机网络教程

——自顶向下方法

韩立刚 ◎ 编著

U0191494

人民邮电出版社

北　京

图书在版编目（CIP）数据

计算机网络教程 ：微课版. 自顶向下方法 / 韩立刚
编著. — 北京 ：人民邮电出版社，2021.2（2024.7重印）
普通高等学校计算机教育"十三五"规划教材
ISBN 978-7-115-53765-2

Ⅰ．①计… Ⅱ．①韩… Ⅲ．①计算机网络—高等学校
—教材 Ⅳ．①TP393

中国版本图书馆CIP数据核字(2020)第054931号

内 容 提 要

　　本书讲解的核心内容是计算机通信使用的协议，这和高校当前使用的计算机网络主流教材的内容是一致的。不同的是本书站在零基础学生的视角展开理论讲解和章节安排。本书将抽象的理论配以案例，让学生在学习过程中能够学以致用。本书打破传统计算机网络教材的内容布局模式，先从应用层协议开始讲起，再讲解传输层协议、网络层协议、数据链路层协议、物理层规范，最后讲解 TCP/IP和 OSI 参考模型的关系。

　　本书的目标是让学生掌握计算机通信协议包含的要素，通过大量实例来观察应用层协议的报文结构、传输层协议的首部、网络层协议的首部、数据链路层的首部。本书对网络层协议这一部分内容进行了扩展，分为 3 章，包括 IP 地址和子网划分、静态路由和动态路由、网络层协议。

　　本书可作为高等院校计算机及相关专业的教材，也可作为网络工程技术人员与管理员的技术参考书。

◆ 编　著　韩立刚
　　责任编辑　刘 博
　　责任印制　王 郁　马振武
◆ 人民邮电出版社出版发行　　北京市丰台区成寿寺路 11 号
　　邮编　100164　电子邮件　315@ptpress.com.cn
　　网址　https://www.ptpress.com.cn
　　固安县铭成印刷有限公司印刷
◆ 开本：787×1092　1/16
　　印张：16.25　　　　　　　2021 年 2 月第 1 版
　　字数：402 千字　　　　　 2024 年 7 月河北第 7 次印刷

定价：59.80 元

读者服务热线：(010)81055256　印装质量热线：(010)81055316
反盗版热线：(010)81055315
广告经营许可证：京东市监广登字 20170147 号

在信息化的今天，计算机网络应用得非常普遍，而且也在深刻地影响着我们的工作和生活。在高等院校，计算机网络是软件工程专业、网络工程专业等专业必修课。

学生毕业后无论是在企业从事IT运维，还是从事软件开发或软件测试的工作，甚至是从事大数据、云计算、人工智能等领域的工作，都必须掌握计算机网络技术。

学习计算机网络最重要的是掌握计算机通信使用的协议，目前互联网中应用的协议是TCP/IP。本书就以TCP/IP为主要内容安排章节。

写这本书的原因

2002年，我加入微软（河北）高级技术培训中心，担任IT职业化培训讲师，讲解思科CCNA、微软MCSE认证课程；2005年成为微软企业护航专家；2007年进入河北师大软件学院，讲解计算机网络课程。

在10多年的企业网络培训和企业技术支持工作中，我积累了大量的网络规划和网络排错实战经验。在准备讲"计算机网络"这一课程时，我发现所选教材的内容和实际的关联很少，没有案例，很多专业名词是从英文原著直接翻译过来的，过于学术化，这些"表达严谨""无懈可击"的语言，使学生在掌握和理解相关知识时产生了障碍。

比如一些教材中，讲协议时涉及一个概念"对等实体"，这对于学生来说是很不好理解的。其实大家都知道生活和工作中的协议，比如租房协议，有甲方和乙方，这里的对等实体就是协议的甲方和乙方。这样讲解我想大家就会很容易理解。

计算机网络中的很多概念换一种说法就变得容易理解，很多理论加上一个实验和应用案例，读者就会发现这些理论对工作非常有用。老师如果能进一步将理论和实际相关联，进一步引导，学生获得的不只是期末一份满意的答卷，还有工作后解决具体问题的能力。

我对计算机网络的大多数知识点都总结了一套自己的讲法和案例，于是有了写本书的想法。希望通过本书让没有工作经验的学生学习计算机网络不再困难。

本书特色

本书与目前市面上的计算机网络图书的区别如下。

（1）充分考虑那些没有网络基础的学生学习计算机网络时遇到的困惑，打破计算机网络图书常规的知识展现顺序，由具体到抽象、由容易到复杂。大多计算机网络图书，第1章就给学生讲OSI参考模型和TCP/IP分层，对于一个还没有TCP/IP基础的学生来讲，顿感计算机网络太抽象了。本书打破常规，讲完TCP/IP后，最后一章讲OSI参考模型和TCP/IP之间的关系。

（2）计算机网络图书讲TCP/IP时，通常按物理层、数据链路层、网络层、传输层、应用层从低到高的顺序展开，其实底层的协议最为抽象，而应用层协议则是最容易理解的、具体的，并且是有更多可操作性的。通过学习应用层协议，学生对计算机通信使用的协议包含的要素就有了具体的认识，再理解传输层协议、网络层协议等也就变得更容易了。因此本书的章节是按应用层、传输层、网络层、数据链路层和物理层从高到低的顺序安排的。

（3）每章的内容相对于现有的计算机网络图书也进行了相应的调整，调整的原则是学以致用，而不是学以致考。对工作中用得上的理论进行了扩展和补充。例如，掌握了传输层协议和应用层协议之间的关系，就能够设置计算机的防火墙来保障网络安全。再如，为了把网络层协议讲解得更加清楚，让学生学会后能够规划网络、划分子网、配置静态路由和动态路由、排除网络故障、抓包分析网络层协议，本书分成了3章来讲，即IP地址和子网划分、静态路由和动态路由、网络层协议。

（4）本书每章的知识关键点有相应的讲解视频。每章的实验部分在视频中也有详细讲解，包括如何搭建实验环境。

联系方式

使用本书的老师可加入QQ群：757546771，定期分享教学资源。

学生可加入QQ群：487167614，学习不再孤单，有韩老师和同学相伴。

韩立刚老师QQ：458717185。

韩立刚老师微信：hanligangdongqing。

资料提供网址

本课程视频教学观看：www.rymooc.com。

PPT等教学资源下载：www.ryjiaoyu.com。

读者对象

- 高校学生和教师。
- 企业IT运维人员。
- 软件开发和软件测试人员。

致谢

感谢父母对我的培养，从他们身上我学到了勤劳、善良，以及积极乐观的生活态度。

本书由韩立刚编著，参与本书编写的有韩利辉、丁蕾蕾、王晓东、王艳华、马青、王学光等。感谢河北师范大学软件学院的学生和在51CTO学院在线学习我课程的学生，是你们的提问，让我知道了一个初学者的困惑，让我在以后的讲课中一次又一次地改进讲课方式。

由于编者水平所限，希望读者和使用本教材的老师能够指出书中的错误，多提宝贵意见，在此一并感谢。

韩立刚

2021年1月

目录 CONTENTS

01 第1章 认识计算机网络

本章内容

- Internet 的产生和中国的互联网服务提供商
- 企业局域网的规划和设计

全球最大的互联网就是 Internet，本章首先讲解 Internet 的产生和发展、路由器在网络中的作用、中国的互联网和互联网服务提供商；然后讲解企业局域网规划和设计。

1.1 Internet的产生和中国的互联网服务提供商

1.1.1 Internet的产生和发展

Internet 是全球最大的互联网，家庭通过电话线使用非对称数字用户线路（Asymmetric Digital Subscriber Line，ADSL）拨号上网接入的就是 Internet，企业的网络通过光纤接入 Internet，现在使用智能手机通过 4G 通信技术也可以很容易接入 Internet。Internet 正在深刻地改变着我们的生活，网上购物、网上订票、预约挂号、QQ 聊天、支付宝转账、共享单车等应用都离不开 Internet。

Internet 的产生
和发展

最初计算机是独立的，没有相互连接，在计算机之间复制文件和程序很不方便，于是人们就用同轴电缆将一个办公室内（短距离、小范围）的计算机连接起来组成网络（局域网），计算机的网络接口卡（网卡）与同轴电缆连接，如图 1-1 所示。

位于异地的多个办公室，如 Office1 和 Office2 两个网络之间需要通信就要通过路由器连接，形成互联网，如图 1-2 所示。路由器有广域网接口，用于长距离数据传输。路由器负责在不同网络之间转发数据包。

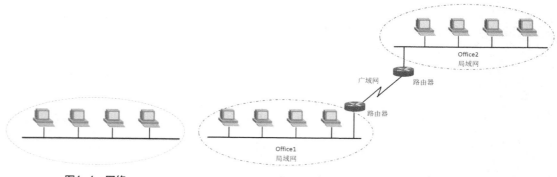

图1-1 网络　　　　　　　　　　　　图1-2 路由器连接多个网络形成互联网

最初只是美国各大学和科研机构的网络进行互连，随后越来越多的公司、政府机构也接入网络。这个在美国产生的开放式网络后来又不局限于美国，越来越多的国家网络通过海底光缆、卫星接入这个开放式的网络，就形成了现在的全球最大的互联网 Internet，如图 1-3 所示。仔细观察图 1-3，可以体会到路由器的重要性。规划网络、配置路由器是网络工程师主要和重要的工作。

1.1.2 中国的互联网服务提供商

Internet 是全球网络，在中国主要有三家互联网服务提供商（Internet Service Provider，ISP），分别是中国电信、中国移动、中国联通。这三家 ISP 向广大用户提供互联网接入业务、信息业务和增值业务。

中国的互联网
服务提供商

这些 ISP 在全国各大城市和地区铺设了通信光缆，用于计算机网络通信。ISP 的作用就是为城镇居民、企业和机构提供 Internet 的接入，在大城市建立机房。用户没有机房，可以购买服务器，将服务器托管到 ISP 的机房。用户可以根据 ISP 提供的网络带宽、入网方式、服务项目、收费标准以及管理措施等选择适合自己的 ISP。

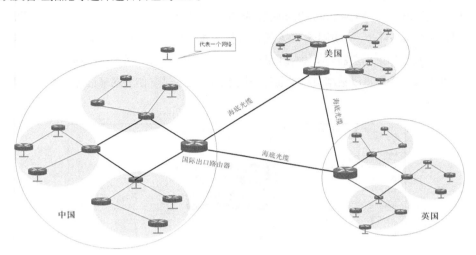

图1-3 Internet示意图

1.1.3 跨ISP访问网络带来的问题

不同的 ISP 独立规划和部署自己的网络，在同一 ISP 内部网络实现高度冗余和带宽的优化，ISP 之间的网络连接链路数量有限，因此跨 ISP 通信网速比较慢。如图 1-4 所示，A 提供商的网络和 B 提供商的网络之间使用 1000Mbit/s 的线路连接，虽然带宽很高，但其承载了所有 A 提供商访问 B 提供商的流量以及 B 提供商访问 A 提供商的流量，因此还是显得拥堵。A 小区的用户访问 A 提供商机房中的 A 网站速度快，访问 B 提供商机房中的 D 网站速度就会显得慢。

跨 ISP 访问网络
带来的问题

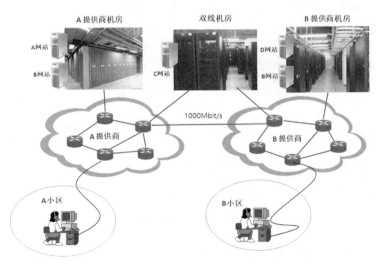

图1-4 双线机房

为了解决跨提供商访问网速慢的问题，可以把公司的服务器托管在双线机房，即同时连接 A 提供商和 B 提供商的机房，如图 1-4 所示。这样通过 A 提供商上网的网民和通过 B 提供商上网的用户访问 C 网站，速度没有差别。

有些网站为了解决跨提供商访问慢的问题，将内容相同的网站部署到多个提供商。如图 1-4 所示，B 网站部署在两个服务器上，分别托管在 A 提供商机房和 B 提供商机房，网站内容一模一样，对用户来说就是一个网站。如果用户需要从网站下载较大文件，可以自行选择从哪个提供商下载。比如有的网站提供软件下载，用户可以根据自己是通过联通上网还是通过电信上网来选择联通下载还是电信下载，如图 1-5 所示。

图1-5 选择提供商

1.1.4 多层级的ISP结构

根据提供服务的覆盖面积大小以及所拥有的 IP 地址数目的不同，ISP 也分为不同的层次。最高级别的第一层 ISP 为主干 ISP。主干 ISP 的服务面积最大（一般都能覆盖国家范围），并且还拥有高速主干网。第二层 ISP 为地区 ISP，一些大公司都属于第二层 ISP 的用户。第三层 ISP 又称为本地 ISP，它们是第二层 ISP 的用户，并且只拥有本地范围的网络。一般的校园网和企业网以及拨号上网的用户都是第三层 ISP 的用户。多层级的 ISP 如图 1-6 所示。

多层级的 ISP 结构

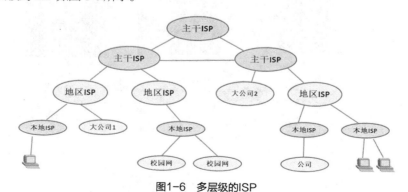

图1-6 多层级的ISP

例如，中国联通是一级 ISP，负责铺设全国范围连接各地区的网络；中国联通石家庄分公司是地区 ISP，负责石家庄市的网络连接；中国联通藁城区分公司属于三级 ISP（是本地 ISP）。

如何理解 ISP 分级呢？比如用户通过联通的光纤接入 Internet，带宽是 100Mbit/s，上网费是每年700 元。你的三个邻居通过你家的路由器上网，每家每年给你 300 元上网费，你就相当于一个四级 ISP了，你每年还能赢利 200 元。

有些公司的网站是为全国甚至全球提供服务的，如淘宝网、12306 网上订票网站，这样的网站最好接入主干 ISP，全国用户访问主干网都比较快。有些公司的网站主要服务于本地区，比如 58 同城之类的网站，负责石家庄市的网站就可以部署在石家庄市的 ISP 机房。藁城区中学的网站主要是藁城区的学生和学生家长访问，藁城区中学的网站就可以通过联通的本地 ISP 接入 Internet。

网络规模大一点的公司接入 Internet，ISP 通常会通过部署光纤接入，家庭用户或企业小规模网络上网，ISP 通常会通过电话线使用 ADSL 拨号接入。随着光纤线路的普及，现在农村和城市的小区已经普遍使用光纤接入 Internet 了。

1.2　企业局域网的规划和设计

最初的局域网由同轴电缆、集线器组建，网络中的计算机发送的信号会被同轴电缆和集线器发送到所有计算机，要想确定谁给谁通信，发送的帧需要标明源 MAC（Medium Access Control）地址和目标 MAC 地址，这个 MAC 地址固化在网卡上，全球唯一。信号在同轴电缆和集线器中不能碰撞，如果两台计算机同时发送信号，在线路上撞后，叠加信号将变得不可识别。因此计算机发送数据时需要检查网络中是否有其他计算机在发送数据，发送开始后也要判断是否在链路上和其他计算机发送的信号产生了碰撞，如果发生碰撞，还需要等待一个很短的随机时间再次发送，这种机制就是 CSMA/CD 协议，即带冲突检测的载波侦听多路访问/冲突检测协议。数据链路层使用 CSMA/CD 协议的网络称为以太网，同轴电缆和集线器是典型的以太网设备。

现在组建局域网使用的设备是交换机，计算机和交换机接口直接连接，交换机使用存储、转发的方式能够避免冲突，因此也就不使用 CSMA/CD 协议了，但交换机组建的网络帧格式和以太网的帧格式一样，我们依然习惯性地称交换机组建的网络为以太网。

大多数人接触的网络是家庭和企业的局域网。企业网络根据网络规模和计算机分布物理位置，可以设计成二层结构或三层结构。本节通过两个典型场景，展示二层结构和三层结构的企业网络设计、交换机的部署和连接以及服务器部署的位置。

1.2.1　二层结构的局域网

下面以某高校网络为例介绍校园网的网络拓扑。如图 1-7 所示，在教室 1、教室2 和教室 3 分别部署一台交换机，对教室内的计算机进行连接。教室中的交换机要求接口多，这样能够将更多的计算机接入网络。这一级别的交换机称为接入层交换机，目前接计算机的端口带宽通常为 100Mbit/s。

二层结构的局域网

学校机房部署一台交换机。该交换机连接学校的服务器和教室中的交换机，并通过路由器连接 Internet。该交换机汇聚教室中交换机的上网流量，该级别的交换机称为汇聚层交换机。可以看到这一级别的交换机端口不一定有太多，但端口带宽要比接入层交换机的带宽高，否则就会成为制约网速的瓶颈。

5

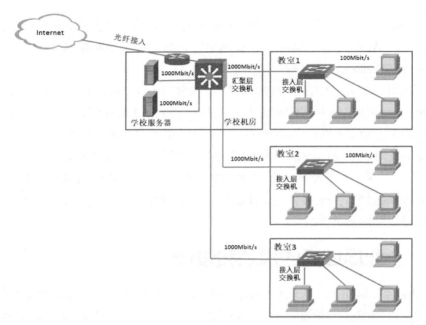

图1-7　二层结构的局域网

1.2.2　三层结构的局域网

在网络规模比较大的学校，局域网可能采用三层结构。如图 1-8 所示，某高校有三个学院，每个学院有自己的机房和局域网。学校网络中心为三个学院提供 Internet 接入，各学院的汇聚层交换机连接到网络中心的交换机。网络中心的交换机称为核心层交换机。学校的服务器接入核心层交换机，为整个学校提供服务。

三层结构的局域网

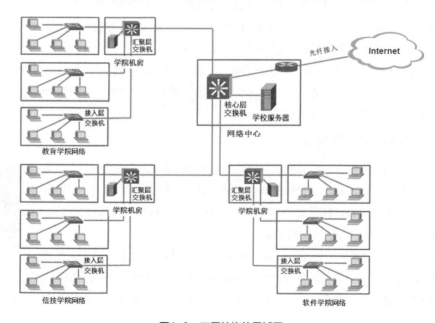

图1-8　三层结构的局域网

三层结构的局域网中的交换机有三个级别：接入层交换机、汇聚层交换机和核心层交换机。层次模型可以用来帮助设计、实现和维护可扩展、可靠、性能价格比高的层次化互联网络。

习 题

1. 图1-9所示的是某学校的办公室和教室，现需将办公室和教室的计算机使用交换机组建网络，要求办公室和教室的计算机能够相互访问，办公室和教室的计算机能够访问机房的两个服务器。考虑应该设计成二层结构还是三层结构的局域网，在图1-9中画出交换机的位置以及交换机和计算机之间的连接。

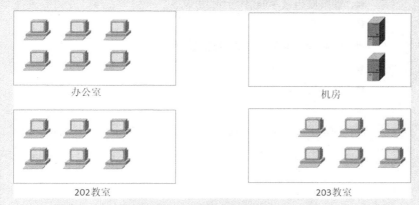

办公室

机房

202教室

203教室

图1-9 学校计算机物理位置

2. 简述路由器的作用。

02 第2章　应用层协议

本章内容

- 理解应用程序通信使用的协议
- HTTP
- Wireshark 抓包工具筛选数据包
- FTP
- DNS 协议
- DHCP
- SMTP 和 POP3 协议

计算机通信实质上是计算机上的应用程序通信，通常由客户端程序向服务端程序发起通信请求，服务端程序向客户端程序返回响应，实现应用程序的功能。

互联网中有很多应用，如访问网站、域名解析、发送电子邮件、接收电子邮件、文件传输等。每种应用都需要定义客户端程序能够向服务端程序发送哪些请求、服务端程序能够向客户端返回哪些响应、客户端程序向服务端程序发送请求（命令）的顺序、出现意外后如何处理、发送请求和响应的报文有哪些字段、每个字段的长度、每个字段的值代表什么意思。这就是应用程序通信使用的协议，这些应用程序通信使用的协议被称为应用层协议。

既然是协议，就有甲方和乙方，通信的客户端程序和服务端程序就是协议的甲方和乙方，也称其为对等实体。应用层协议如图2-1所示。

本章将首先通过生活中的租房协议，引入应用层协议；然后通过抓包分析访问网站的流量、文件传输的流量、收发电子邮件的流量，来观察 HTTP、FTP、SMTP

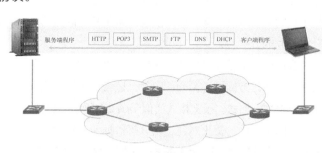

图2-1 应用层协议

和 POP3 的工作过程，即客户端程序和服务端程序的交互过程、客户端程序向服务端程序发送的请求、服务端程序向客户端程序发送的响应、请求报文格式、响应报文格式，进而使读者理解应用层协议。

学习计算机网络和计算机通信协议，抓包工具是必不可少的工具。本章讲解 Wireshark 抓包工具的使用，以及对数据包进行筛选。

掌握了应用层协议，理解应用层防火墙（高级防火墙）的工作原理也就容易了。通过在服务端禁止执行协议的特定方法来实现高级安全控制，也可以在企业的网络中部署高级防火墙控制应用层协议的特定方法实现安全控制。

2.1　理解应用程序通信使用的协议

先通过看一个租房协议，来理解协议的目的、要素，进而理解计算机通信使用的协议。

2.1.1　理解协议

学习计算机网络，最重要的就是掌握计算机通信使用的协议（即应用层协议）。

对于很多学习计算机网络的人来说，协议是很不好理解的概念。因为应用层协议，大家看不到摸不着，所以总是感觉非常抽象、难以想象。为此在讲计算机通信

理解协议

使用的协议之前，先通过一份租房协议，来理解签协议的意义以及协议包含的内容，再去理解应用层协议就不抽象了。

如果租客不和房东签租房协议，只是口头和房东约定房租多少、每个月几号交房租、押金多少、家具家电设施损坏谁负责等。时间一长这些约定大家就都记不清了，一旦出现某种问题，租客和房东不能达成共识，就容易产生误解和矛盾。

为了避免纠纷，租客和房东就需要签一份租房协议，将双方关心的事情协商一致写到协议中，双

方确认后签字，协议一式两份，双方都要遵守，如图 2-2 所示。

假如图 2-2 所示的租房协议是全球租房协议的标准，为了简化协议的填写，就可以定义一个图 2-3 所示的表格。出租方和承租方在签订租房协议时，只需填写该表格要求的内容。表格中出租方姓名、身份证、承租方姓名、身份证、房屋位置等称为字段，这些字段可以是定长的，也可以是变长的。字段如果是变长的，要定义字段间的分界符。

应用层协议就像租房协议一样，有甲方和乙方，除定义甲方和乙方需要遵循的约定外，还会定义请求报文和响应报文的格式。报文格式类似于图 2-3 所示的表格。在以后的学习中，使用抓包工具分析数据包，看到的就是协议报文的格式。IP 定义的各个字段，称为 IP 首部。网络中的计算机通信只需按图 2-4 所示的表格填写内容，通信双方的计算机就能够按照网络层协议的约定工作。

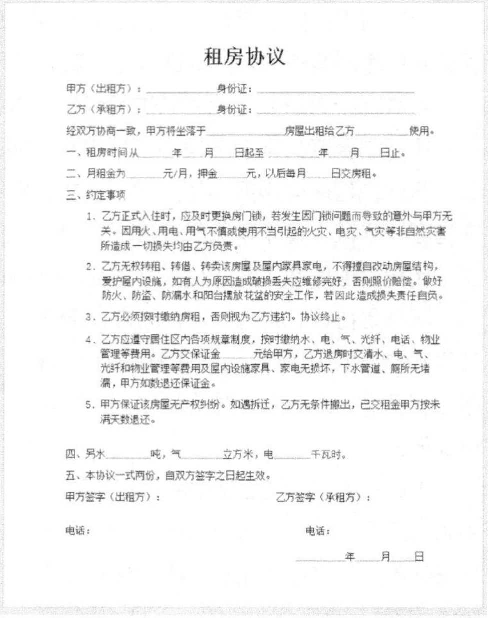
租房协议

甲方（出租方）：________身份证：________

乙方（承租方）：________身份证：________

经双方协商一致，甲方将坐落于________房屋出租给乙方______使用。

一、租房时间从____年___月___日起至______年___月___日止。

二、月租金为______元/月，押金_____元，以后每月____日交房租。

三、约定事项

1. 乙方正式入住时，应及时更换房门锁，若发生因门锁问题而导致的意外与甲方无关。因用火、用电、用气不慎或使用不当引起的火灾、电灾、气灾等非自然灾害所造成一切损失均由乙方负责。
2. 乙方无权转租、转借、转卖该房屋及屋内家具家电，不得擅自改动房屋结构，爱护屋内设施，如有人为原因造成破损丢失应维修完好，否则照价赔偿。做好防火、防盗、防漏水和阳台摆放花盆的安全工作，若因此造成损失责任自负。
3. 乙方必须按时缴纳房租，否则视为乙方违约。协议终止。
4. 乙方应遵守居住区内各项规章制度，按时缴纳水、电、气、光纤、电话、物业管理等费用。乙方交保证金_____元给甲方，乙方退房时交清水、电、气、光纤和物业管理等费用及屋内设施家具、家电无损坏，下水管道、厕所无堵漏，甲方如数退还保证金。
5. 甲方保证该房屋无产权纠纷。如遇拆迁，乙方无条件搬出，已交租金甲方按未满天数退还。

四、另水_______吨，气_______立方米，电______千瓦时。

五、本协议一式两份，自双方签字之日起生效。

甲方签字（出租方）：　　　　乙方签字（承租方）：

电话：　　　　电话：

_______年____月____日

图2-2　租房协议

<table>
<tr><td>出租方姓名</td><td colspan="2">身份证</td></tr>
<tr><td>承租方姓名</td><td colspan="2">身份证</td></tr>
<tr><td colspan="3">房屋位置</td></tr>
<tr><td colspan="2">租房开始时间</td><td>租房结束时间</td></tr>
<tr><td>租金</td><td>押金</td><td>每月交租时间</td></tr>
<tr><td>水</td><td>电</td><td>气</td></tr>
</table>

图2-3　简化和规范后的租房协议

<table>
<tr><td>0</td><td>4</td><td>8</td><td>16</td><td>19</td><td>24　31</td></tr>
<tr><td>版本</td><td>首部长度</td><td>区分服务</td><td colspan="3">总长度</td></tr>
<tr><td colspan="3">标识</td><td>标志</td><td colspan="2">片偏移</td></tr>
<tr><td colspan="2">生存时间</td><td>协议</td><td colspan="3">首部检验和</td></tr>
<tr><td colspan="6">源 IP 地址</td></tr>
<tr><td colspan="6">目标 IP 地址</td></tr>
<tr><td colspan="5">可选字段（长度可变）</td><td>填充</td></tr>
</table>

图2-4　IP简化和规范后需要填写的内容

应用层协议定义的报文格式，称为报文格式，后面章节中讲到的网络层协议和传输层协议定义的报文格式称为网络层首部和传输层首部。有的协议需要定义多种报文格式，例如，Internet 控制报文协议（Internet Control Message Protocol，ICMP），就定义三种报文格式：ICMP 请求报文、ICMP 响应报文、ICMP 差错报告报文；再如 HTTP，定义了两种报文格式：HTTP 请求报文、HTTP 响应报文。

上面的租房协议是双方协议，协议中有甲、乙双方。有的协议是多方协议，比如大学生大四实习，要和实习单位签一份实习协议，实习协议就是三方协议：学生、校方和实习单位。

2.1.2　互联网中常见的应用协议

Internet 中有各种各样的应用程序，那些应用最为广泛的应用层协议都形成了因特网标准，如访问网站、文件传输、域名解析、地址自动配置、发送电子邮件、接收电子邮件、远程登录等应用。下面列出了 Internet 中常见的应用层协议，同时它们也是互联网中标准化的应用层协议，如图 2-5 所示。

互联网中常见的应用协议

（1）超文本传输协议（Hyper Text Transfer Protocol，HTTP）：用于访问 Web 服务。

（2）安全的超文本传输协议（Hyper Text Transfer Protocol over SecureSocket Layer，HTTPS）：能够将 HTTP 通信进行加密访问。

（3）简单邮件传输协议（Simple Mail Transfer Protocol，SMTP）：用于发送电子邮件。

（4）邮局协议版本 3（Post Office Protocol Version 3，POP3）：用于接收电子邮件。

（5）域名解析（Domain Name System，DNS）协议：用于域名解析。

（6）文件传输协议（File Transfer Protocol，FTP）：用于在 Internet 上传和下载文件。

（7）远程登录（Telnet 协议）：用于远程配置网络设备和 Linux 系统。

（8）动态主机配置协议（Dynamic Host Configuration Protocol，DHCP）：用于计算机自动请求 IP 地址。

图2-5　常见的应用层协议

协议标准化能使不同公司开发的客户端程序和服务端程序相互通信。

Internet 上用于通信的服务端程序和客户端程序往往不是一家公司开发的。例如，Web 服务器有微软公司的互联网信息服务（Internet Information Services，IIS）、开放源代码的 Apache、俄罗斯人开发的 Nginx 等。浏览器有微软的 UC 浏览器、360 浏览器、火狐浏览器、IE 浏览器、谷歌浏览器等，如图 2-6 所示。Web 服务和浏览器虽然是由不同公司开发的，但是这些浏览器却能访问全球所有的 Web 服务，这是因为 Web 服务和浏览器都是参照 HTTP 进行开发的。

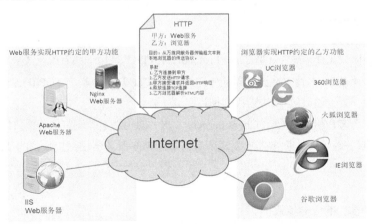

图2-6　HTTP使各种浏览器能够访问各种Web服务

HTTP 定义了 Web 服务器和浏览器通信的方法，协议双方就是 Web 服务器和浏览器，为了更形象，把 Web 服务器称为甲方，浏览器称为乙方。

HTTP 是互联网中一个开放式的标准协议。由此可以想到，肯定还有私有协议。比如思科公司的路由器和交换机上运行的思科发现协议（Cisco Discovery Protocol，CDP），只有思科的设备支持。比如某公司开发的一款软件有服务器端和客户端，它们之间通信的规范是由开发者自定义的，这也是应用层协议。不过那些做软件开发的人如果没有学过计算机网络，他们并不会意识到这些自定义的通信规范就是协议，这样的协议就是私有协议。

2.2　HTTP

下面就讲解在互联网中应用最为广泛的应用层协议——HTTP。图 2-7 所示为使用 HTTP 实现浏览器访问 Web 服务器的网站。抓包分析 HTTP，查看客户端（浏览器）向 Web 服务发送的请求（命令），查看 Web 服务向客户端返回的响应（状态代码），以及请求报文和响应报文的格式。

图2-7　HTTP

2.2.1　HTTP的主要内容

为了更好地理解 HTTP，下面就以租房协议的格式展示 HTTP。注意，以下是 HTTP 主要内容，不是全部内容。

HTTP 的主要内容

HTTP

甲方：　　　Web 服务　　　

乙方：　　　　浏览器　　　

超文本传输协议（Hyper Text Transfer Protocol，HTTP）是用于从万维网（World Wide Web，WWW）服务器传输超文本到本地浏览器的传送协议。HTTP 是一个基于 TCP/IP 来传递数据（HTML 文件、图片文件、查询结果等）的应用层协议。

HTTP 工作于客户机/服务器（Client/Server，C/S）架构之上。浏览器作为 HTTP 客户端通过 URL 向 HTTP 服务端（Web 服务器）发送所有请求。Web 服务器根据接收到的请求，向客户端发送响应信息。

协议条款：

1．HTTP 请求、响应的步骤

（1）客户端连接到 Web 服务器。

一个 HTTP 客户端，通常是由浏览器与 Web 服务器的 HTTP 端口（默认使用 TCP 的 80 端口）建立一个 TCP 套接字连接。

（2）发送 HTTP 请求。

通过 TCP 套接字，客户端向 Web 服务器发送一个文本格式的请求报文，一个请求报文由请求

行、请求头部、空行和请求数据4个部分组成。

（3）服务器接受请求并返回HTTP响应。

Web服务器解析请求，定位请求资源。服务器将资源副本写到TCP套接字，由客户端读取。一个响应由状态行、响应头部、空行和响应数据4个部分组成。

（4）释放TCP连接。

若连接的模式为close，则服务器主动关闭TCP连接，客户端被动关闭连接，释放TCP连接；若连接的模式为keepalive，则该连接会保持一段时间，在该时间内可以继续接收请求。

（5）客户端浏览器解析HTML内容。

客户端浏览器首先解析状态行，查看表明请求是否成功的状态代码。然后解析每一个响应头，响应头告知以下为若干字节的HTML文档和文档的字符集。客户端浏览器读取响应数据的HTML，根据HTML的语法对其进行格式化，并在浏览器窗口中显示。

2. 请求报文格式

由于HTTP是面向文本的，因此在报文中的每个字段都是一些ASCII码串，因而各个字段的长度都是不确定的。如图2-8所示，HTTP请求报文由开始行、首部行、实体主体3个部分组成。

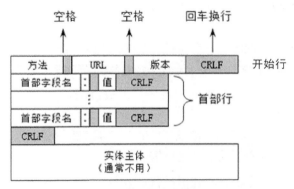

图2-8　请求报文格式

（1）开始行。

报文的开始行用于区分请求报文和响应报文。在请求报文中的开始行叫作请求行，而在响应报文中的开始行叫作状态行。在开始行的三个字段之间都以空格分隔开，最后的"CR"和"LF"分别代表"回车"和"换行"。

（2）首部行。

首部行用来说明浏览器、服务器或报文主体的一些信息。首部行可以包括好几行，但也可以不使用。在每个首部行中都由首部字段名和它的值两部分组成，每行在结束的地方都要有"回车"和"换行"。整个首部行结束时，还有一空行将首部行和后面的实体主体分开。

（3）实体主体。

在请求报文中一般不用实体主体这个字段。

3．HTTP 请求报文中的方法

浏览器能够向 Web 服务器发送以下 8 种方法（有时也叫"动作"或"命令"）来表明请求 URL（Request-URL）指定的资源的不同操作方式。

（1）GET：用来请求获取 Request-URL 所标识的资源。使用在浏览器的地址栏中输入网址的方式来访问网页时，浏览器采用 GET 方法向服务器请求网页。

（2）POST：用来在 Request-URL 所标识的资源后附加新的数据。要求被请求服务器接受附在请求后面的数据，常用于提交表单，如向服务器提交信息、发帖、登录等。

（3）HEAD：用来请求获取由 Request-URL 所标识的资源的响应消息报头。

（4）PUT：用来请求服务器存储一个资源，并用 Request-URL 作为其标识。

（5）DELETE：用来请求服务器删除 Request-URL 所标识的资源。

（6）TRACE：用来请求服务器回送收到的请求信息，主要用于测试或诊断。

（7）CONNECT：用于代理服务器。

（8）OPTIONS：用来请求查询服务器的性能，或查询与资源相关的选项和需求。

方法名称是区分大小写的。当某个请求所针对的资源不支持对应的请求方法时，服务器应当返回状态码 405（Method Not Allowed）；当服务器不识别或不支持对应的请求方法时，应当返回状态码 501（Not Implemented）。

4．响应报文格式

每个请求报文发出后，都能收到一个响应报文。响应报文的第一行就是状态行。如图 2-9 所示，状态行包括 3 项内容，即 HTTP 的版本、状态码和解释状态码的简单短语。

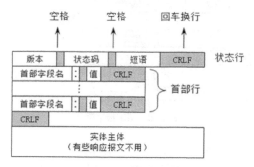

图2-9　响应报文格式

5．HTTP 响应报文状态码

响应报文的状态行中的状态码（Status-Code）都是三位数字，状态码分为 5 大类共 33 种，举例如下。

（1）1××：表示通知信息，如请求收到或正在进行处理。

（2）2××：表示成功，如接受或知道。

（3）3××：表示重定向，如要完成请求还必须采取进一步的行动。

（4）4××：表示客户端错误，如请求中有错误的语法或请求不能完成。

（5）5××：表示服务器的差错，如服务器失效无法完成请求。

下面几种状态行在响应报文中是经常见到的。

（1）HTTP/1.1 202 Accepted：表示接受。

（2）HTTP/1.1 400 Bad Request：表示错误的请求。

（3）HTTP/1.1 404 Not Found：表示找不到。

通过上述内容可以看到 HTTP 定义了浏览器访问 Web 服务的步骤，能够向 Web 服务器发送哪些请求（方法），HTTP 请求报文格式（有哪些字段，分别代表什么意思），也定义了 Web 服务器能够向浏览器发送哪些响应（状态码），HTTP 响应报文格式（有哪些字段，分别代表什么意思）。

举一反三，其他应用层协议也需要定义以下内容。

（1）客户端能够向服务器发送哪些请求（方法或命令）。

（2）客户端访和服务器命令交互顺序，比如 POP3，需要先验证用户身份才能收邮件。

（3）服务器有哪些响应（状态代码），每种状态代码代表什么意思。

（4）定义协议中每种报文的格式：有哪些字段，字段是定长还是变长，如果是变长，字段分割符是什么，都要在协议中定义。一个协议有可能需要定义多种报文格式，比如 ICMP 定义了三种报文格式：ICMP 请求报文、ICMP 响应报文、ICMP 差错报告报文。

2.2.2 抓包分析HTTP

在计算机中安装抓包工具可以捕获网卡发出和接收的数据包，当然也能捕获应用程序通信的数据包。这样就可以直观地看到客户端和服务端的交互过程，客户端发送了哪些请求，服务端返回了哪些响应，这就是应用层协议的工作过程。

抓包分析 HTTP

Ethereal 是当前较为流行的一种抓包工具，它有两个版本，在 Windows XP 系统和 Windows Server 2003 系统上使用 Ethereal 抓包工具，在 Windows 7 系统和 Windows 10 系统上使用 Wireshark（Ethereal 的升级版）抓包工具。以下操作是在安装了 Windows 10 的计算机上使用 Wireshark 捕获访问搜狗网站的数据包。

先运行 Wireshark 抓包工具。如图 2-10 所示，选择用于抓包的网卡，本示例中的计算机是无线上网，所以选中 WLAN，再单击左上角的"🔳"按钮，开始抓包。

图2-10 选择抓包的网卡

访问河北师大网站：http://www.hebtu.edu.cn/，在搜索框输入搜索的内容，最好是字符和数字，单击"$\mathcal{Q}$"按钮，如图 2-11 所示。

图2-11　登录网站

如图 2-12 所示，在命令提示符下运行命令 ping www.hebtu.edu.cn，可以解析到该网站的 IP 地址。

图2-12　解析域名

如图 2-13 所示，在显示筛选器输入 http and ip.addr == 202.206.100.34，单击"▾"按钮，应用显示筛选器，只显示访问师大网站的 HTTP 请求和响应的数据包。选中第 1396 个数据包，可以看到该数据包中的 HTTP 请求报文，可以参照 2.2.1 小节 HTTP 请求报文的格式进行对照，请求方法是 GET。

第 1440 个数据包是 Web 服务响应数据包，状态码为 404。状态码 404 代表 Not Found（找不到）。

如图 2-14 所示，第 11626 个数据包是 HTTP 响应报文，状态码为 200，表示成功处理了请求，一般情况下都是返回此状态码。可以看到响应报文的格式，可以参照 2.2.1 小节 HTTP 响应报文的格式进行对照。

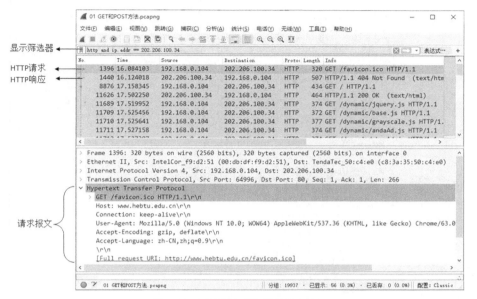

图2-13 HTTP请求报文GET方法

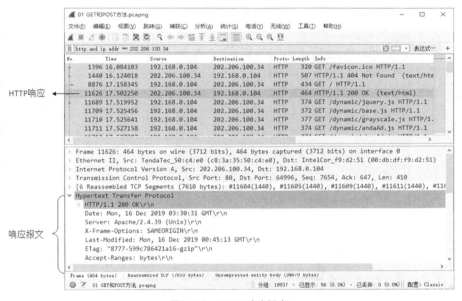

图2-14 HTTP响应报文

除了定义 GET 方法，HTTP 还定义了很多其他方法，比如浏览器向服务器提交内容，登录网站，搜索网站就需要使用 POST 方法。刚才搜索网站输入的内容，在显示筛选器处输入 http.request.method ＝ POST 后，单击"[ ]"按钮，应用显示筛选器。如图 2-15 所示，可以看到第 19390 个数据包，客户端使用 POST 方法将搜索的内容提交给 Web 服务。

在显示筛选器输入框中输入 http.request.method ＝ POST，单击"[ ]"按钮，应用显示筛选器，如图 2-16 所示，右键单击其中一个数据包，在弹出的快捷菜单中单击"跟踪流"→"TCP 流"选项。

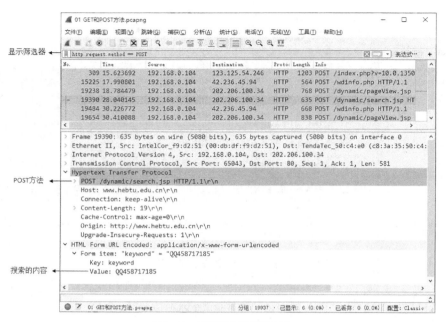

图2-15　HTTP中POST方法

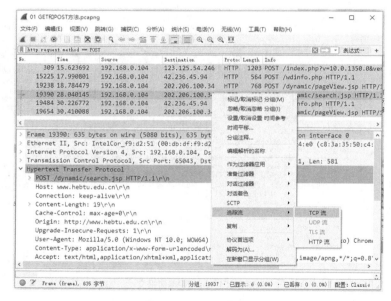

图2-16　追踪HTTP流

如图 2-17 所示，将访问师大网站所有的客户端请求和服务器端响应的交互过程都集中在一起显示，可以输入查找内容，定位查找内容的位置。

2.2.3　高级防火墙和应用层协议方法

高级防火墙能够识别应用层协议的方法，可以设置高级防火墙禁止客户端向服务器发送某个请求，即禁用应用层协议的某个方法。比如浏览器请求网页是使用 GET

高级防火墙和应用层
协议方法

方法，向 Web 服务提交内容是使用 POST 方法，如果企业不允许内网员工在 Internet 的论坛上发帖，可以在企业网络边缘部署高级防火墙禁止 HTTP 的 POST 方法，高级防火墙部署如图 2-18 所示。

图2-17 查找关心的内容

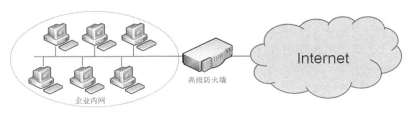

图2-18 高级防火墙部署

图 2-19 所示为微软企业级防火墙 TMG，用于阻止 HTTP 的 POST 方法。注意：方法名称区分大小写。

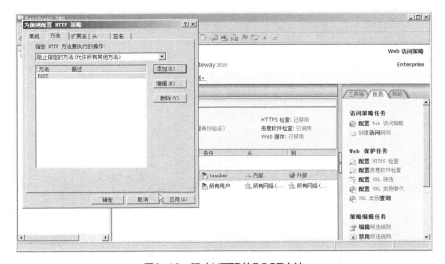

图2-19 阻止HTTP的POST方法

2.3　Wireshark抓包工具筛选数据包

2.3.1　显示过滤器

显示过滤器

显示过滤器的作用是在 Wireshark 捕获数据包之后，从已捕获的所有数据包中显示符合条件的数据包，隐藏不符合条件的数据包。显示过滤器的表达式区分大小写。

可以通过编辑显示过滤器表达式并保存经常使用的筛选条件。如图 2-20 所示，单击"分析(A)"后，在弹出的菜单中，单击"显示过滤器…"菜单项。

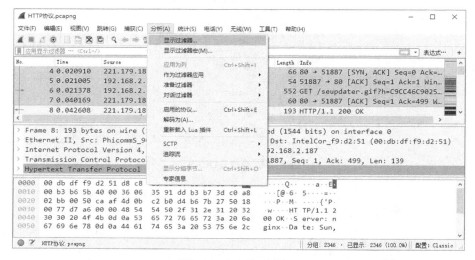

图2-20　打开显示过滤器

如图 2-21 所示，单击左下角的"＋"按钮，可以添加新的表达式，单击"－"按钮，可以删除选定的表达式。显示过滤器表达式中的字符都是小写字符。

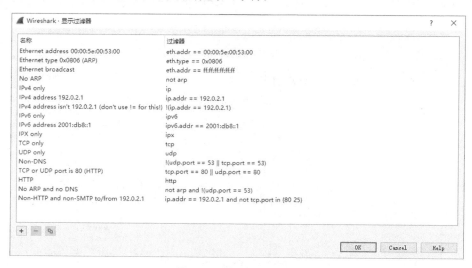

图2-21　编辑显示过滤器

定义好了显示过滤器的表达式，单击左上角的"▋"按钮，可以选择应用定义好的显示过滤器，如图 2-22 所示。

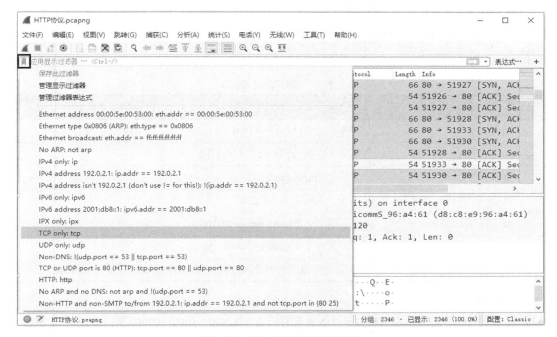

图2-22　应用定义好的显示过滤器

2.3.2　协议筛选和表达式筛选

筛选分为协议筛选和表达式筛选。

协议筛选是根据通信协议筛选数据包。常用协议有 HTTP、FTP、UDP、TCP、ARP、ICMP、SMTP、POP3、DNS、IP、Telnet、SSH、RDP、RIP、OSPF 等。

协议筛选和表达式
筛选

表达式筛选分为基本过滤表达式和复合过滤表达式。

一条基本的表达式由过滤项、过滤关系、过滤值组成。

比如表达式 ip.addr == 192.168.1.1，其中，ip.addr 是过滤项，== 是过滤关系，192.168.1.1 是过滤值，整条表达式的意思是找出所有 IP 中源或目标 IP 地址等于 192.168.1.1 的数据包。

1．过滤项

初学者感觉的"过滤表达式复杂"，最主要就是在这个过滤项上：一是不知道有哪些过滤项，二是不知道过滤项该怎么写。

这两个问题有一个共同的答案，Wireshark 的过滤项是"协议"+"."+"协议字段"的模式。以端口为例，端口出现于 TCP 中，所以有端口这个过滤项，并且其写法就是 tcp.port。

推广到其他协议，如 ETH、IP、HTTP、Telnet、FTP、ICMP、SNMP 等都是这个书写思路。当然 Wireshark 出于缩减长度的原因，有些字段没有使用协议规定的名称而是使用简写（如 Destination Port 在 Wireshark 中写为 dstport），再加一些协议中没有的字段（如 TCP 只有源端口和目标端口字段，为了简便使用，Wireshark 增加 tcp.port 字段来同时代表源端口和目标端口），但总的思路是不变的。在实际使用时输入"协议"+"."，Wireshark 就会有支持的字段提示，看下名称就大概知道要用哪个字段了。

2. 过滤关系

过滤关系就是大于、小于、等于等几种关系，我们可以直接看官方给出的表，如表 2-1 所示。注意其中"English"和"C-like"两个字段。这个意思是说"English"和"C-like"这两种写法在 Wireshark 中是等价的、都是可用的。

表2-1 常见的过滤关系

English	C-like	描述和案例
eq	==	等于。比如 ip.src==10.0.0.5
en	!=	不等于。比如 ip.src!==10.0.0.5
gt	>	大于。Frame.len > 10
lt	<	小于。Frame.len < 128
ge	>=	大于等于。Frame.len ge 0×100
le	<=	小于等于。Frame.len <= 0×20
contains		协议，字段或分片包括的值。比如 http contains "password"

3. 过滤值

过滤值就是设定的过滤项应该满足过滤关系的标准，如 500、5000、50000 等。过滤值的写法一般已经被过滤项和过滤关系设定好了，填自己的期望值就可以了。

2.3.3 复合过滤表达式

复合过滤表达式是指由多条基本过滤表达式组合而成的表达式。其中，基本过滤表达式的写法不变，复合过滤表达式由连接词连接基本过滤表达式构成。

我们依然直接参照官方给出的表（见表 2-2），同样"English"和"C-like"这两个字段还是说明这两种写法在 Wireshark 中是等价的、都是可用的。

复合过滤表达式

表2-2 常见的符合表达式

English	C-like	描述和案例
and	&&	逻辑与。比如 ip.src==10.0.0.5 && tcp.flags.fin
Or	||	逻辑或。比如 ip.src==10.0.0.5 || tcp.flags.fin
not	!	逻辑非。比如!tcp

2.3.4 常见显示过滤需求及其对应表达式

下面列出各层协议过滤表达式的例子。

1. 数据链路层过滤表达式示例

筛选目标MAC 地址为 04:f9:38:ad:13:26 的数据包：eth.dst == 04:f9:38:ad:13:26。

筛选源 MAC 地址为 04:f9:38:ad:13:26 的数据包：eth.src == 04:f9:38:ad:13:26。

常见显示过滤需求及
其对应表达式

2. 网络层过滤表达式示例

筛选 IP 地址为 192.168.1.1 的数据包：ip.addr == 192.168.1.1。

筛选 192.168.1.1 和 192.168.1.2 之间的数据包：ip.addr == 192.168.1.1 && ip.addr == 192.168.1.2。

筛选从 192.168.1.1 到 192.168.1.2 的数据包：ip.src == 192.168.1.1 && ip.dst == 192.168.1.2。

3. 传输层过滤表达式示例

筛选 TCP 的数据包：tcp。

筛选除 TCP 以外的数据包：!tcp。

筛选端口为 80 的数据包：tcp.port == 80。

筛选源端口 51933 到目标端口 80 的数据包：tcp.srcport == 51933 && tcp.dstport == 80。

4. 应用层过滤表达式示例

筛选 URL 中包含.php 的 HTTP 数据包：http.request.uri contains ".php"。

筛选 URL 中包含 www.baixing.com 域名的 HTTP 数据包：http.request.uri contains "www.baixing.com"。

筛选内容包含 username 的 HTTP 数据包：http contains "username"。

筛选内容包含 password 的 HTTP 数据包：http contains "password"。

2.4　FTP

文件传输协议(File Transfer Protocol, FTP)是 Internet 中广泛使用的文件传输协议。它用于在 Internet 上控制文件的双向传输。基于不同的操作系统有不同的 FTP 应用程序，而所有这些应用程序都遵守同一种传输文件协议。FTP 屏蔽了各计算机系统的细节，因而适合在异构网络中任意计算机之间传输文件。FTP 只提供文件传输的一些基本服务，它使用 TCP 实现可靠传输。FTP 的主要功能是减小或消除在不同系统下文件的不兼容性。

在 FTP 的使用当中，用户经常遇到两个概念：下载和上传。下载就是从远程主机复制文件到本地计算机上；上传就是将本地计算机中的文件复制到远程主机上。用 Internet 语言来说，用户可通过客户端程序向（从）远程主机上传（下载）文件。

2.4.1　FTP的工作细节

与大多数 Internet 服务一样，FTP 也是一个客户端/服务器架构的系统。用户通过客户端程序向服务器程序发出命令，服务器程序执行客户端程序所发出的命令，并将执行的结果返回到客户端。例如，客户端程序发出一条命令，要求服务器程序向客户端程序传输某个文件，服务器程序会响应这条命令，并将指定文件传送到客户程序上。客户端程序代表用户接收这个文件，并将其存放在用户目录中。

FTP 的工作细节

一个 FTP 服务器进程可以为多个客户进程提供服务。如图 2-23 所示，FTP 服务器由两大部分组成：一个主进程，负责接受新的请求；还有若干个从属进程，负责处理单个请求。

主进程的工作步骤如下。

（1）打开熟知端口，使客户进程能够连接上。

23

（2）等待客户进程发送连接请求。

（3）启动从属进程处理客户进程发送的连接请求，从属进程处理完请求后结束任务，从属进程在运行期间可能根据需要创建一些其他子进程。

（4）回到等待状态，继续接受其他客户进程发起的请求，主进程与从属进程的处理是并发进行的。

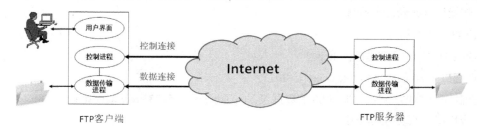

图2-23　FTP的工作过程

FTP与其他协议不一样的地方是客户端访问FTP服务器时需要建立两个TCP连接，一个用来传输FTP命令（控制连接），另一个用来传输数据（数据连接）。控制连接在整个会话期间都保持打开，只用来发送连接/传送请求。当客户进程向服务器发送连接请求时，寻找连接服务器进程的熟知端口21，同时还要告诉服务器进程自己的另一个端口，用于建立数据连接。接下来，服务器进程用自己传送数据的熟知端口20与客户进程所提供的端口建立数据连接，FTP使用了两个不同的端口，所以数据连接和控制连接不会混乱。

在FTP服务器上需要开放两个端口，即命令端口（或控制端口）和数据端口。通常端口21是命令端口，端口20是数据端口。当混入主动/被动模式的概念时，数据端口就有可能不是20了。

FTP建立传输数据的TCP连接的模式分为主动模式和被动模式。

1. 主动模式

如图2-24所示，在主动模式下，FTP客户端从任意的非特殊的端口1026（$N>1023$）连入FTP服务器的命令端口21；然后客户端在端口1027（$N+1$）监听。

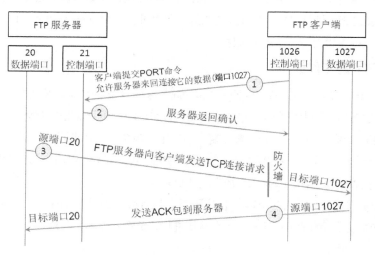

图2-24　主动模式

第①步，FTP 客户端提交 PORT 命令并允许服务器来回连接它的数据（端口 1027）。

第②步，服务器返回确认。

第③步，FTP 服务器向客户端发送 TCP 连接请求，目标端口为 1027，源端口为 20。为传输数据发起建立连接的请求。

第④步，FTP 客户端发送确认数据报文，目标端口为 20，源端口为 1027，建立传输数据的连接。主动模式下，FTP 服务器的防火墙只需要打开 TCP 的端口 21 和端口 20，FTP 客户端防火墙要将 TCP 端口号大于 1023 的端口全部打开。

FTP 客户端并没有实际建立一个到服务器数据端口的连接，它只是简单地告诉服务器自己监听的端口号，服务器再回来连接客户端这个指定的端口。对于客户端的防火墙来说，这是从外部系统建立到内部客户端的连接，这通常是会被阻塞的，除非关闭客户端防火墙。

2. 被动模式

为了解决服务器发起到客户端的连接的问题，人们开发了另一种不同的 FTP 连接方式，这就是被动模式（PASV），当客户端通知服务器它处于被动模式时才启用。

如图 2-25 所示，在被动模式 FTP 中，命令连接和数据连接都由客户端发起，这样就可以解决从服务器到客户端建立数据传输连接请求被客户端防火墙过滤掉的问题。当开启一个 FTP 连接时，客户端打开两个任意的非特权本地端口（N>1024 和 N+1）。第一个端口连接服务器的端口 21，与主动模式 FTP 不同，客户端不会提交 PORT 命令并允许服务器来回连接它的数据端口，而是提交 PASV 命令。这样做的结果是服务器会开启一个任意的非特权端口（P>1024），并发送 PORT P 命令给客户端。然后客户端发起从本地端口 N+1 到服务器的端口 P 的连接来传送数据。

对于服务器端的防火墙来说，需要打开 TCP 的端口 21 和大于 1023 的端口。

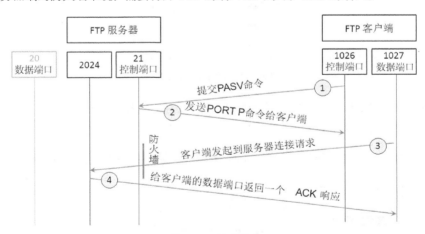

图2-25 被动模式

第①步，客户端的命令端口与服务器的命令端口建立连接，并发送命令 PASV。

第②步，服务器返回命令 PORT P，告诉客户端服务器用哪个端口侦听数据连接。

第③步，客户端初始化一个从自己的数据端口到服务器指定的数据端口的数据连接。

第④步，服务器给客户端的数据端口返回一个 ACK 响应。

被动模式解决了客户端的许多问题，但同时给服务器带来了更多的问题。最大的问题是需要允许从任意远程终端到服务器高位端口的连接。许多 FTP 守护程序允许管理员指定 FTP 服务器使用的端口范围。

2.4.2 抓包分析FTP的工作过程

在虚拟机中安装 Windows Server 2012 R2 服务器和 FTP 服务，在客户端通过抓包工具分析 FTP 客户端访问 FTP 服务器的数据包，观察 FTP 客户端访问 FTP 服务器的交互过程，可以看到客户端向服务器发送的请求及服务器向客户端返回的响应。在 FTP 服务器上设置禁止 FTP 的某些方法，以实现 FTP 服务器的安全访问，如禁止删除 FTP 服务器上的文件。

抓包分析 FTP 的
工作过程

在 Windows Server 2012 R2 上安装 FTP 服务的步骤如下。

（1）打开服务器管理器，单击"添加角色和功能"按钮，如图 2-26 所示。

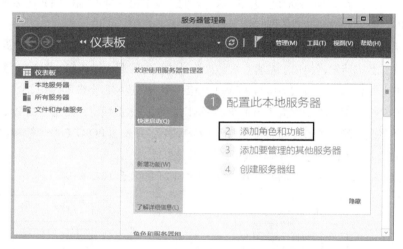

图2-26　添加角色和功能

（2）在弹出的图 2-27 所示的"选择安装类型"对话框中，选择"基于角色或基于功能的安装"选项，然后单击"下一步"按钮。

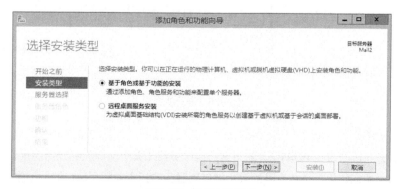

图2-27　选择安装类型

（3）在弹出的图 2-28 所示的"选择目标服务器"对话框中，选择目标服务器，然后单击"下一步"按钮。

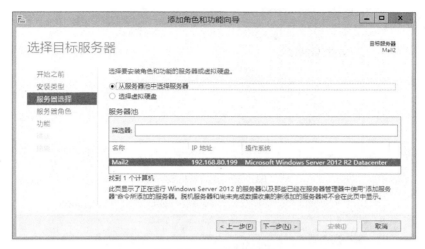

图2-28　选择目标服务器

（4）在弹出的"选择服务器角色"对话框中，选中"Web 服务器（IIS）"选项，弹出"添加角色和功能向导"对话框（见图 2-29）中单击"添加功能"按钮，然后单击"下一步"按钮。

图2-29　选择角色和功能

（5）在弹出的图 2-30 所示的"选择角色服务"对话框中，选中"FTP 服务器"和"FTP 服务"选项，然后单击"下一步"按钮。

（6）打开管理工具中的"Internet Information Services（IIS）管理器"，弹出图 2-31 所示的对话框，右键单击"网站"选择"添加 FTP 站点…"菜单项。

图2-30　选择角色服务

图2-31　添加FTP站点

（7）在弹出的图 2-32 所示的"站点信息"对话框中，输入 FTP 站点名称和物理路径，然后单击"下一步"按钮。

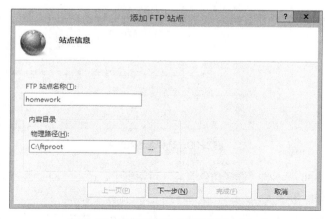

图2-32　输入FTP站点名称和物理路径

（8）在弹出的图 2-33 所示的"绑定和 SSL 设置"对话框中，指定 FTP 服务使用的 IP 地址和端口，其他设置参照图 2-33 所示进行选择，然后单击"下一步"按钮。

图2-33 指定IP地址和端口

（9）在弹出的图 2-34 所示的"身份验证和授权信息"对话框中，选中"匿名"和"基本"，允许所有用户有读写权限，然后单击"下一步"按钮，完成 FTP 站点的创建。

图2-34 指定身份验证和访问权限

FTP 被动模式下，需要服务器打开很多端口并关闭 FTP 服务器的防火墙。

（1）打开运行，输入"wf.msc"并按回车键。在弹出的图 2-35 所示的对话框中，可以看到公用配置文件是活动的，单击"Windows 防火墙属性"。

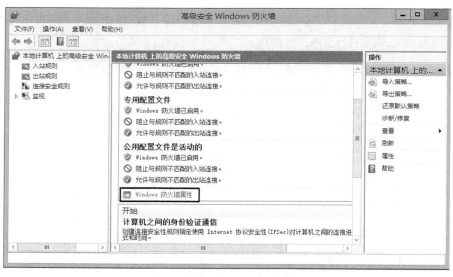

图2-35　Windows 防火墙属性

（2）在弹出的图 2-36 所示的"高级安全 Windows 防火墙-本地计算机属性"对话框中，单击"公共配置文件"标签，将防火墙状态改为"关闭"，然后单击"确定"按钮。

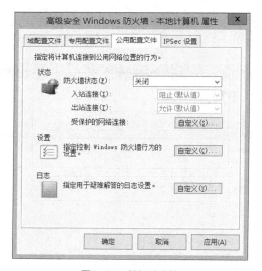

图2-36　关闭防火墙

在客户端上安装 Wireshark 抓包工具，并抓包分析 FTP 工作过程，步骤如下。

（1）开启 Wireshark 抓包功能后，打开资源管理器（资源管理器相当于 FTP 客户端）访问 Windows Server 2012 R2 上的 FTP 服务，如图 2-37 所示。

（2）首先上传 test.txt 文件，然后重命名为 abc.txt，最后删除 FTP 上的 abc.txt 文件。抓包工具捕获了该过程中 FTP 客户端发送的全部命令以及 FTP 服务器返回的全部响应。

（3）如图 2-38 所示，右键单击其中的一个 FTP 数据包，单击"追踪流"→"TCP 流"菜单项。

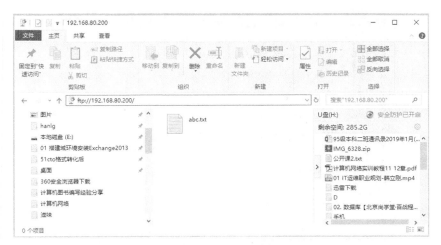

图2-37 访问FTP服务器

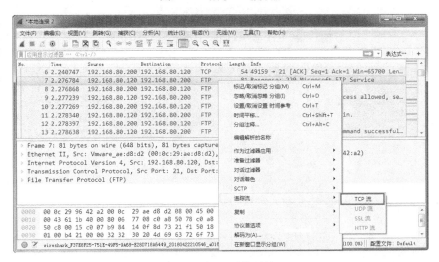

图2-38 "TCP流"菜单项

（4）第（3）步操作完成后，会出现图 2-39 所示的窗口。将 FTP 客户端访问 FTP 服务器所有的交互过程产生的数据整理到一起，可以看到 FTP 中的方法："STOR"方法上传 test.txt，"CWD"方法改变工作目录，"RNFR"方法重命名 test.txt 为 abc.txt，"DELE"方法删除 abc.txt 文件。如果想看到 FTP 的其他方法，可以使用 FTP 客户端在 FTP 服务器上进行创建文件夹、删除文件夹、下载文件等操作，这些操作对应的方法使用抓包工具都能看到。

为了防止客户端进行某些特定操作，可以配置 FTP 服务器禁止 FTP 中的一些方法。例如，禁止 FTP 客户端删除 FTP 服务器上的文件，可以配置 FTP 请求筛选，禁止 DELE 方法。在图 2-40 所示的界面中，单击"FTP 请求筛选"按钮。

如图 2-41 所示，在出现的"FTP 请求筛选"界面中，单击"命令"标签，然后在界面右侧的操作选项下，单击"拒绝命令..."按钮，在弹出的"拒绝命令"对话框中，输入"DELE"，单击"确定"按钮。

图2-39　FTP客户端访问FTP服务器的交互过程

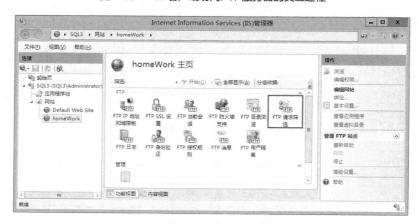

图2-40　管理FTP请求筛选

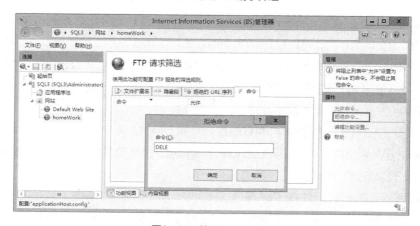

图2-41　禁用DELE方法

在客户端上再次删除 FTP 服务器上的文件，就会提示"500 Command not allowed."，如图 2-42 所示，译为命令不被允许。

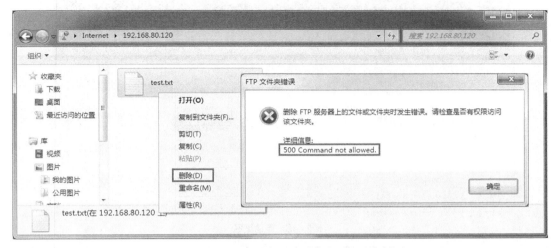

图2-42 命令不被允许提示

2.5 DNS协议

通常使用域名访问网站，但计算机访问网站需要知道网站的 IP 地址。DNS 协议负责将域名解析出 IP 地址。

2.5.1 域名的概念

网络中的计算机通信，是使用 IP 地址定位的网络中的计算机。但对于使用计算机的人来说，这些数字形式的 IP 地址实在是很难记住。

域名的概念

使用计算机的用户还是习惯使用有一定意义的好记的名称来访问某个服务器或网站。比如使用域名 www.taobao.com 来访问淘宝网站，使用域名 www.baidu.com 来访问百度网站，等等。

整个 Internet 上，网站和各种服务器数量众多，各个组织的服务器都需要给一个名称，这就很容易重名。如何确保 Internet 上的服务器名称在整个 Internet 唯一呢？这就需要 Internet 上有域名管理认证机构进行统一管理。如果某公司在互联网上有一组服务器（邮件服务器、FTP 服务器、Web 服务器等），这就需要为该公司先申请一个域名，也就是向管理认证机构注册一个域名。

域名的注册遵循先申请先注册的原则，管理认证机构要确保每个域名的注册都是独一无二、不可重复的。比如有人现在想申请 taobao.com 这个域名，管理认证机构肯定不能通过，因为已经被注册了。互联网上有很多网站提供域名注册服务，"万网"就是其中一个。比如想要申请域名，要先查一下这个域名是否已经被注册，如图 2-43 所示。

从查询结果中，可以看到 taobao.com 已经被注册了，如果执意使用 taobao.com 这个域名，单击"域名信息"查询（WHOIS）可以看到是谁注册的以及注册人的信息，找注册人协商购买该域名，如图 2-44

所示。当然，还可以换一个域名注册。

图2-43　申请域名

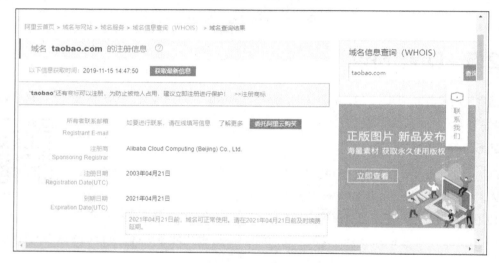

图2-44　查询域名是否被注册

企业或个人申请域名，通常要考虑以下两个要素。

（1）域名应该简明易记，便于输入。这是判断域名好坏最重要的因素。一个好的域名应该短而顺口，便于记忆，最好让人看一眼就能记住，而且读起来发音清晰，不会导致拼写错误。此外，域名选取还要避免同音异义词。

（2）域名要有一定的内涵和意义。企业的名称、产品名称、商标名、品牌名等都是不错的选择。

2.5.2　域名的结构

一个域名下可以有多个主机，域名全球唯一，主机名+域名肯定也是全球唯一的，主机名+域名称为完全限定域名（Fully Qualified Domain Name，FQDN）。

例如，一台机器主机名（hostname）是www，域名后缀（domain）是51cto.com，

域名的结构

那么该主机的 FQDN 应该是 www.51cto.com.。FQDN 在使用时，最后的"."经常被省去。

北京无忧创想有限技术有限公司的域名为 51cto.com，该公司有网站、博客、论坛、51CTO 学院以及邮件服务器。为了方便记忆，分别使用约定俗成的主机名进行表示，网站主机名为 www、博客主机名为 blog、论坛主机名为 bbs、发邮件的服务器主机名为 smtp、收邮件的服务器主机名为 pop，当然也可以不使用这些约定俗成的名字，如网站的主机名为 web，而 51CTO 学院主机名为 edu。这些"主机名"+"域名"就构成完全限定域名。如图 2-45 所示，我们通常所说的网站的域名，严格来说是完全限定域名。

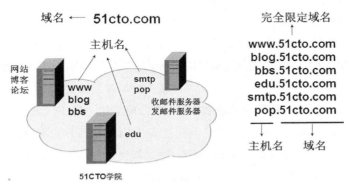

图2-45　域名和主机名

从图 2-45 中可以看到，主机名和物理的服务器并没有一一对应关系，网站、博客、论坛三个网站在同一个服务器上，SMTP 服务和 POP 服务在同一个服务器上，51CTO 学院在一个独立的服务器上。现在大家要明白，这里的一个主机名更多的是代表一个服务或一个应用。

如图 2-46 所示，域名是分层的，所有的域名都是以英文的"."开始，是域名的根，根下面是顶级域名，顶级域名共有两种形式：国家代码顶级域名（简称国家顶级域名）和通用顶级域名。国家代码顶级域名由各个国家的互联网络信息中心（Network Infermation Center，NIC）管理，通用顶级域名则由互联网名称与数字地址分配机构（The Internet Corporation for Assigned Names and Numbers，ICANN）负责管理。

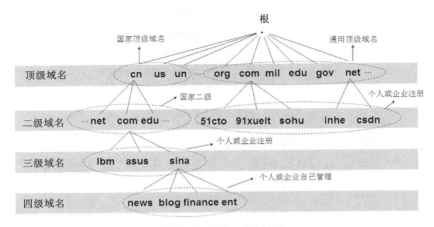

图2-46　域名的层次结构

国家代码顶级域名，指示国家区域，如.cn 代表中国，.us 代表美国，.fr 代表法国，.uk 代表英国，等等。

通用顶级域名，指示注册者的域名使用领域，它不带有国家特性。比如 com（公司和企业）、net（网络服务机构）、org（非营利性的组织）、int（国际组织）、edu（教育机构）、gov（政府部门），mil（军事部门）。

在国家顶级域名下注册的二级域名均由该国家自行确定。例如，顶级域名为 jp 的日本，将其教育和企业机构的二级域名定为 ac 和 co，而不用 edu 和 com。

我国把二级域名划分为"类别域名"和"行政区域名"两大类。

"类别域名"共 7 个，分别为 ac（科研机构）、com（工、商、金融等企业）、edu（我国教育机构）、gov（我国政府机构）、mil（我国国防机构）、net（提供互联网络服务的机构）、org（非营利性的组织）。

"行政区域名"共 34 个，适用于我国各省、自治区、直辖市，如，bj（北京市）、js（江苏省）等。

值得注意的是，我国修订的域名体系允许直接在 cn 的顶级域名下注册二级域名，给我国 Internet 用户提供了很大的方便。例如，某公司 abe 按照通用域名规则要注册为 abe.com.cn，这显然是个三级域名。但根据我国修订的域名体系可以注册为 abe.cn，变成了二级域名。

企业或个人申请了域名后，可以在该域名下添加多个主机名，也可以根据需要创建子域名，子域名下面，亦可以有多个主机名，如图 2-47 所示。企业或个人自己管理，不需要再注册。比如新浪网，注册了域名 sina.com.cn，该域名下有三个主机名 www、smtp、pop，新浪新闻需要有单独的域名，于是在 sina.com.cn 域名下设置子域名 news.sina.com.cn，新闻又分为军事新闻、航空新闻、新浪天气等模块，分别使用 mil、sky 和 weather 作为栏目的主机名。

图2-47　域名下的主机名和子域名

现在大家知道了域名的结构。所有域名都是以"."开始，不过我们在使用域名时经常将最后的"."省去，如图 2-48 所示，在 cmd.exe 软件中运行命令 ping www.91xueit.com.和 ping www.91xueit.com 是一样的。

图2-48 严格的域名

2.5.3 Internet中的域名服务器

当通过域名访问网站或单击网页中的超链接跳转到相应网站时，计算机需要将域名解析成 IP 地址才能访问这些网站。DNS 服务器负责域名解析，因此必须为计算机指定域名解析使用的 DNS 服务器。如图 2-49 所示，计算机就配置了两个 DNS 服务器，一个首选的 DNS 服务器和一个备用的 DNS 服务器，配置两个 DNS 服务器可以实现容错。大家最好记住几个 Internet 上常用的 DNS 服务器的地址，下面这三个DNS 服务器的地址都非常好记，222.222.222.222 是河北省石家庄市电信的 DNS 服务器，114.114.114.114 是江苏省南京市电信的 DNS 服务器，8.8.8.8 是美国谷歌公司的 DNS 服务器。

Internet 中的域名服务器和域名解析过程

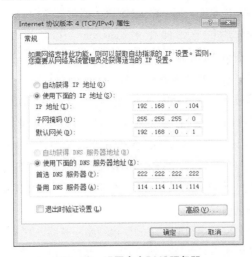

图2-49 设置多个DNS服务器

2019 年第二季度互联网注册域名数量增至 3.547 亿个。假设全球一个 DNS 服务器负责 3.115 亿个域名的解析，整个 Internet 每时每刻都有无数网民在请求域名解析。大家想想，这个 DNS 服务器需要多高的配置，该服务器联网的带宽需要多高才能满足要求？关键是，如果就一个 DNS 服务器的话，该服务器一旦坏掉，全球的域名解析将失败。因此域名解析需要一个健壮的、可扩展的架构来实现。下面就介绍一下 Internet 上 DNS 服务器部署和域名解析过程。

要想在 Internet 中搭建一个健壮的、可扩展的域名解析体系架构，就要把域名解析的任务分摊到多个 DNS 服务器上。如图 2-50 所示，B 服务器负责 net 域名的解析、C 服务器负责 com 域名的解析、D 服务器负责 org 域名的解析。B、C、D 这一级别的 DNS 服务器称为顶级域名服务器。

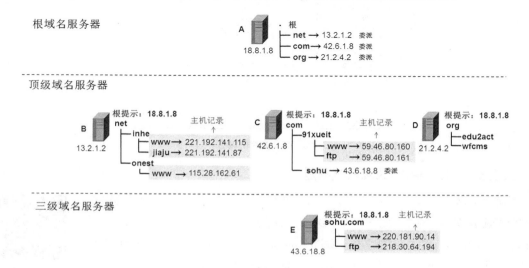

图2-50　DNS服务器的层次

A 服务器是根域名服务器，不负责具体的域名解析，但根域名服务器知道 B、C、D 服务器分别负责哪个域名的解析。具体来说根域名服务器上就一个根区域，然后创建委派，每个顶级域名指向一个具体负责的顶级域名服务器的 IP 地址。每一个 DNS 服务器都知道根 DNS 服务器的 IP 地址。

C 服务器负责 com 域名的解析，图 2-50 中 91xueit.com 子域名下有主机记录，即"主机名→IP 地址"的记录，C 服务器就可以查询主机记录解析 91xueit.com 全部域名。当然 C 服务器也可以将 com 下的某个子域名的解析委派给另一个 DNS 服务器，如 sohu.com 名称解析委派给了 E 服务器。

E 服务器属于三级域名服务器，负责 sohu.com 域名解析，该服务器记录了 sohu.com 域名下的主机。E 服务器也知道根 DNS 服务器的 IP 地址，但它不知道 C 服务器的地址。

当然三级域名服务器也可以将某个子域名的名称解析委派给四级 DNS 服务器。

根域名服务器知道顶级域名服务器，上级 DNS 服务器委派下级 DNS 服务器，全部的 DNS 服务器都知道根域名服务器。这样的一种架构设计，客户端使用任何一个 DNS 服务器都能够解析出全球的域名，下面就给大家讲解域名解析的过程。

为了方便给大家讲解，图 2-50 中只画出了一个根域名服务器，其实全球共有 13 个逻辑根域名服务器。这 13 个逻辑根域名服务器中名字分别为"A"至"M"，13 个根域名服务器并不等于 13 个物理服务器。目前，全球共有 996 个服务器实例，分布于全球各大洲。每一个域名也都有多个 DNS 服务器来负责解析，这样能够负载均衡和容错。

2.5.4　域名解析过程

大家知道了 Internet 中 DNS 服务器的组织架构，下面就讲解计算机域名解析的过程。如图 2-51 所示，客户端计算机的 DNS 指向了 13.2.1.2（B 服务器），现在客户端计算机向 DNS 发送一个域名解析请求数据包，解析 www.sogo.net 的 IP 地址，B 服务器正巧负责 sogo.net 域名的解析，查询本地记录后将查询结果 221.192.141.115 直接返回给客户端计算机，DNS 服务器直接返回查询结果就是权威应答，这是一种情况。

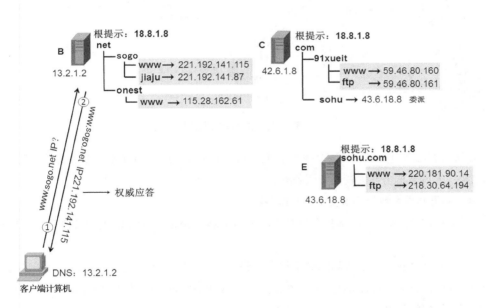

图2-51　域名解析的过程

现在看另一种情况，如图 2-52 所示，客户端计算机向 B 服务器发送请求，解析 www.sohu.com 域名的 IP 地址，解析过程是什么样的呢？

域名解析的步骤如下。

① Client 向 DNS 服务器 13.2.1.2 发送域名解析请求。

② B 服务器只负责 net 域名的解析，它也不知道哪个 DNS 服务器负责 com 域名的解析，但它知道根域名服务器，于是将域名解析的请求转发给根域名服务器。

③ 根域名服务器返回查询结果，告诉 B 服务器去查询 C 服务器。

④ B 服务器将域名解析请求转发到 C 服务器。

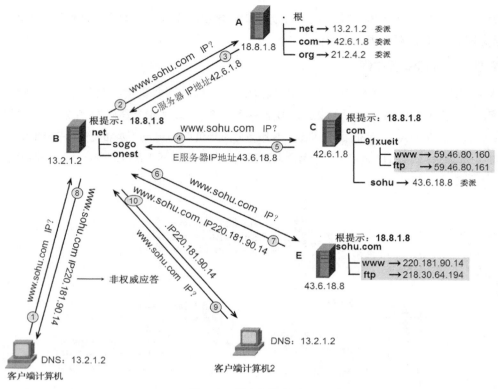

图2-52　域名解析的过程

⑤ C 服务器虽然负责 com 域名的解析，但 sohu.com 域名的解析委派给了 E 服务器，C 服务器返回查询结果，告诉 B 服务器去查询 E 服务器。

⑥ B 服务器将域名解析请求转发到 E 服务器。

⑦ E 服务器上有 sohu.com 域名下的主机记录，将 www.sohu.com 的 IP 地址 220.181.90.14 返回给 B 服务器。

⑧ B 服务器将费尽周折查到的结果缓存一份到本地，将解析到的 www.sohu.com 的 IP 地址 220.181.90.14 返回给客户端计算机。这个查询结果是 B 服务器查询得到的，因此是非授权应答。客户端计算机缓存解析的结果。

注释：客户端计算机得到了解析的最终结果，但它并不知道 B 服务器所经历的曲折的查找过程。客户端计算机可以使用 B 服务器解析全球的域名。

⑨ 客户端计算机 2 的 DNS 也指向了 13.2.1.2，现在客户端计算机 2 也需要解析 www.sohu.com 的地址，将域名解析的结果请求发送给 B 服务器。

⑩ B 服务器刚刚缓存了 www.sohu.com 的查询结果，直接将缓存的 www.sohu.com 的 IP 地址返回个客户端计算机 2。

注释：DNS 服务器的缓存功能能够减少向根域名服务器转发查询的次数、减少 Internet 上 DNS 查询报文的数量，缓存的结果通常有效期为 1 天。如果没有时间限制，当 www.sohu.com 的 IP 地址变化了，客户端计算机 2 就不能查询到新的 IP 地址了。

2.5.5 抓包分析DNS协议

运行 Wireshark 抓包工具后，选中访问 Internet 的网卡，设置本地连接的首选 DNS 服务器，即设置 DNS 客户端，如图 2-53 所示。

抓包分析 DNS 协议

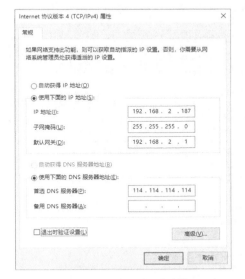

图2-53 设置DNS客户端

在 cmd.exe 软件中运行命令 ping www.91xueit.com。然后停止捕获，在抓包工具的显示过滤器中输入表达式 dns.qry.name == www.91xueit.com，应用显示过滤器，如图 2-54 所示。可以看到第 26 个数据包是 DNS 域名解析请求报文，报文中的字段是 DNS 协议定义的。

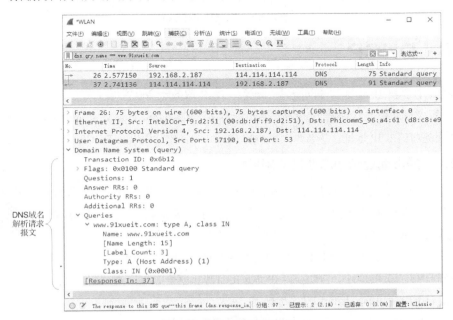

图2-54 域名解析请求报文

如图 2-55 所示，第 37 个数据包是 DNS 服务器响应报文，可以看到其中有解析到的 IP 地址 219.148.36.48。

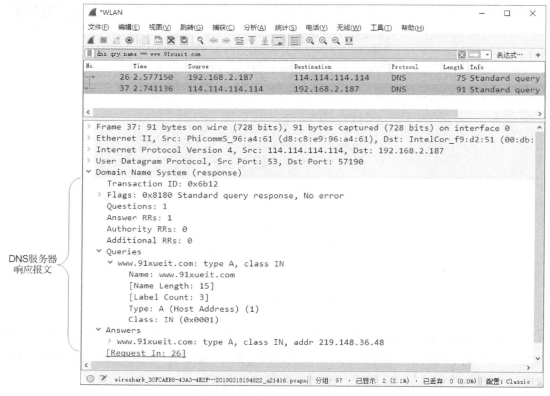

图2-55　域名解析响应报文

2.6　DHCP

网络中的计算机 IP 地址、子网掩码、网关和 DNS 服务器等设置可以人工指定，也可以设置成自动获得。设置成自动获得，就需要使用动态主机配置协议（Dynamic Host Configuration Protocol，DHCP）从 DHCP 服务器请求 IP 地址。本节为大家讲解 DHCP 的工作过程以及 DHCP 的 4 种报文类型。

2.6.1　静态地址和动态地址应用场景

如图 2-56 所示，配置计算机的 IP 地址有两种方式：自动获得 IP 地址（动态地址）和使用下面的 IP 地址（静态地址）。当我们选择自动获得 IP 地址时，DNS 服务器地址可以人工指定，也可以自动获得。

静态地址和动态地址
应用场景

自动获得 IP 地址就需要 DHCP 服务器为网络中的计算机分配 IP 地址、子网掩码、网关和 DNS 服务器地址。自动获得 IP 地址的计算机就是 DHCP 客户端。

什么情况下应使用静态地址和动态地址呢？

使用静态地址的情况：不经常更改 IP 地址的设备就使用静态地址。比如企业中的服务器会固定在一个网段，很少更改 IP 地址或移动到其他网段，这些服务器通常使用静态地址，而且使用静态地址方便企业员工使用地址访问这些服务器。比如学校机房，都是台式机，很少移动，这些计算机最好使用静态地址，按计算机的位置设置 IP 地址，比如第一排第一台计算机的 IP 地址设置为 192.168.0.11，第 2 排第 3 台计算机的 IP 地址设置为 192.168.0.23，这样规律地指定静态地址，方便管理，也方便学生访问某个位置的计算机。

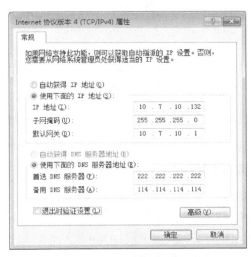

图2-56 动态地址和静态地址

使用动态地址的情况如下。

（1）网络中的计算机地址不固定，就应该使用动态地址。比如软件学院的学生，每人一台笔记本电脑，每个教室一个网段。学生这节课在 204 教室上课，下节课在 306 教室上课，如果让学生指定地址，就太有可能产生地址冲突。这种情况下，将计算机设置成自动获得 IP 地址，由 DHCP 服务器统一分配 IP 地址，就不会冲突了，学生也省去了更换教室就要更改 IP 地址的麻烦。

（2）无线设备最好也使用动态地址。比如家里部署了无线路由器，笔记本电脑、平板电脑、智能手机接入无线，默认也是自动获得 IP 地址，简化无线设备联网的设置。

（3）ADSL 拨号上网通常也是使用动态地址。网通、电信、移动这些运营商为拨号上网的用户自动分配上网使用的公网 IP 地址、网关和 DNS 服务器地址等设置，用户既不知道这些运营商使用哪些网段的地址，也不知道哪些地址没有被其他用户使用。

2.6.2 DHCP地址租约

假如外单位组织员工来公司开会，他们的笔记本电脑临时接到公司网络，DHCP 服务器给他们的笔记本电脑分配了 IP 地址，DHCP 服务器就会记录下这些地址已经被分配，就不能再分配给其他计算机使用了。这些人开完会，先拔掉网线再关机离开公司，他们的笔记本电脑没来得及告诉 DHCP 服务器不再使用这些分配的地址了，这就导致 DHCP 服务器会一直认为这些地址已分配，不会分配给其他计算机使用。

DHCP 地址租约

为了解决这个问题，DHCP 服务器就以租约的形式向 DHCP 客户端分配地址。如图 2-57 所示，租约有时间限制，如果到期不续约，DHCP 服务就认为该计算机已不在网络中，租约就会被 DHCP 服务器单方面废除，分配的地址就会被收回，这就要求 DHCP 客户端在租约到期前更新租约。

图2-57　地址以租约的形式提供给客户端

如果计算机要离开网络，就应该正常关机。正常关机就会向 DHCP 服务器发送释放租约的请求，DHCP 服务器就会收回分配的 IP 地址。如果不关机直接离开网络，最好使用 ipconfig /release 命令释放租约。

2.6.3　DHCP分配地址的过程

DHCP 分配地址的
过程

在以下 5 种情况下，DHCP 客户端会从 DHCP 服务器获取一个新的 IP 地址。

（1）该客户端计算机是第一次从 DHCP 服务器获取 IP 地址。

（2）该客户端计算机之前租用的 IP 地址已经被 DHCP 服务器收回，又租用给其他计算机了，因此该客户端需要重新从 DHCP 服务器租用一个新的 IP 地址。

（3）该客户端自己释放原先所租用的 IP 地址，并要求租用一个新的 IP 地址。

（4）客户端计算机更换了网卡。

（5）客户端计算机转移到另一个网段。

以上 5 种情况下，DHCP 客户端与 DHCP 服务器之间会通过以下 4 种类型的数据包来相互通信，其过程如图 2-58 所示。

图2-58　DHCP客户端请求地址过程

（1）DHCP Discover：DHCP 客户端会先送出 DHCP Discover 广播信息到网络，以便寻找一台能够提供 IP 地址的 DHCP 服务器。

（2）DHCP Offer：当网络中的 DHCP 服务器收到 DHCP 客户端的 DHCP Discover 信息后，就会从 IP 地址池中，挑选一个尚未出租的 IP 地址，然后利用广播的方式传送给 DHCP 客户端。之所以利用广播方式，是因为此时 DHCP 客户端还没有 IP 地址。在尚未与 DHCP 客户端完成租用 IP 地址的程序之前，这个 IP 地址会被暂时保留起来，以避免再分配给其他的 DHCP 客户端。

如果网络中有多台 DHCP 服务器收到 DHCP 客户端的 DHCP Discover 信息，并且都响应了 DHCP

客户端（表示它们都可以提供 IP 地址给该客户端）；则 DHCP 客户端会选择第一个收到的 DHCP Offer 信息的 DHCP 服务器。

（3）DHCP Request：当 DHCP 客户端选择第一个收到的 DHCP Offer 信息后，它利用广播的方式，响应一个 DHCP Request 信息给 DHCP 服务器。之所以利用广播方式，是因为它不但要通知选择的 DHCP 服务器选择的 DHCP 服务器，还必须通知那些没有被选择的 DHCP 服务器，以便这些 DHCP 服务器能够将原本欲分配给此 DHCP 客户端的 IP 地址收回，供其他 DHCP 客户端使用。

（4）DHCP ACK：DHCP 服务器收到 DHCP 客户端要求 IP 地址的 DHCP Request 信息后，就会利用广播的方式送出 DHCP ACK 确认信息给 DHCP 客户端。之所以利用广播方式，是因为此时 DHCP 客户端仍然没有 IP 地址，此信息包含 DHCP 客户端所需要的 TCP/IP 配置信息，如子网掩码、默认网关、DNS 服务器地址等。

DHCP 客户端在收到 DHCP ACK 信息后，就完成了获取 IP 地址的步骤，也就可以利用这个 IP 地址与网络中的其他计算机进行通信了。

2.6.4　DHCP地址租约更新

在租约过期之前，DHCP 客户端需要向 DHCP 服务器续租指派给它的地址租约。DHCP 客户端按照设定好的时间，周期性地续租其租约以保证其使用的是最新的配置信息。当租约期满而客户端依然没有更新其地址租约，DHCP 客户端将失去这个地址租约并开始一个新的 DHCP 租约过程。DHCP 租约更新的步骤如下。

DHCP 地址租约更新

（1）当租约时间过去一半时，DHCP 客户端向 DHCP 服务器发送一个请求，请求更新和延长当前租约。DHCP 客户端直接向 DHCP 服务器发请求，最多可重发三次，分别在 4s、8s 和 16s 时。

发送请求后，如果找到 DHCP 服务器，服务器就会向 DHCP 客户端发送一个 DHCP 应答消息，这就更新了租约。

注释：如果 DHCP 客户端未能与原 DHCP 服务器通信，等到租约时间过去 87.5%时，DHCP 客户端进入重绑定状态，向任何可用 DHCP 服务器广播（最多可重试三次，分别在 4s、8s 和 16s 时）一个 DHCP Discover 消息，用来更新当前 IP 地址的租约。

（2）如果某台 DHCP 服务器应答一个 DHCP Offer 消息，以更新 DHCP 客户端的当前租约，DHCP 客户端就用 DHCP 服务器提供的信息更新租约并继续工作。

（3）如果租约终止而且没有连接到 DHCP 服务器，DHCP 客户端必须立即停止使用其租约 IP 地址。然后，DHCP 客户端执行与它初始启动时相同的过程来获得新的 IP 地址租约。

租约更新有以下两种方法。

1. 自动更新

DHCP 服务器自动进行租约的更新，也就是前面介绍的租约更新的过程。当租约期达到租约期限的 50%时，DHCP 客户端将自动开始尝试续租该租约。每次 DHCP 客户端重新启动的时候也将尝试续租该租约。为了续租其租约，DHCP 客户端向为它提供租约的 DHCP 服务器发出一个 DHCP Request 请求数据包。如果该 DHCP 服务器可用，它将续租该租约并向 DHCP 客户端提供一个包含新的租约期和任何需要更新的配置参数值的 DHC PACK 数据包。当 DHCP 客户端收到该确认数据包后更新自己的配置。如果 DHCP 服务器不可用，DHCP 客户端将继续使用现有的配置。

注释：如果 DHCP 客户端请求的是一个无效的或存在冲突的 IP 地址时，DHCP 服务器则可以向其响应一个 DHCP 拒绝消息（DHCP NAK），该消息强迫 DHCP 客户端释放其 IP 地址并重新获得一个新的、有效的地址。

如果 DHCP 客户端重新启动而网络上没有 DHCP 服务器响应其 DHCP Request 请求时，则它将尝试连接默认的网关。如果连接到默认网关的尝试也被告知失败，则 DHCP 客户端将中止使用现有的地址租约，DHCP 客户端会认为自己已不在以前的网段，需要获得新的 IP 地址了。

如果 DHCP 服务器向 DHCP 客户端响应一个用于更新 DHCP 客户端现有租约的 DHCP Offer 数据包，DHCP 客户端将根据 DHCP 服务器提供的数据包对租约进行续租。

如果租约过期，客户端必须立即终止使用现有的 IP 地址并开始新的 DHCP 租约过程，以尝试得到一个新的 IP 地址租约。如果 DHCP 客户端无法得到一个新的 IP 地址，DHCP 客户端自己会产生 169.254.0.0/16 网段中的一个地址作为临时地址。

2. 手动更新

如果需要立即更新 DHCP 配置信息，可以手动对 IP 地址租约进行续租操作。例如，如果我们希望 DHCP 客户端立即从 DHCP 服务器上得到一台新安装的路由器的地址，只需简单地在客户端做续租操作。

直接在客户端上的 cmd.exe 软件中，执行命令 ipconfig/renew。

2.6.5 抓包分析DHCP

家庭无线上网的路由器通常会配置成 DHCP 服务器为上网用户分配地址。下面在 DHCP 客户端上使用 Wireshark 抓包工具捕获 DHCP 服务器给计算机分配地址的 4 种数据包：DHCP Discover、DHCP Offer、DHCP Request、DHCP ACK。

抓包分析 DHCP

如图 2-59 所示，运行 Wireshark 抓包工具，将本地连接的地址由静态地址设置成"自动获得 IP 地址(O)"，"自动获得 DNS 服务器地址(B)"，然后单击"确定"按钮。

图2-59 设置DHCP客户端

停止抓包,在显示过滤器中输入表达式 ip.dst ＝ 255.255.255.255,因为请求 IP 地址和提供 IP 地址的过程目标 IP 地址都是广播地址。可以看到 DHCP 给计算机分配地址的 4 种报文,如图 2-60 所示(图中显示的是 DHCP Offer 报文的格式)。DHCP 定义了 4 种报文格式,也定义了这 4 种报文的交互顺序。

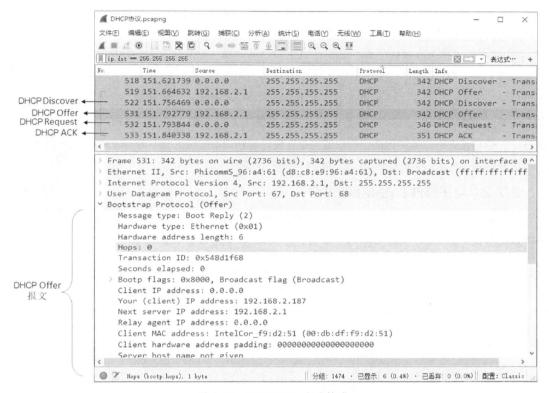

图2-60　DHCP Offer报文格式

2.7 SMTP和POP3协议

本节讲解 Internet 上发送电子邮件、接收电子邮件的过程和使用协议;同时也给大家演示如何安装邮件服务器给 Internet 上的邮箱发送电子邮件,并抓包分析 SMTP 和 POP3 数据包。

2.7.1 SMTP和POP3的功能

SMTP 和 POP3 的功能

SMTP 规定了在两个相互通信的 SMTP 进程之间应如何交换信息。由于 SMTP 使用客户端/服务器模式,因此负责发送邮件的 SMTP 进程就是 SMTP 客户端,而负责接收邮件的 SMTP 进程就是 SMTP 服务器。至于邮件内部的格式,邮件如何存储,以及邮件系统应以多快的速度来发送邮件,SMTP 未做规定。

SMTP 规定了 14 条命令和 21 种应答信息。每条命令由 4 个字母组成,而每种应答信息一般只有一行信息,由一个 3 位数字的代码开始,后面附上(也可不附上)很简单的文字说明。

SMTP 用来发送邮件,从邮件服务器接收邮件到本地计算机,还需要有接收邮件的协议——POP3。

邮局协议(POST Office Protocol,POP)是一个非常简单、功能有限的邮件读取协议,它已成为因特网的正式标准。大多数的 ISP 都支持 POP，POP3 可简称为 POP。

POP 也使用客户端/服务器的工作模式。在接收邮件的客户端计算机中的用户代理必须运行 POP 客户程序，而在收件人所连接的邮件服务器中则运行 POP 服务器程序。当然，这个邮件服务器还必须运行 SMTP 服务器程序，以便接收发送方邮件服务器的 SMTP 客户程序发来的邮件。POP 服务器只有在用户输入鉴别信息（用户名和口令）后，才允许对邮箱进行读取。

POP3 的一个特点就是只要用户从 POP 服务器读取邮件，POP 服务器就把该邮件删除。这在某些情况下就不够方便。例如，某用户在办公室的台式计算机上接收了一些邮件，还来不及写回信，就马上携带笔记本电脑出差了。当他打开笔记本电脑写回信时，却无法再看到原先在办公室台式计算机上收到的邮件(除非他事先将这些邮件复制到笔记本电脑中)。为了解决这一问题,POP3 进行了一些功能扩充，其中包括让用户能够事先设置邮件读取后仍然在 POP 服务器中存放的时间。POP3 规定了 15 条命令和 24 种响应信息。

电子邮件发送和接收
过程

2.7.2 电子邮件发送和接收过程

一个电子邮件系统应具有三个主要组成构件，即用户代理、邮件服务器，以及邮件发送协议（如 SMTP）和邮件读取协议（如 POP3），如图 2-61 所示。

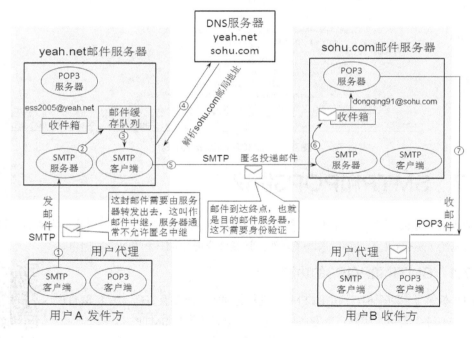

图2-61 Internet发送邮件的过程

用户代理（User Agent，UA）就是用户与电子邮件系统的接口，在大多数情况下它就是运行在用户计算机中的一个程序。因此用户代理又称为电子邮件客户端软件。用户代理向用户提供一个很友好的接口（目前主要是用窗口界面）来发送和接收邮件。现在可供大家选择的用户代理有很多种。例如，微软公司的 Outlook Express 和我国张小龙制作的 Foxmail，都是很受欢迎的电子邮件用户代理。

用户代理至少应当具有以下 4 个功能。

（1）撰写，给用户提供编辑信件的环境。例如，应让用户能创建便于使用的通讯录（有常用的人名和地址）。回信时不仅能很方便地从来信中提取出对方地址，并能自动将此地址写入邮件中合适的位置，而且还能方便地对来信提出的问题进行答复（系统自动将来信复制一份到用户撰写回信的窗口中，因而用户不需要再输入来信中的问题）。

（2）显示，能方便地在计算机屏幕上显示来信（包括声音和图像）。

（3）处理，包括发送邮件和接收邮件。收件人应能根据情况按不同方式对来信进行处理。例如，阅读后删除、存盘、打印、转发等，以及自建目录对来信进行分类保存。有时还可在读取信件之前先查看一下邮件的发件人和长度等，对不愿意接收的信件可以直接在邮箱中删除。

（4）通信，发信人在撰写完邮件后，要利用邮件发送协议发送到用户所使用的邮件服务器。收件人在接收邮件时，要使用邮件读取协议从本地邮件服务器接收邮件。

因特网上有许多邮件服务器可供用户选用（有些要收取少量的邮箱费用）。邮件服务器 24 小时不间断地工作，并且具有很大容量的邮件信箱。邮件服务器的功能是发送和接收邮件，同时还要向发件人报告邮件发送的结果（已交付、被拒绝、丢失等）。邮件服务器按照客户端/服务器的模式工作。邮件服务器需要使用两种不同的协议：一种协议用于用户代理向邮件服务器发送邮件或在邮件服务器之间发送邮件，如 SMTP；另一种协议用于用户代理从邮件服务器读取邮件，如 POP3。

注意，邮件服务器必须能够同时充当客户端和服务器。例如，当邮件服务器 A 向另一个邮件服务器 B 发送邮件时，A 就作为 SMTP 客户端，而 B 就作为 SMTP 服务器。反之，当 B 向 A 发送邮件时，B 就是 SMTP 客户端，而 A 就是 SMTP 服务器。

下面就给大家讲解在 Internet 上两个人发送邮件的过程。

如图 2-61 所示，用户 A 在网易邮件服务器申请了电子邮箱，其地址为 ess2005@yeah.net，用户 B 在搜狐邮件服务器申请了电子邮箱，其地址为 dongqing91@sohu.com。

用户 A 给用户 B 发送邮件的过程如下。

① 发件人打开计算机上的用户代理软件，使用之前需要先进行配置，指定发送邮件的服务器和接收邮件的服务器，并且指定接收邮件的电子邮箱地址和密码，配置完成后，撰写和编辑要发送的邮件。

② 编辑完成后，单击"发送邮件"按钮，把发送邮件的工作交给用户代理软件来完成。用户代理软件把邮件用 SMTP 客户端发给发送方邮件服务器，这时，用户代理充当 SMTP 客户端，而发送方邮件服务器充当 SMTP 服务器。

③ SMTP 服务器接收到用户代理软件发来的邮件后，就把邮件临时存放在邮件缓存队列中，等待发送给接收方的邮件服务器。

④ 邮件服务器上的 SMTP 客户端通过 DNS 解析出 sohu.com 邮件服务器的地址。

⑤ 发送方邮件服务器的 SMTP 客户端与接收方邮件服务器的 SMTP 服务器建立 TCP 连接，然后把邮件缓存队列中的邮件依次发送出去。如果有多封电子邮件需要发送到 sohu.com 邮件服务器，那么可以在原来已建立的 TCP 连接上重复发送。如果 SMTP 客户端无法和 SMTP 服务器建立 TCP 连接（例如，接收方服务器过负荷或出了故障），那么要发送的邮件就会继续保存在发送方的邮件服务器中，并在稍后一段时间再进行新的尝试。如果 SMTP 客户端超过了规定的时间还不能把邮件发送出去，那么

发送邮件服务器就把这种情况通知给用户代理软件。

⑥ 运行在接收方邮件服务器中的 SMTP 服务器进程接收到邮件后，把邮件放入收件人的用户邮箱中，等待收件人进行读取。

⑦ 收件人在打算收信时，就运行计算机中的用户代理软件，使用 POP3（或 IMAP）读取发送给自己的邮件。请注意，在图 2-61 中，POP3 服务器和 POP3 客户端之间的箭头表示的是邮件传送的方向。但它们之间的通信是由 POP3 客户端发起的。

请注意这里有两种不同的通信方式：一种是"推"（Push），即 SMTP 客户端把邮件"推"给 SMTP 服务器。另一种是"拉"（Pull），即 POP3 客户端把邮件从 POP3 服务器"拉"过来。

电子邮件由信封和内容两部分组成。电子邮件的传输程序根据邮件信封上的信息来传送邮件。这与邮局按照信封上的信息投递信件是相似的。

在邮件的信封上，最重要的就是收件人的地址。TCP/IP 体系的电子邮件系统规定电子邮件地址的格式如下：

收件人邮箱名@邮箱所在主机的域名

其中，符号"@"读作"at"，表示"在"的意思。收件人邮箱名又简称为用户名，是收件人自己定义的字符串标识符。注意，标志收件人邮箱名的字符串在邮箱所在邮件服务器的计算机中必须是唯一的。这样就保证了这个电子邮件地址在世界范围内是唯一的。这对保证电子邮件能够在整个因特网范围内的准确交付是十分重要的。电子邮件的用户名一般采用容易记忆的字符串。

抓包分析 SMTP 和
POP3

2.7.3 抓包分析SMTP和POP3

登录 https://mail.sohu.com/网站，注册搜狐邮箱，登录后，进入图 2-62 所示的界面，单击"选项" → "设置"菜单项，然后单击"POP3/SMTP/IMAP"选项。

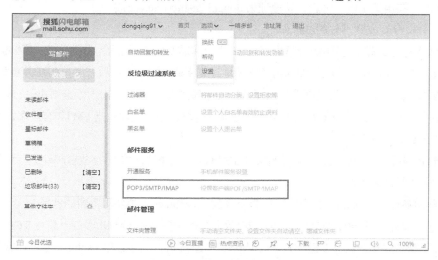

图2-62 设置POP3和SMTP

在弹出的图 2-63 所示的设置页面中，勾选"POP3/SMTP 服务""IMAP/SMTP 服务"，记下 POP3

服务的域名和 SMTP 服务的域名。

图2-63 启用POP3和SMTP

访问 Foxmail 官网，下载邮件服务客户端 Foxmail，安装并运行 Foxmail，在弹出的图 2-64 所示的"新建账号"对话框中，单击"手动设置"按钮。

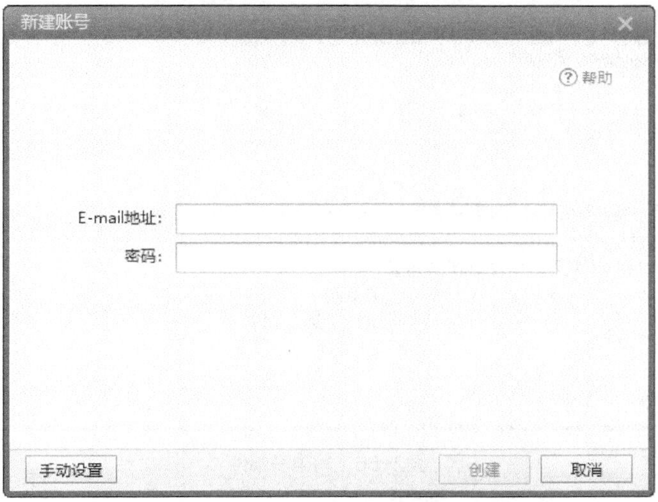

图2-64 单击"手动设置"按钮

参照图 2-65 所示的界面，设置接收服务器类型、邮件账号和密码、POP 服务器和 SMTP 服务器，不要选择 SSL，然后单击"创建"按钮。

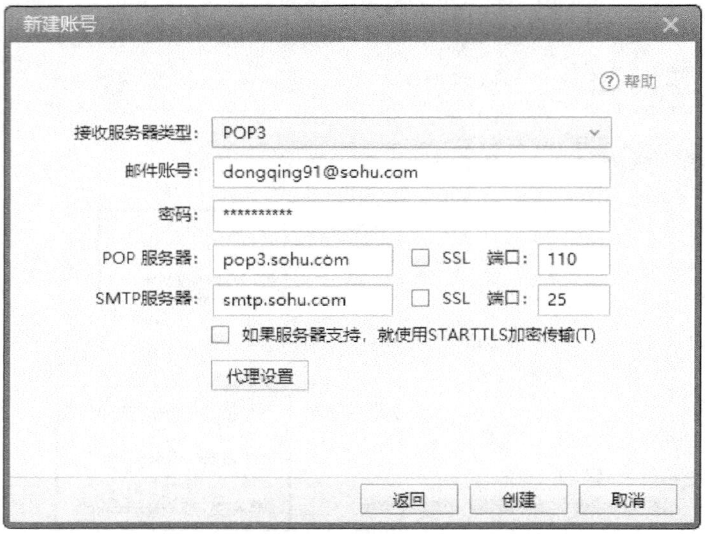

图2-65　设置POP和SMTP服务器

运行 Wireshark 抓包工具后，自己给自己写一封电子邮件（见图 2-66），然后单击"发送"按钮。如图 2-67 所示，发送成功后，单击左上角"收取"→"sohu（dongqing91）"菜单项，接收邮件。

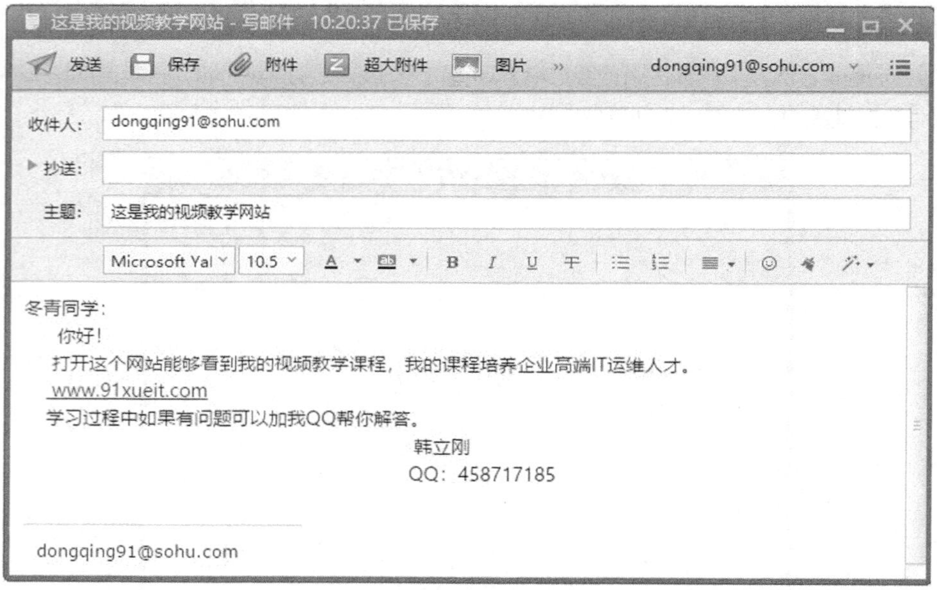

图2-66　写电子邮件

邮件接收完成后，停止抓包，显示过滤器中输入 smtp，可以只显示 SMTP 发送电子邮件的数据包，可以看到客户端和服务器发送电子邮件的交互过程。

图2-67　接收电子邮件

右键单击其中的一个数据包，单击"追踪流"→"TCP 流"菜单项。可以看到发送电子邮件的过程中客户端和服务器交互的内容，其中服务端返回的响应状态代码，如图 2-68 所示。这些状态代码都是 SMTP 定义好的，其中 EHLO、AUTH、MAIL FROM、RCPT TO、DATA 命令是 SMTP 定义好的客户端向服务端发送的请求（命令）。同时，这些命令的交互顺序也是在 SMTP 中定义好的。

图2-68　发送电子邮件的交互过程

在显示过滤器中输入 pop，应用显示表达式，可以只显示 POP 接收电子邮件的数据包，如图 2-69 所示。

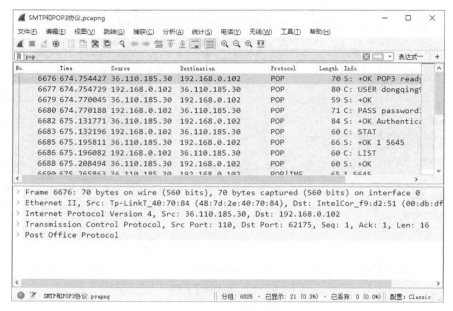

图2-69　接收电子邮件的数据包

　　右键单击其中的一个数据包，单击"追踪流"→"TCP 流"菜单项。可以看到客户端使用 POP3 接收电子邮件和服务器交互的过程，如图 2-70 所示。其中，USER、PASS、STAT、LIST、RETR 和 QUIT 等命令是 POP3 定义的接收电子邮件客户端向服务器发送的请求（命令）。

图2-70　接收电子邮件的交互过程

POP3 是 POP 的升级版，允许我们选择接收邮件后是否删除邮件服务器上的邮件以及保留时间。在图 2-71 所示的对话框中，单击"sohu（dongqing91）"→"设置"菜单项。

图2-71　更改邮箱设置

如图 2-72 所示，在弹出的"系统设置"对话框中，邮件接收后，在服务器上选择"立即删除"选项。

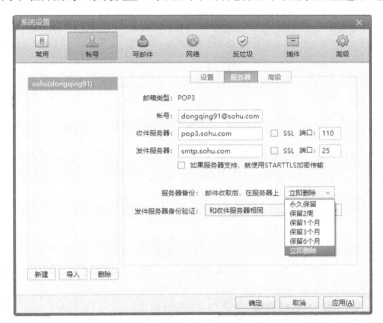

图2-72　立即删除邮件

运行 Wireshark 抓包工具开始抓包，因为第一封邮件已经标记为永久保留了，所以需要再写一封邮件，并进行收发。再次查看 POP3 的 TCP 流，如图 2-73 所示。可以看到收完邮件，客户端发送了一个 DELE 请求，将该邮件删除。

图2-73　收到邮件后删除邮件

通过以上观察 POP3 的工作过程，大家就会明白如果某个应用层协议需要增加新的功能，这就需要定义新版本的协议。有的服务同时支持多个版本的协议，客户端访问服务器时要通知服务端使用哪个版本的协议进行通信。

习　题

1. 图2-74中Client计算机配置的DNS服务器是43.6.18.8，现在需要解析www.91xueit.com的IP地址，请画出解析过程，并标注每次解析返回的结果。

2. 若用户1与用户2之间发送和接收电子邮件的过程如图2-75所示，则图中A、B、C三个阶段分别使用的应用层协议可以是（　　　）。

　　A. SMTP、SMTP、SMTP　　　　　　　B. POP3、SMTP、POP3

　　C. POP3、SMTP、SMTP　　　　　　　D. SMTP、SMTP、POP3

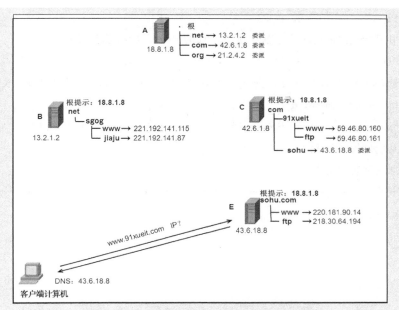

图2-74 域名解析过程

图2-75 发送和接收电子邮件过程

3. DHCP客户端请求IP地址租约时首先发送的信息是（　　）。

　　A. DHCPDISCOVER　B. DHCPOFFER　　　C. DHCPREQUEST　D. DHCPPOSITIVE

4. 在www.tsinghua.edu.cn这个FQDN里，（　　）是主机名。

　　A. edu.cn　　　　　　B. tsinghua　　　　　　C. tsinghua.edu.cn　D. www

5. 下列四项中表示电子邮件地址的是（　　）。

　　A. ks@183.net　　　B. 192.168.0.1　　　C. www.gov.cn　　　D. www.cctv.com

6. 一个FTP用户发送了一个LIST命令来获取服务器的文件列表，这时服务器应该通过端口（　　）来传输该列表。

　　A. 21　　　　　　　　B. 20　　　　　　　　C. 22　　　　　　　　D. 19

7. 下列关于FTP连接叙述正确的是（　　）。

　　A. 控制连接先于数据连接被建立，并先于数据连接被释放

　　B. 数据连接先于控制连接被建立，并先于控制连接被释放

　　C. 控制连接先于数据连接被建立，并晚于数据连接被释放

　　D. 数据连接先于控制连接被建立，并晚于控制连接被释放

8. 当电子邮件用户代理软件向邮件服务器发送邮件时，使用的是（　　）；当用户想从邮件服务器读取邮件时，可以使用（　　）。

A. PPP   B. POP3   C. P2P   D. SMTP

9. HTTP中要求被请求服务器接受附在请求后面的数据，常用于提交表单的命令是（   ）。

    A. GET   B. POST   C. TRACE   D. LIST

10. Wireshark抓包工具的显示过滤器只显示筛选内容包含password的http数据包使用表达式（   ）。

    A. http contains "password"   B. http == "password"

    C. http.request.uri contains "password "   D. http.request == "password "

11. 简述因特网的域名结构。

12. 简述域名系统的主要功能。

03 第3章 传输层协议

本章内容

- TCP 和 UDP 的应用场景
- TCP 的功能和 TCP 的首部
- TCP 的主要内容
- TCP 的工作过程
- UDP
- 端口和网络安全

互联网是不可靠的，当网络拥塞时，来不及处理的数据包就被路由器直接丢弃。应用程序通信发送的报文想要完整地发送给对方，就需要在通信的计算机之间有可靠的传输机制，也就是可靠传输协议，即传输控制协议（Transmission Control Protocol，TCP）；有些应用不需要可靠传输协议，就使用用户数据报协议（User Datagram Protocol，UDP）。

如图 3-1 所示，TCP 和 UDP 工作在相互通信的计算机上，为应用层协议提供服务，这两个协议被称为传输层协议。

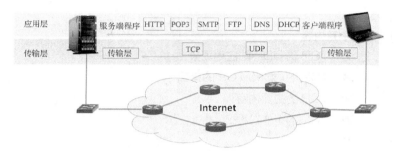

图3-1　传输层协议

3.1　TCP和UDP的应用场景

使用快递寄东西要打包，包裹的大小是有限制的。如果寄的东西少，可以打包成一个包裹邮寄；如果寄的东西多，就需要打包成多个包裹，每个包裹都作为独立的件发送。客户端程序和服务端程序通信也类似地分为两种情况。

TCP 和 UDP 的
应用场景

一种情况是应用程序要传输的报文大，就要分段传输，每段封装成一个数据包，在接收端将分段组装成完整的报文；另一种情况是应用程序传输的报文小，不需要分段。针对这两种情况，需要分段传输的使用 TCP，不需要分段传输的使用 UDP。

传输层协议的甲方和乙方分别是通信的两个计算机的传输层。

需要可靠传输的应用层协议在通信之前，客户端的 TCP 向服务端发送建立连接的请求；建立连接后，再传输数据，在传输过程中实现可靠传输、流量控制和拥塞避免；数据通信结束后，释放连接。

网络中一个数据包大小通常是 1500 字节，其中数据占 1460 字节，这就意味着如果要传输的文件大于 1460 字节，就要分成多个数据包传输。例如，从网络中下载一个 500MB 的电影或下载一个 200MB 的软件，这就需要分段发送。发送过程需要持续几分钟。发送方将要发送的文件内容以字节流形式放入发送缓存，在发送缓存分段，并给分段进行编号，加上 IP 地址后封装成数据包，按顺序发送。

网络就像公路，数据包就像汽车，在上下班高峰期会出现交通拥堵。当网络中涌入的数据包超过路由器的转发能力时，路由器会丢弃来不及处理的数据包（丢包）。不同分段可能会沿不同的路径到达目的计算机，虽然发送端按分段的编号顺序发送分段，但这些分段并不一定按顺序到达接收端（乱序）。

网络是不可靠的，既不能保证不丢包，也不能保证按顺序到达。TCP 能够实现发送端和接收端的可靠传输，丢包能自动重传，分段在接收端缓存中能正确排序。TCP 能够在不可靠的网络上实现数据的可靠传输。TCP 在传输数据之前需要建立 TCP 连接，进行可靠传输（丢包自动重传，分段在接收端排序），通信过程有流量控制，拥塞避免，通信结束要释放连接。

如果应用程序要发送的数据通过一个数据包就能发送全部内容，在传输层通常就使用 UDP。一个数据包就能发送全部内容，在传输层不需要分段、不需要编号、不需要在发送方和接收方建立连接、不需要判断数据包是否到达目的地（不可靠传输），发送过程也不需要流量控制、拥塞避免。这就使得 UDP 具有 TCP 所望尘莫及的速度优势。

比如在计算机上打开浏览器，在地址栏输入 http://www.91xueit.com，计算机需要将该域名解析成 IP 地址，会向 DNS 服务器发送一个数据包，查询该域名所对应的 IP 地址，DNS 服务器将查询结果放到一个数据包中，并发送给计算机。发送域名解析请求只需要一个数据包，返回解析结果也只需要一个数据包，因此域名解析在传输层使用 UDP。

再比如，使用 QQ 聊天，通常一次输入的聊天内容不会有太多文字，使用一个数据包就能把消息发送出去，并且发完第 1 条消息，不一定什么时候再发第 2 条消息，发送数据不是持续的，发送消息在传输层使用 UDP。

上面举的两个例子就是给大家介绍 UDP 的应用场景，UDP 不负责可靠传输，如果客户端发送的 UDP 报文在网络中丢失，客户端程序没有收到返回的数据包，就再发送一遍，发送成功与否是由应用程序来判断的。

大家知道了传输层的两个协议 TCP 和 UDP 的特点和应用场景，就会很容易判断某个应用在传输层应该使用什么协议。

前面讲了，QQ 聊天传输层协议使用的是 UDP。如果使用 QQ 给好友传一个文件，传输层使用什么协议呢？传输文件需要持续几分钟或几十分钟，肯定不是一个数据包就能把文件传输完的，需要将要传输的文件分段传输，在传输期间需要建立会话、可靠传输、流量控制、拥塞避免等，因此可以断定在传输层应该使用 TCP 来实现这些功能。

访问网站、发送电子邮件、访问 FTP 服务器下载文件，这些应用在传输层使用什么协议呢？其实只要想一想，要传输的网页、发送电子邮件的内容和附件、从 FTP 下载的文件都需要拆分成多个数据包发送，并且在整个通信过程需要客户端和服务端程序反复发送请求和响应报文，就可以判断这些应用在传输层应该使用 TCP。

在这里需要强调的是：使用多播通信的应用程序在传输层也是使用 UDP。多播通信虽然是持续发送数据包，但并不需要和接收方建立会话进行可靠传输，因此在传输层使用 UDP。比如机房多媒体教室的软件，教师端发送屏幕广播，机房的学生计算机接收到教师机传输的屏幕，传输层使用 UDP 即可。

实时通信通常也选择 UDP，比如和好友 QQ 语音聊天，要求双方聊天的内容及时发送到对方，不允许有很大的延迟。如果聊天过程中网络堵塞，有丢包现象，对方听到的声音就会出现断断续续。那使用可靠传输会出现什么样的场景呢？如果使用 TCP 实现可靠通信，聊天的内容丢包重传，在接收端排序后再播放声音，你的好友等到这句完整的话，可能需要几秒钟，就不能愉快地聊天了，所以实时通信在传输层还是选择 UDP。可以通过抓包软件来验证 QQ 传输文件、QQ 语音聊天在传输层使用的是什么协议。

下面重点讲解传输层协议中的 TCP。

3.2　TCP的功能和TCP的首部

本节介绍 TCP 的主要工作过程。TCP 为应用层协议提供可靠传输，在应用程序通信之前需要建立 TCP 连接，客户端程序和服务端程序使用建立的 TCP 连接实现双向通信，在通信过程 TCP 实现可靠传输、流量控制、网络拥塞自动感知等功能，应用程序通信结束后，再释放 TCP 连接。

3.2.1　TCP功能

当在浏览器中输入域名访问某网站时，计算机并不是直接发送 HTTP 请求给该网站，而是先调用传输层的 TCP 向该网站发送建立 TCP 连接的请求；建立 TCP 连接后，HTTP 使用该连接进行双向交互通信；HTTP 通信结束，释放 TCP 连接。SMTP、POP3、FTP 等应用层协议在通信之前也是要先建立 TCP 连接。

TCP 功能

TCP 为应用程序通信提供可靠传输。在通信过程中实现以下功能。

（1）建立连接：在正式传输数据之前先建立 TCP 连接，协商一些参数，如告诉对方自己的接收缓存多大（单位字节），一个段最多承载多少字节的数据，是否支持选择性确认。

（2）可靠传输：发送端将文件以字节流的形式放入发送端缓存；接收端以字节流的形式从缓存读取。数据包丢失超时后发送端会自动重传；数据包没按顺序到达，会在接收端缓存排序。

（3）拥塞避免：在通信过程中，网络有可能拥塞也有可能畅通，发送端开始发送数据时先感知网络是否拥堵，调整发送速度。

（4）流量控制：如果发送端发送过快，接收端的应用程序有可能来不及从接收缓存读取数据，造成接收缓存满。接收端接收数据过程中可以告诉发送端发送快一点还是慢一点，是否需要暂停。

（5）释放连接：发送完毕，要告诉对方发送完毕，等对方收到确认后才释放连接。

3.2.2　TCP的首部

TCP 实现的功能很多，因此需要更多的字段来实现这些功能。应用程序要传输的数据在传输层分段再加上 TCP 首部，图 3-2 中列出的内容就是 TCP 工作时需要填写的内容。

TCP 的首部

TCP 规定了 TCP 首部有哪些字段、每个字段所代表的意义。

TCP 首部长度不固定，固定长度为 20 字节，选项部分长度不固定。

源端口、目标端口、序号、确认号等是首部的字段。图 3-2 中标注的 32 位，指的是 32 位二进制。源端口占 16 位二进制两个字节，最大值是 65535。序号和确认号占 32 位，即 4 个字节。URG、ACK、PSH、RST，SYN 和 FIN 字段占 1 位，我们称之为标记位。

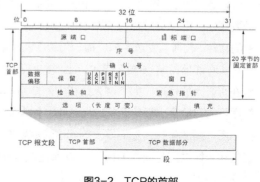

图3-2　TCP的首部

3.3 TCP的主要内容

本节重点讲解 TCP 建立连接的过程，实现可靠传输的机制，以及释放 TCP 连接的过程。

3.3.1 通过TCP流观察TCP的工作过程

通过 Wireshark 抓包工具捕获 SMTP 和 POP 收发电子邮件的数据包。右键单击一个协议是 POP 的数据包，在弹出的菜单中单击"追踪流"→"TCP 流"菜单项，自动产生该 TCP 流的显示过滤器。

通过 TCP 流观察 TCP 的工作过程

如图 3-3 所示，最前面三个是建立 TCP 连接的数据包，这三个数据包包含的数据只是为了协商一些参数。TCP 连接建立后，POP 使用该连接收取电子邮件，接收完毕后就要释放 TCP 连接。最后四个数据包是释放 TCP 连接的数据包。使用该连接，邮件客户端可以向邮件服务器发送请求，邮件服务器也可以向邮件客户端发送响应，不需要建立两个 TCP 连接。

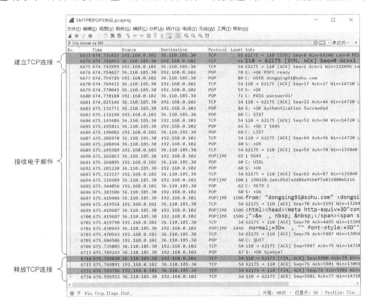

图3-3 TCP工作过程

3.3.2 建立TCP连接的过程

应用程序客户端向服务器程序发起请求时，客户端计算机向服务器计算机发送建立 TCP 连接的请求。

建立 TCP 连接的过程

先看客户端发送的建立 TCP 连接请求的数据包的特点，图 3-4 所示的数据包中第 6673 个数据包是客户端向服务器端发送的第一个数据包，请求连接的数据包的特征是 SYN（同步）标记位为 1，ACK（确认）标记位为 0（这就意味着确认号 Ack 无效，不过这里大家看到的是 0），这是客户端向服务器发送的第一个数据包，所以序号为 0（Seq=0）。

该数据包 TCP 首部的选项部分指明客户端支持的最大报文段长度（Maximum Segment Size，MSS）和允许选择确认（Selective Acknowledgment，SACK）。连接请求数据包没有数据部分。

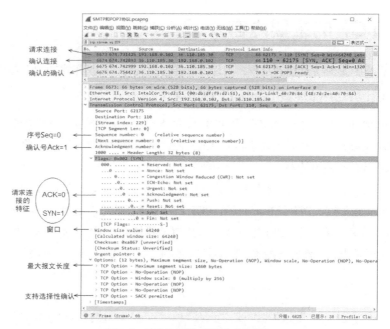

图3-4　建立TCP连接的请求数据包

再来看服务器发送给客户端的 TCP 连接确认数据包，即图 3-5 中的第 6674 个数据包。确认连接数据包的特征是 SYN 标记位为 1，ACK 标记位为 1，这是服务器向客户端发送的第一个数据包，所以序号为 0（Seq=0），服务器收到了客户端的请求（Seq=0），确认已经收到，发送的确认号为 1。选项部分指明服务器支持的最大报文段长度为 1452。

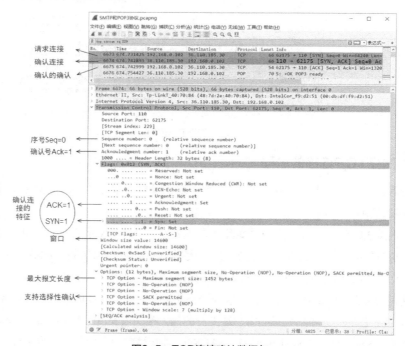

图3-5　TCP连接确认数据包

　　客户端收到服务器的确认后，还需再向服务器发送一个确认，如图3-6所示，第6675个数据包，称之为确认的确认数据包。这个确认的确认数据包和以后通信的数据包，ACK 标记位为1，SYN 标记位为0。

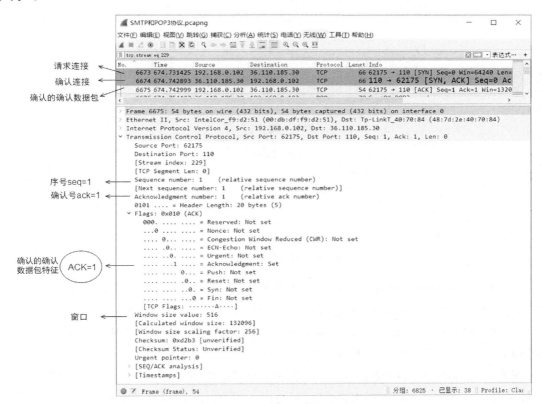

图3-6　TCP连接确认的确认数据包

　　这三个数据包就是 TCP 建立连接的数据包，这个过程称为三次握手。

　　为什么客户端还要再发送一次确认呢？这主要是为了防止已失效的连接请求报文段突然又传送到了服务器，因而产生错误。

　　"已失效的连接请求报文段"是这样产生的。先考虑一种正常情况。客户端发出连接请求后，因连接请求报文丢失而未收到确认，于是客户端再重传一次连接请求。后来收到了确认，建立了连接。数据传输完毕后，就释放了连接。客户端共发送了两个连接请求报文段，其中第一个丢失，第二个到达了服务器。没有产生"已失效的连接请求报文段"。

　　现假定出现一种异常情况，即客户端发出的第一个连接请求报文段并没有丢失，而是在某些网络节点长时间滞留了，以致延误到连接释放以后的某个时间才到达服务器。本来这是一个早已失效的报文段，但服务器收到此失效的连接请求报文段后，就误认为是 A 又发出一次新的连接请求。于是就向客户端发出确认报文段，同意建立连接。假定不采用三次握手，那么只要服务器发出确认，新的连接就建立了。

　　由于现在客户端并没有发出建立连接的请求，因此不会理睬服务器的确认，也不会向服务器发送数据。但服务器却以为新的传输连接已经建立了，并一直等待客户端发来数据。服务器的许多资源就这样白白浪费了。采用三次握手的办法就可以防止上述现象的发生。例如，在上述异常情况下，客户端不会向服务器的确认发出确认。服务器由于收不到确认，就知道客户端并没有要求建立连接。

TCP 建立连接的过程如图 3-7 所示，在不同阶段的客户端和服务器端口能够看到不同的状态。

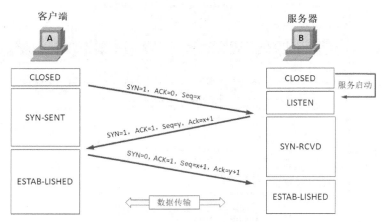

图3-7　建立TCP连接的过程

服务器的服务只要已启动就会侦听客户端的请求，等待客户的连接，即处于 LISTEN 状态。

客户端的应用程序发送 TCP 连接请求报文，这个报文的 TCP 首部的 SYN 标记位为 1，ACK 标记位为 0，客户端给出的初始序号为 x。发送出连接请求报文后，客户端处于 SYN-SENT 状态。注意，这个报文段虽然不携带数据，但同样要消耗掉一个序号。

服务器收到客户端的 TCP 连接请求后，发送确认连接报文，这个报文的 TCP 首部的 SYN 标记位为 1，ACK 标记位为 1，服务器给出的初始序号为 y，确认号为 x+1。服务器处于 SYN-RCVD 状态。

客户端收到连接请求确认报文后，状态变为 ESTAB-LISHED，再次发送一个服务器确认报文，该报文的 SYN 标记位为 0，ACK 标记位为 1，服务器给出的初始序号为 x+1，确认号为 y+1。

服务器收到确认报文后，状态变为 ESTAB LISHED。之后就可以进行双向通信了。

注释：

TCP 首部序号占 4 字节。序号范围是 $[0, 2^{32}-1]$，共 2^{32}（4 294 967 296）个序号。序号增加到 $2^{32}-1$ 后，下一个序号又回到 0。TCP 是面向字节流的，在一个 TCP 连接中传送的字节流中的每一个字节都按顺序编号。整个要传送的字节流的起始序号必须在连接建立时设置。TCP 首部中的序号字段值指的是本报文段所发送的数据的第一个字节的序号。如图 3-8 所示，以计算机 A 给计算机 B 发送一个文件为例来说明序号和确认号的用法。为了简化描述，聚焦重点，传输层其他字段没有展现，第 1 个报文段的序号字段值是 1，而携带的数据共有 100 字节。这就表明，本报文段的数据的第一个字节的序号是1，最后一个字节的序号是 100。下一个报文段的数据序号应当从 101 开始，即下一个报文段的序号字段值应为 101。这个字段的名称也叫作报文段序号。

计算机 B 将收到的数据包放到缓存，根据序号将收到的数据包中的字节进行排序，计算机 B 的程序会从缓存中读取编号连续的字节。

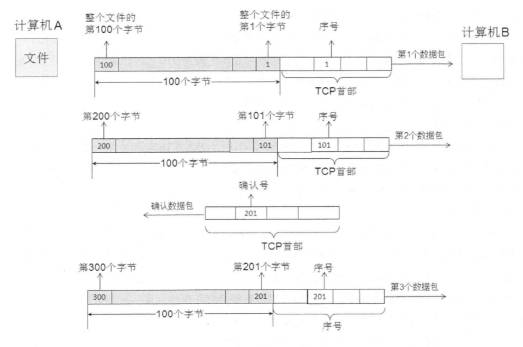

图3-8 序号和确认号的作用

TCP首部确认号占4个字节，是期望收到对方下一个报文段的第一个数据字节的序号。

TCP 能够实现可靠传输，接收方收到几个数据包后，就会给发送方一个确认数据包，告诉发送方下一个数据包该发第多少个字节。如图 3-8 所示的例子，计算机 B 收到了两个数据包，将两个数据包字节排序得到连续的前 200 个字节，计算机 B 要发一个确认包给计算机 A，告诉计算机 A 应该发送第 201 个字节了，这个确认数据包的确认号就是 201。确认数据包没有数据部分，只有 TCP 首部。

总之，若确认号是 N，则表明到序号 N-1 为止的所有数据都已正确收到。

3.3.3 可靠传输的实现

TCP 发送的报文段是交给网络层传输的，通过前面的学习，大家知道网络层只是尽最大努力将数据包发送到目的地，不考虑网络是否堵塞及数据包是否丢失。这就需要 TCP 采取适当的措施才能使发送端和接收端之间的通信变得可靠。

理想的传输条件有以下两个特点。

（1）数据包在网络中传输不产生差错，也不丢包。

（2）不管发送方以多快的速度发送数据，接收方总是来得及处理收到的数据。

可靠传输的实现

在这样的理想传输条件下，不需要采取任何措施就能够实现可靠传输。然而，实际的网络都不具备以上两个理想条件。但我们可以使用一些可靠传输协议，当出现差错时让发送方重传出现差错的数据，同时在接收方来不及处理收到的数据时，及时告诉发送方适当降低发送数据的速度。下面从最简单的停止等待协议讲起。

1. TCP 可靠传输的实现——停止等待协议

TCP 建立连接后，使用连接的双方可以相互发送数据。下面为了讨论问题方便我们仅考虑 A 发送数据而 B 接收数据并发送确认的情况，A 称为发送方，而 B 称为接收方。这里是讨论可靠传输的原理，因此把传送的数据单元都称为分组，而并不考虑数据是在哪一个层次上传送的。停止等待是指每发送完一个分组就停止发送，并等待对方的确认，在收到确认后再发送下一个分组。

（1）无差错情况。

停止等待协议可用图 3-9 来说明。其中，图 3-9（a）所示为无差错的情况。A 发送分组 M_1，发完就暂停发送，等待 B 的确认。B 收到了 M_1 就向 A 发送确认。A 在收到了对 M_1 的确认后，就再发送下一个分组 M_2。同样，在收到 B 对 M_2 的确认后，再发送 M_3。

（2）出现差错或丢失。

图 3-9（b）所示为超时重传的情况。A 发送的 M_1 在传输过程中被路由器丢弃，或 B 接收 M_1 时检测出了差错，就丢弃 M_1，其他什么也不做（不通知 A 收到有差错的分组）。在这两种情况下，B 都不会发送任何信息。可靠传输协议是这样设计的：A 只要超过了一段时间仍然没有收到确认，就认为刚才发送的分组丢失了，因而重传前面发送过的分组，这就是超时重传。要实现超时重传，就要在每发送完一个分组时设置一个超时计时器。如果在超时计时器到期之前收到了对方的确认，就撤销已设置的超时计时器。其实在图 3-9 中，A 为每个已发送的分组都设置了一个超时计时器。但 A 只要在超时计时器到期之前收到了相应的确认，就撤销该超时计时器。

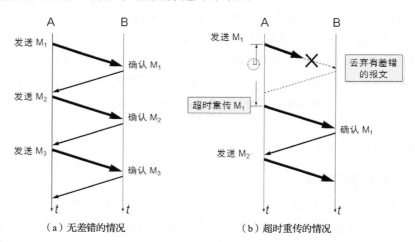

（a）无差错的情况　　　　　（b）超时重传的情况

图3-9　停止等待协议

这里应注意以下三点。

① A 在发送完一个分组后，必须暂时保留已发送的分组的副本（发生超时重传时使用）。只有在收到相应的确认后才能清除暂时保留的分组副本。

② 分组和确认分组都必须进行编号。这样才能明确是哪个发送出去的分组收到了确认，而哪个分组还没有收到确认。

③ 超时计时器设置的重传时间应当比数据在分组传输的平均往返时间更长一些。图 3-9（b）中的

一段虚线表示如果 M_1 正确到达 B 的同时 A 也正确收到确认的过程。显然，如果重传时间设定得很长，那么通信的效率就会很低。但如果重传时间设定得太短，就会产生不必要的重传，浪费了网络资源。然而在传输层重传时间的准确设定是非常复杂的，这是因为已发送出的分组到底会经过哪些网络，以及这些网络将会产生多大的时延（这取决于这些网络当时的拥塞情况），这些都是不确定因素。图 3-9 中都把往返时间当作固定的时间并不符合网络的实际情况，只是为了讲述原理的方便。重传时间应根据往返时间的变化自动修正。

（3）确认丢失和确认迟到。

图 3-10（a）说明的是另一种情况。B 所发送的对 M_1 的确认丢失了。A 在设定的超时重传时间内没有收到确认，但并无法知道是自己发送的分组出错、丢失，还是 B 发送的确认丢失了。因此，A 在超时计时器到期后就要重传 M_1。现在应注意 B 的动作。假定 B 又收到了重传的分组 M_2，这时应采取以下两个行动。

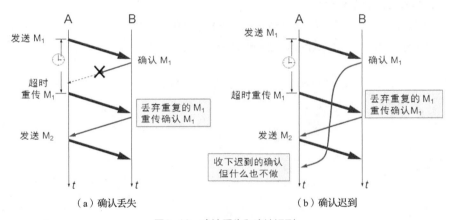

图3-10 确认丢失和确认迟到

① 丢弃这个重复的分组 M_1，不向上层交付。

② 向 A 发送确认。不能认为已经发送过确认就不再发送，因为 A 之所以重传 M_1 就表示 A 没有收到对 M_1 的确认。

图 3-10（b）也是一种可能出现的情况。传输过程中没有出现差错，但 B 对分组 M_1 的确认迟到了。A 会收到重复的确认。对重复的确认的处理很简单——收下后就丢弃。B 仍然会收到重复的 M_1，并且同样要丢弃重复的 M_1，并重传确认分组。通常 A 最终总是可以收到对所有发出的分组的确认。如果 A 不断重传分组但总是收不到确认，就说明通信线路太差，不能进行通信。

使用上述的确认和重传机制，我们就可以在不可靠的传输网络上实现可靠的通信。像上述的这种可靠传输协议常称为自动重传请求（Automatic Repeat reQuest，ARQ）。重传是自动进行的，只要没收到确认，发送方就超时重传，接收方不需要请求发送方重传某个出错的分组。

2. 连续 ARQ 协议和滑动窗口协议——改进的停止等待协议

连续 ARQ 协议和滑动窗口协议是 TCP 正在使用的可靠传输机制。

如果网络中的计算机使用前面讲述的停止等待协议实现可靠传输，效率非常低，图 3-11（a）所示展示了使用停止等待协议发送四个分组的时间。

连续 ARQ 协议和滑动窗口协议就是改进的停止等待协议。

如图 3-11（b）所示，在发送端 A 设置一个发送窗口，窗口大小的单位是字节，如果发送窗口是 400 字节，一个分组有 100 字节，在发送窗口中的分组就有 M_1、M_2、M_3 和 M_4 四个分组，发送端 A 就可以连续发送这四个分组；发送完毕后，就停止发送，接收端 B 收到这四个连续分组，只需给 A 发送一个 M_4 分组的确认；发送端 A 收到 M_4 分组的确认，发送窗口就向前滑动，M_5、M_6、M_7 和 M_8 分组就进入发送窗口，这四个分组连续发送，发送完后，停止发送，等待确认。

注释：TCP 首部窗口字段占 2 字节。窗口值是 $[0, 2^{16}-1]$ 的整数。TCP 有流量控制功能，窗口值表示从本报文段首部中的确认号算起，接收方目前允许对方发送的数据量（单位为字节）。之所以要有这个限制，是因为接收方的数据缓存空间是有限的。总之，窗口值是接收方让发送方设置其发送窗口的依据。使用 TCP 传输数据的计算机会根据自己的接收能力随时调整窗口值，对方参照这个值及时调整发送窗口值，从而达到流量控制功能。

如图 3-11 所示，对比停止等待协议与连续 ARQ 协议和滑动窗口协议，在相同的时间里停止等待协议只能发送 4 个分组，而连续 ARQ 协议和滑动窗口协议可以发送 8 个分组。

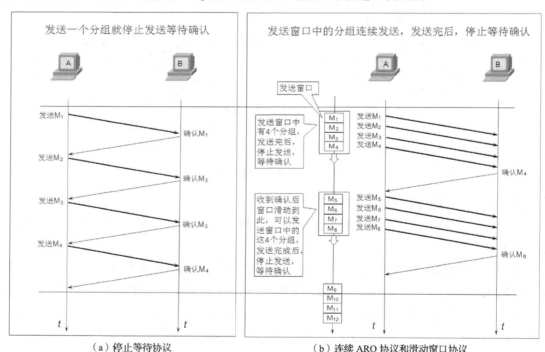

（a）停止等待协议 （b）连续 ARQ 协议和滑动窗口协议

图3-11 连续ARQ协议和滑动窗口协议

3.3.4 以字节为单位的滑动窗口技术详解

滑动窗口是面向字节流的，为了方便大家记住每个分组的序号，下面的讲解假设每个分组 100 字节，为了方便画图表示，将分组编号进行简化（见图 3-12），应记住每个分组的序号。

以字节为单位的滑动窗口技术详解

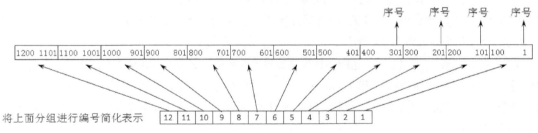

图3-12 简化分组表示

下面就以计算机 A 给计算机 B 发送一个文件为例,详细讲解 TCP 面向字节流的可靠传输的实现过程,整个过程如图 3-13 所示。

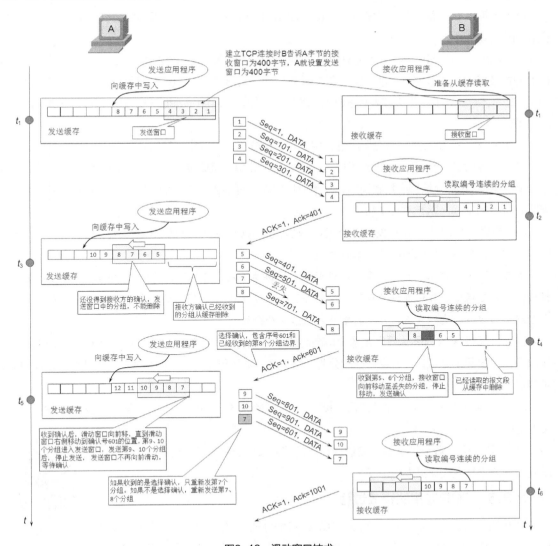

图3-13 滑动窗口技术

（1）计算机 A 和计算机 B 通信之前先建立 TCP 连接，计算机 B 的接收窗口为 400 字节，在建立 TCP 连接时，计算机 B 告诉计算机 A 自己的接收窗口为 400 字节，计算机 A 为了匹配计算机 B 的接收速度，将发送窗口设置为 400 字节。

（2）在 t_1 时刻，计算机 A 发送应用程序将要传输的数据以字节流形式写入发送缓存，发送窗口为 400 字节，每个分组 100 字节，第 1、2、3、4 个分组在发送窗口内，这四个分组按顺序发送给计算机 B。在发送窗口中的这四个分组，如果没有收到 B 的确认，就不能从发送窗口中删除，因为丢失或出现错误还需要重传。

（3）在 t_2 时刻，计算机 B 将收到的四个分组放入缓存中的接收窗口，按 TCP 首部的序号对分组排序，使窗口中的分组编号连续，接收窗口向前移，接收窗口就留出空余空间。接收应用程序按顺序读取接收窗口外连续的字节。

（4）计算机 B 向计算机 A 发送一个确认，ACK=1，代表 TCP 首部 ACK 标记位为 1，而 Ack=401，代表确认号是 401。

（5）t_3 时刻，计算机 A 收到了计算机 B 的确认，确认号是 401，发送窗口向前移动，确认号为 401 后面的字节就进入发送窗口，进入发送窗口的第 5、6、7、8 四个分组按顺序发出。从发送窗口移出的第 1、2、3、4 四个分组已经确认发送成功，就可以从缓存中删除，发送程序可以向腾出的空间存放后续字节。

（6）5、6、7、8 四个分组在发送过程中，第 7 个分组丢失或出现错误。

（7）在 t_4 时刻，计算机 B 收到了第 5、6、8 三个分组，接收窗口只能向前移 200 字节，等待第 7 个分组，第 5、6 个分组移出接收窗口，接收应用程序就可以读取这两个分组。已经读取的字节，可以删除，腾出的空间可以被重复使用。

（8）计算机 B 向计算机 A 发送一个确认，确认号是 601，告诉计算机 A 已经成功接收确认号为 600 以前的字节，从确认号为 601 的字节开始发送。

注释：TCP 在建立连接时，客户端就和服务器协商了是否支持选择确认（SACK），如果都支持选择确认，以后通信过程中发送的确认，除包含了确认号 601 外，同时还包含了已经收到的分组（第 8 个分组）的边界，这样发送方就不再重复发送第 8 个分组。

（9）计算机 A 收到确认后，发送窗口向前移动 200 字节，这样，第 9、10 个分组进入发送窗口，按顺序发送这两个分组，发送窗口中的分组全部发送，然后停止发送，等待确认。第 7 个分组超时后，重传第 7 个分组。

（10）计算机 B 收到第 7 个分组后，接收窗口的分组序号就能连续，接收窗口前移，同时给计算机 A 发送确认，序号为 1001。

（11）计算机 A 收到确认后，发送窗口向前移，按序号顺序发送窗口中的分组。以此类推，直至完成数据发送。

3.3.5 TCP连接的释放过程

TCP 通信结束后，需要释放连接，TCP 连接的释放过程比较复杂，仍结合双方状态的改变来阐明连接的释放过程。数据传输结束后，通信的双方都需要释放连接。

TCP 连接的释放过程

如图 3-14 所示，现在 A 和 B 都处于 ESTAB-LISHED 状态，A 的应用进程要结束数据发送，会主动关闭 TCP 连接，A 发送释放连接的请求报文，该报文段首部的 FIN 标记位置 1，其序号 Seq=u，u 等于前面已传送过的数据的最后一个字节的序号加 1。这时 A 进入 FIN-WAIT-1（终止等待 1）状态，等待 B 的确认。

注意 TCP规定，FIN报文段即使不携带数据，它也消耗一个序号。

图3-14 TCP连接释放的过程

B 收到连接释放报文段后即发出确认，确认号是 Ack=u+1，而这个报文段自己的序号是 v，等于 B 前面已传送过的数据的最后一个字节的序号加 1。然后 B 就进入 CLOSE-WAIT（关闭等待）状态。TCP 服务器进程这时应通知高层应用进程，因而从 A 到 B 这个方向的连接就释放了，这时的 TCP 连接处于半关闭状态，即 A 已经没有数据要发送了，但若 B 发送数据，A 仍然会接收。也就是说，从 B 到 A 这个方向的连接并未关闭。这个状态可能会持续一段时间。

A 收到来自 B 的确认后，就进入 FIN-WAIT-2（终止等待 2）状态，等待 B 发出连接释放报文段。若 B 已经没有要向 A 发送的数据，其应用进程就通知 TCP 释放连接。这时 B 发出的连接释放报文段必须使 FIN=1。现假定 B 的序号为 w（在半关闭状态 B 可能又发送了一些数据）。B 还必须重复上次已发送过的确认号 Ack=u+1。这时 B 就进入 LAST-ACK（最后确认）状态，等待 A 的确认。

A 在收到 B 的连接释放报文段后，必须对此发出确认。在确认报文段中置 ACK=1，确认号 Ack=w+1，而自己的序号是 Seq=u+1（根据 TCP 标准，前面发送过的 FIN 报文段要消耗一个序号）。然后进入到 TIME-WAIT（时间等待）状态。请注意，现在 TCP 连接还没有释放掉。必须经过时间等待计时器（TIME-WAIT timer）设置的时间 2MSL 后，A 才进入 CLOSED 状态。时间 MSL 叫作最长报文段寿命（Maximum Segment Lifetime），RFC793 建议设为 2 分钟。这完全是从工程上来考虑的，对于现在的网络而言，MSL=2 分钟可能太长了些。因此 TCP 允许不同的实现可根据具体情况使用更小的 MSL 值。

因此，从 A 进入 TIME-WAIT 状态后，要经过 4 分钟才能进入 CLOSED 状态，可以开始建立下一个新的连接。

为什么 A 在 TIME-WAIT 状态必须等待 2MSL 的时间呢？这有两个原因。

（1）A 发送到 B 的最后一个 ACK 报文段能够到达 B。这个 ACK 报文段有可能丢失，因而使处在 LAST-ACK 状态的 B 收不到对已发送的 FIN+ACK 报文段的确认。B 会超时重传这个 FIN+ACK 报文段，而 A 就能在 2MSL 时间内收到这个重传的 FIN+ACK 报文段。接着 A 重传一次确认，重新启动 2MSL 计时器。最后，A 和 B 都正常进入 CLOSED 状态。如果 A 在 TIME-WAIT 状态不等待一段时间，而是在发送完 ACK 报文段后立即释放连接，那么就无法收到 B 重传的 FIN+ACK 报文段，因而也不会再次发送确认报文段。这样，B 就无法正常进入 CLOSED 状态。

（2）防止 3.3.2 小节提到的"已失效的连接请求报文段"出现在本连接中。A 在发送完最后一个 ACK 报文段后，再经过时间 2MSL，就可以使在本连接持续的时间内所产生的所有报文段都从网络中消失。这样可以使下一个新的连接中不会再出现这种旧的连接请求报文段。

上述的 TCP 连接释放过程是四次握手，但也可以看成两个二次握手。除时间等待计时器外，TCP 还设有一个保活计时器（Keep Live Timer）。设想有这样的情况：客户端已主动与服务器建立了 TCP 连接，但后来客户端的主机突然出现故障。显然，服务器以后就不能再收到客户端发来的数据。因此，应当有措施使服务器不再白白地等待下去。这就是使用保活计时器。服务器每收到一次客户的数据，就重新设置保活计时器，时间通常设置为两小时。若两小时没有收到客户的数据，服务器就发送一个探测报文段，以后则每隔 75 分钟再发送一次。若连续发送 10 个探测报文段后仍无客户端的响应，服务器就认为客户端出现了故障，接着就关闭这个连接。

图 3-15 所示为 POP 接收完电子邮件后释放 TCP 连接的四个数据包。

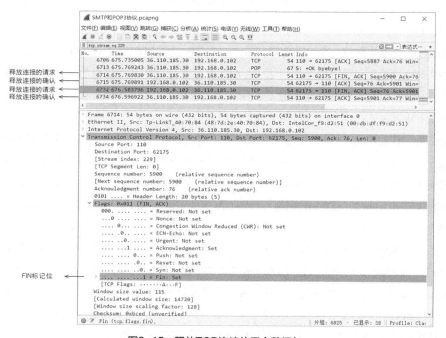

图3-15　释放TCP连接的四个数据包

3.4 TCP的工作过程

查看计算机建立的
TCP 连接

3.4.1 查看计算机建立的TCP连接

在 Windows 系统上打开 cmd.exe 软件，输入 netstat -n 可以查看计算机建立的
TCP 连接及其状态，如图 3-16 所示。

```
C:\WINDOWS\system32\cmd.exe                              —    □    ×

C:\Users\hanlg>netstat -n

活动连接

  协议      本地地址                  外部地址                  状态
  TCP    127. 0. 0. 1:16308        127. 0. 0. 1:59286        ESTABLISHED
  TCP    127. 0. 0. 1:59286        127. 0. 0. 1:16308        ESTABLISHED
  TCP    192. 168. 2. 161:59241    52. 230. 84. 217:443      ESTABLISHED
  TCP    192. 168. 2. 161:59248    203. 208. 39. 225:443     CLOSE_WAIT
  TCP    192. 168. 2. 161:59257    36. 110. 237. 238:80      ESTABLISHED
  TCP    192. 168. 2. 161:59510    222. 138. 2. 184:443      ESTABLISHED
  TCP    192. 168. 2. 161:59511    222. 138. 2. 184:443      ESTABLISHED
  TCP    192. 168. 2. 161:59512    222. 138. 2. 184:443      ESTABLISHED
  TCP    192. 168. 2. 161:59514    23. 78. 217. 249:80       ESTABLISHED
  TCP    192. 168. 2. 161:59515    23. 78. 217. 249:80       ESTABLISHED
  TCP    192. 168. 2. 161:59517    23. 78. 217. 249:80       ESTABLISHED
  TCP    192. 168. 2. 161:59518    23. 78. 217. 249:80       ESTABLISHED
  TCP    192. 168. 2. 161:59519    23. 78. 217. 249:80       ESTABLISHED
  TCP    192. 168. 2. 161:59520    23. 78. 217. 249:80       ESTABLISHED
  TCP    192. 168. 2. 161:59610    36. 110. 231. 47:80       ESTABLISHED
  TCP    192. 168. 2. 161:60058    52. 114. 76. 34:443       ESTABLISHED
  TCP    192. 168. 2. 161:60397    52. 98. 88. 242:443       ESTABLISHED
  TCP    192. 168. 2. 161:60400    40. 100. 141. 2:443       ESTABLISHED
  TCP    192. 168. 2. 161:60424    47. 110. 242. 36:443      ESTABLISHED
  TCP    192. 168. 2. 161:60445    52. 85. 159. 236:443      ESTABLISHED
  TCP    192. 168. 2. 161:61808    203. 107. 41. 32:9025     ESTABLISHED
  TCP    192. 168. 2. 161:61844    52. 114. 76. 34:443       TIME_WAIT
  TCP    192. 168. 2. 161:61855    52. 114. 76. 34:443       FIN_WAIT_1
  TCP    192. 168. 2. 161:61856    52. 114. 75. 78:443       ESTABLISHED
  TCP    192. 168. 2. 161:61859    52. 114. 77. 34:443       ESTABLISHED
  TCP    192. 168. 2. 161:61861    52. 114. 74. 44:443       TIME_WAIT
  TCP    192. 168. 2. 161:61862    52. 114. 88. 28:443       ESTABLISHED
  TCP    192. 168. 2. 161:61863    221. 179. 183. 17:80      TIME_WAIT
  TCP    192. 168. 2. 161:61864    221. 179. 183. 17:80      TIME_WAIT
  TCP    192. 168. 2. 161:61865    221. 179. 183. 17:80      TIME_WAIT
  TCP    192. 168. 2. 161:61866    221. 179. 183. 17:80      TIME_WAIT
  TCP    192. 168. 2. 161:61867    221. 179. 183. 17:80      TIME_WAIT
  TCP    192. 168. 2. 161:61868    221. 179. 183. 17:80      TIME_WAIT
  TCP    192. 168. 2. 161:61869    221. 179. 183. 17:80      TIME_WAIT
  TCP    192. 168. 2. 161:61870    221. 179. 183. 17:80      TIME_WAIT
  TCP    192. 168. 2. 161:61871    221. 179. 183. 17:80      TIME_WAIT
  TCP    192. 168. 2. 161:61873    13. 94. 40. 40:443        SYN_SENT
  TCP    192. 168. 2. 161:61874    52. 114. 128. 10:443      ESTABLISHED
```

图3-16 TCP连接的状态

ESTABLISHED：已经建立的 TCP 连接的状态。

CLOSE_WAIT：收到了释放连接的请求的状态。

FIN_WAIT_1：收到了释放连接确认的状态。

SYS_SEND：发送了建立 TCP 连接请求的状态。

TIME_WAIT：发送了最后一个释放连接确认的状态。

抓包分析 TCP 可靠传
输的实现

3.4.2 抓包分析TCP可靠传输的实现

TCP 每发送一个数据包就会有一个计时，如果没有收到确认，等待超时后会自

动重传该数据包，这就耽误了时间。接收端一旦发现数据包没有按顺序到达，就立即连续发送三个重复的确认。比如接收端收到第 1、2、4、5 个数据包，就立即发送三个重复的确认数据包，告诉发送方该发送第 3 个数据包了，发送方就不必等第 3 个数据包超时再重发，这种机制称为快重传机制。到底接收端收到多个数据包给发送端一个确认呢？这和网速有关系。

　　下面在虚拟机上抓包分析 TCP 的连续 ARQ 协议和快重传机制。

　　在 Windows Server 2003 虚拟机中创建一个共享文件夹。使用计算机将 Windows Server 2003 虚拟机的共享文件夹复制到本地。为了演示丢包后的快重传机制，设置 Windows Server 2003 虚拟机网卡传出数据包丢失（%）为 1%，如图 3-17 所示。

图3-17　设置发送丢包率

　　在计算机上运行抓包工具，访问 Windows Server 2003 虚拟机的共享文件夹，复制一个大一点的文件到计算机。

　　捕获的数据包如图 3-18 所示，输入显示可以看到 Windows Server 2003 虚拟机向计算机连续发送大概 7 个数据包，计算机向 Windows Server 2003 虚拟机发送一个确认，这就是连续 ARQ 协议。

　　第 11345 个数据包，提示前面丢失一个数据包，第 11350 个数据包是计算机发送的一个确认数据包，这个确认数据包不会引起发送端立即发送丢失的数据包，发送端会向前移动发送窗口。第 11351 个、11352 个、11353 个、11354 个数据包是四个重复的确认，发送端收到这四个重复确认，就立即发送丢失的数据包，不用等到超时再重传，第 11356 个数据包是根据快重传机制发送丢失的包。

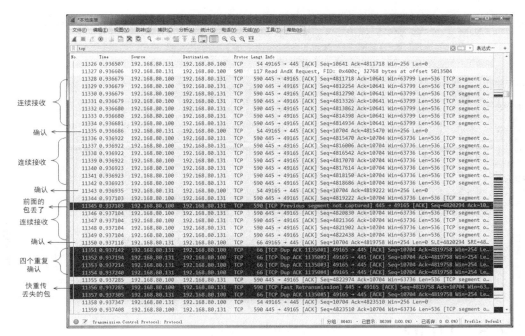

图3-18 快重传机制

将 Windows Server 2003 虚拟机的传出带宽设置成 100Kbps，如图 3-19 所示，再次在计算机上复制文件，捕获数据包。

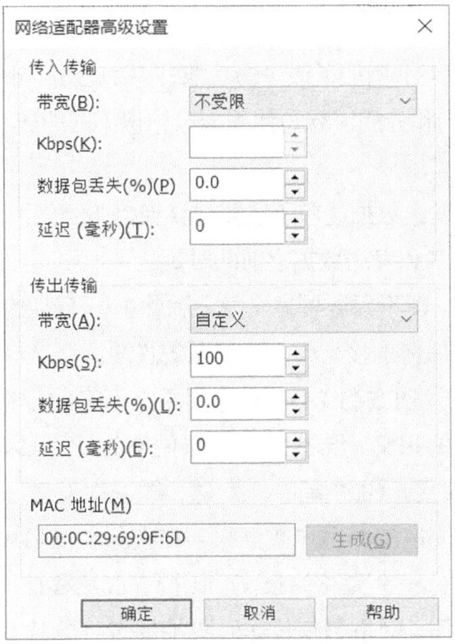

图3-19 限制发送速度

网速降低之后，收到两个数据包，就给发送端一个确认，接收端给发送端的确认频率提高，如图 3-20 所示。

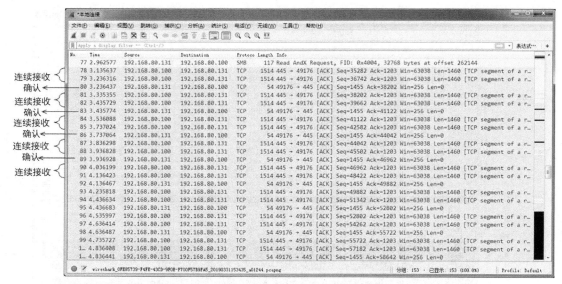

图3-20　网速会影响接收端的确认频率

3.5　UDP

虽然 TCP 和 UDP 都是传输层协议，但它们所实现的功能不同，其首部也不同。下面讲解 UDP 的特点和 UDP 的首部格式。

3.5.1　UDP的特点

UDP 只在 IP 的数据报服务之上增加了很少的功能，包括复用和分用的功能及差错检测的功能。这里所说的复用和分用，就是使用端口标识不同的应用层协议。

UDP 的主要特点如下。

UDP 的特点

（1）UDP 是无连接的，即发送数据之前不需要建立连接（当然发送数据结束时也没有连接可释放），减少了开销和发送数据之前的时延。

（2）UDP 尽最大努力交付，即不保证可靠交付，因此主机不需要维持复杂的连接状态表（这里面有许多参数），通信的两端不用保持连接，因此节省系统资源。

（3）UDP 是面向报文的，发送方的 UDP 对应用层交下来的报文，在添加首部后就向下交付给网络层。UDP 对应用层交下来的报文，既不合并，也不拆分，而是保留这些报文的边界。这就是说，无论应用层交给 UDP 多长的报文，UDP 都原样发送，即一次发送一个报文，如图 3-21 所示。在接收方的 UDP，对网络层交上来的 UDP 用户数据报，在去除首部后就原封不动地交付给上层的应用进程。也就是说，UDP 一次交付一个完整的报文。因此，应用程序必须选择合适大小的报文。若报文太长，UDP 把它交给网络层后，网络层在传送时可能要进行分片，这会降低网络层的效率。反之，若报文太短，UDP 把它交给网络层后，会使 IP 数据报的首部的相对长度太大，这也会降低网络层的效率。

图3-21 UDP报文

（4）UDP 没有拥塞控制，因此网络出现的拥塞不会降低源主机的发送速率。这对某些实时应用是很重要的。很多的实时应用（如 IP 电话、实时视频会议等）要求源主机以恒定的速率发送数据，并且允许在网络发生拥塞时丢失一些数据，却不允许数据有太大的时延。UDP 正好适合这种要求。

（5）UDP 支持一对一、一对多、多对一和多对多的交互通信。

（6）UDP 的首部开销小，只有 8 字节，比 TCP 的 20 字节的首部要短。

虽然某些实时应用需要使用没有拥塞控制的 UDP，但当很多的源主机同时都向网络发送高速率的实时视频流时，网络就有可能发生拥塞，结果大家都无法正常接收。因此，没有用拥塞控制功能的 UDP 有可能会引起网络产生严重的拥塞问题。还有一些使用 UDP 的实时应用，需要对 UDP 的不可靠传输进行适当的改进，以减少数据的丢失。在这种情况下，应用进程本身可以在不影响应用的实时性的前提下，增加一些提高可靠性的措施，如采用前向纠错或重传已丢失的报文。

3.5.2 UDP的首部

如图 3-22 所示，UDP 的首部包括四个字段：源端口、目标端口、长度及校验和，每个字段的长度是两字节。

UDP 的首部

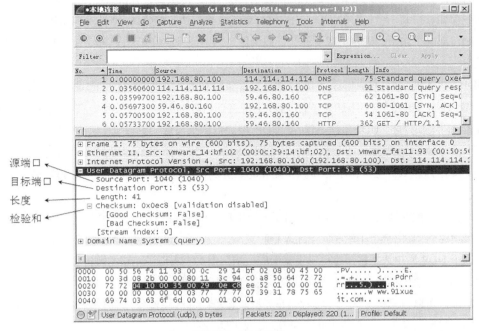

图3-22 UDP首部

UDP 有首部字段和数据字段两个字段。如图 3-23 所示，首部字段很简单，只有 8 字节，由 4 个字段组成，每个字段的长度都是 2 字节，各字段意义如下。

（1）源端口：在需要对方回信时选用，不需要时可用全零。

（2）目标端口：在终点交付报文时必须使用。

（3）长度：UDP 用户数据报的长度的最小值是 8 字节（仅有首部）。

（4）校验和：检测 UDP 用户数据报在传输中是否有错，有错就丢弃。

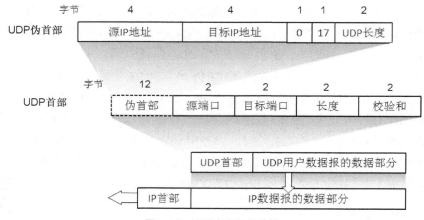

图3-23　UDP首部和伪首部

UDP 首部校验和的计算方法有些特殊。在计算校验和时，要在 UDP 用户数据报之前增加 12 个字节的伪首部。伪首部并不是 UDP 用户数据报真正的首部。只是在计算校验和时，临时添加在 UDP 用户数据报前面，得到一个临时的 UDP 用户数据报。校验和就是按照这个临时的 UDP 用户数据报来计算的。伪首部既不向下传送也不向上递交，而仅仅是为了计算校验和。图 3-23 最上面给出了伪首部的各字段。

UDP 计算校验和的方法与计算 IP 数据报首部校验和的方法相似。不同的是：IP 数据报的校验和只校验 IP 数据报的首部，但 UDP 的校验和是把首部与数据部分一起校验。在发送方，首先把全零放入校验和字段，再把 UDP 伪首部以及 UDP 用户数据报看成由许多 16 位的字符串接起来的。若 UDP 用户数据报的数据部分不是偶数个字节则要填入一个全零字节（但此字节不发送）。然后按二进制反码计算出这些 16 位字符串的和。将此和的二进制反码写入校验和字段后，再发送这样的 UDP 用户数据报。

在接收方，把收到的 UDP 用户数据报连同 UDP 伪首部（以及可能的填充全零字节）一起，按二进制反码求这些 16 位字符串的和。当无差错时其结果应为全 1。否则，就表明有差错出现，接收方就应丢弃这个 UDP 用户数据报（也可以上交给应用层，但附上出现了差错的警告）。

图 3-24 所示为计算 UDP 校验和的示例。这里假定用户数据报的长度为 15 字节，因此要添加一个全零的字节。可以自己检验一下在接收端是怎样对校验和进行校验的。不难看出，这种简单的差错校验方法的校错能力并不强，但它的优点是简单，处理起来较快。

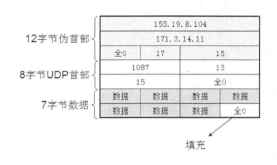

图3-24 计算UDP校验和的示例

伪首部的第 3 个字段是全零，第 4 个字段是 IP 首部中的协议字段的值。在 UDP 中，该字段值为 17。第 5 个字段是 UDP 用户数据报的长度。因此，这样的校验和，既检查了 UDP 用户数据报的源端口、目标端口以及 UDP 用户数据报的数据部分，又检查了 IP 数据报的源 IP 地址和目标 IP 地址。

3.6 端口和网络安全

3.6.1 传输层协议和应用层协议之间的关系

应用层协议有很多，传输层就只有 TCP 和 UDP 两个协议。那么，如何使用传输层的这两个协议标识应用层协议呢?

可以使用传输层协议加一个端口来标识一个应用层协议。图 3-25 所示为传输层协议和应用层协议之间的关系。

传输层协议和应用层协议之间的关系

HTTP	FTP	SMTP	POP3	TELNET	RDP	DNS	RIP	TFTP	DHCP
80	21	25	110	23	3389	53	520	69	67
TCP						UDP			

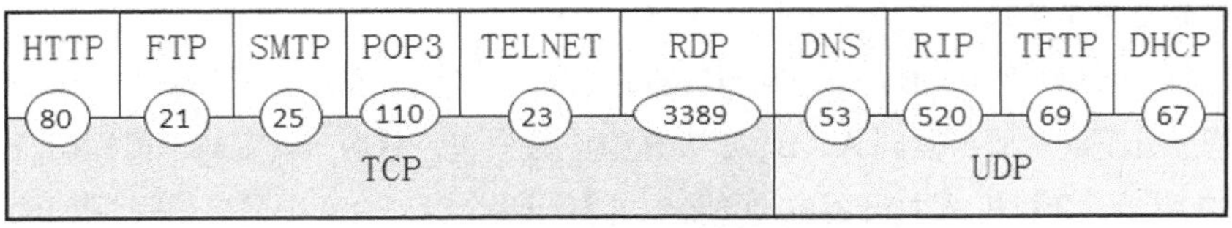

图3-25 传输层协议和应用层协议之间的关系

下面列出了一些常见的应用层协议和传输层协议，以及它们之间的关系。

（1）HTTP 默认使用 TCP 的端口 80。

（2）FTP 默认使用 TCP 的端口 21。

（3）SMTP 默认使用 TCP 的端口 25。

（4）POP3 默认使用 TCP 的端口 110。

（5）HTTPS 默认使用 TCP 的端口 443。

（6）DNS 协议使用 UDP 的端口 53。

（7）远程桌面协议（Remote Desktop Protocol，RDP）默认使用 TCP 的端口 3389。

（8）TELNET 协议使用 TCP 的端口 23。

（9）Windows 系统访问共享资源使用 TCP 的端口 445。

（10）SQL Server 数据库默认使用 TCP 的端口 1433。

（11）MySQL 数据库默认使用 TCP 的端口 3306。

以上列出的都是默认端口，当然也可以更改应用层协议使用的端口，如果不使用默认端口，客户端需要指明所使用的端口。

如图 3-26 所示，服务器运行了 Web 服务、SMTP 服务和 POP3 服务，这三个服务分别使用 HTTP、SMTP 和 POP3 与客户端通信。现在网络中的计算机 A、计算机 B 和计算机 C 分别访问服务器的 Web 服务、SMTP 服务和 POP3 服务。发送了三个数据包①、②、③，这三个数据包的目标端口分别是 80、25 和 110，服务器收到这三个数据包后，会根据目标端口将数据包提交给不同的服务。

数据包的目标 IP 地址是用来在网络中定位某个服务器的，目标端口用来定位服务器上的某个服务。

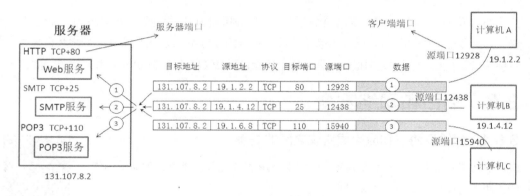

图3-26　端口和服务的关系

注释：TCP 首部的源端和目标端两个字段各占 2 个字节，分别写入源端口和目标端口。TCP 使用端口标识不同的应用层协议。

图 3-26 展示了计算机 A、B、C 访问服务器的数据包，有目标端口和源端口，源端口是计算机临时为客户端程序分配的，服务器向 A、B、C 发送响应数据包，源端口就变成了目标端口。

如图 3-27 所示，计算机 A 打开谷歌浏览器，并打开两个窗口，一个窗口访问百度网站，另一个窗口访问 51CTO 学院网站。这就需要建立两个 TCP 连接，计算机 A 会给每个窗口临时分配一个客户端端口（要求本地唯一），这样从 51CTO 学院网站返回的数据包的目标端口是 13456，从百度网站返回的数据包的目标端口是 12928，这样计算机 A 就知道这些数据包来自哪个网站，应提交给哪个窗口。

在传输层使用 16 位二进制标识一个端口，端口取值范围为 0～65535，这个数值对一个计算机来说足够用了。

端口分为服务器使用的端口和客户端使用的端口两大类。

（1）服务器使用的端口。

服务器使用的端口又分为两类。

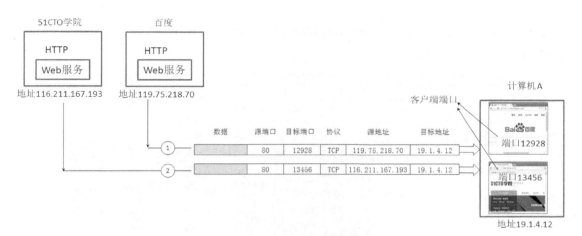

图3-27 客户端端口的作用

最重要的一类叫作熟知端口或系统端口，取值范围为 0~1023。这些数值可在互联网数字分配机构（The Internet Assigned Numbers Authority，IANA）查到。IANA 把这些端口指派给了 TCP/IP 最重要的一些应用程序，让所有的用户都知道。图 3-28 给出一些常用的熟知端口。

应用程序或服务	FTP	TELNET	SMTP	DNS	TFTP	HTTP	SNMP
熟知端口	21	23	25	53	69	80	161

图3-28 熟知端口

另一类叫作登记端口，取值范围为 1024~49151。这类端口是为没有熟知端口的应用程序使用的。使用这类端口必须在 IANA 按照规定的手续登记，以防止重复。比如 RDP 使用 TCP 的端口 3389，就属于登记端口。

（2）客户端使用的端口。

当打开浏览器访问网站或登录 QQ 等客户端软件和服务器建立连接时，计算机会为客户端软件分配临时端口，这就是客户端使用的端口，取值范围为 49152~65535。由于这类端口仅在客户进程运行时才动态选择，因此又叫作临时（短暂）端口。这类端口是留给客户进程选择暂时使用的。当服务器进程收到客户进程的报文时，就知道了客户进程所使用的端口，因而可以把数据发送给客户进程。通信结束后，已使用过的客户端端口就不复存在。这个端口就可以供其他客户进程以后再使用。

在 Windows XP 系统上，打开 cmd.exe 软件，输入命令 mstsc，打开远程桌面客户端，连接 Windows 2003 Web 服务器远程桌面，输入 IP 地址，单击"连接"按钮，如图 3-29 所示。

如图 3-30 所示，连接成功后，在 cmd.exe 软件中，输入命令 netstat-n 可以看到建立的两个 TCP 连接，也能看到客户端端口和服务器端口，状态都是 ESTAB-LISHED(已建立)。当然在 Windows 2003 Web 上运行命令 netstat-n 也能看到已建立的 TCP 连接。

如果看到的只有远程桌面建立的连接，需要运行 IE 浏览器，按 F5 刷新一下网页，就会出现两个会话，因为浏览器打开网页后，没有流量，过一会儿就会释放 TCP 连接。

在 Windows XP 系统中，也可以使用命令 telnet 来测试是否能够访问远程服务器的某个端口。如果不提示打开端口失败，就说明能够访问该端口对应的服务。如图 3-31 所示，测试是否能够访问 Windows 2003 Web 服务的端口 3389。

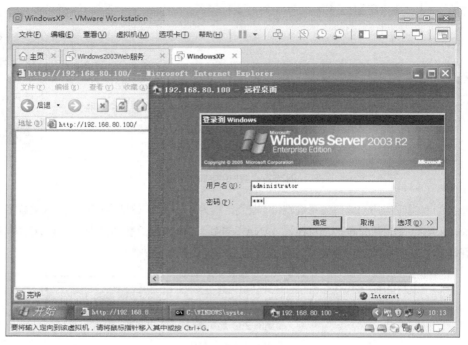

图3-29 连接远程桌面

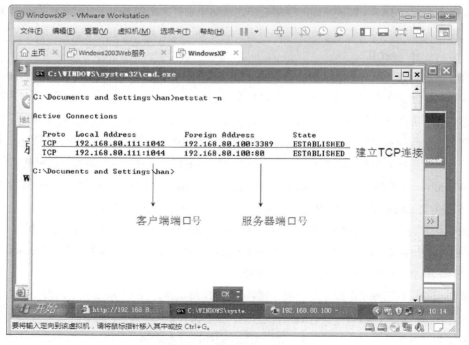

图3-30 查看建立的TCP连接

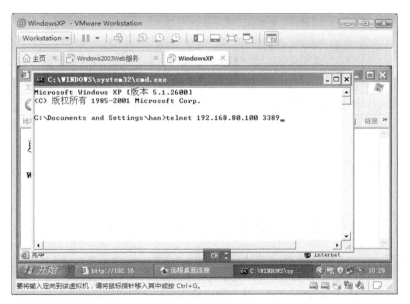

图3-31 使用telnet命令测试远程端口

提示：Windows 7 系统默认没有 telnet 命令，需要安装 telnet 客户端才能使用。如果计算机能够访问 Internet，可以使用命令测试计算机是否能够访问服务器的这些端口，以及是否能够访问这些端口对应的服务。

如果停止服务，则关闭侦听的端口。如图 3-32 所示，停止 World Wide Web Publishing Service 服务，在命令提示符下输入命令 netstat -an 就发现 TCP 侦听的端口 80 关闭了。

图3-32 停止Web服务

如图 3-33 所示，在 Windows XP 系统中命令 telnet 192.168.80.100 80 也就失败了。

图3-33　80端口关闭

通过上面的演示可以得到如下结论：服务器给网络中的计算机提供服务，该服务一运行就会使用 TCP 或 UDP 的一个端口侦听客户端的请求，每个服务使用的端口必须唯一。如果发现安装了服务，客户端不能访问，要检查该服务是否运行、在客户端 telnet 服务器上的某个端口是否能够成功。

3.6.2　实战：服务器端口冲突造成服务启动失败

服务器上的服务侦听的端口不能冲突，否则将会造成服务启动失败。

某公司的网站不能访问了，服务器的操作系统是 Windows 2003。通过远程桌面登录到服务器，单击"开始"→"程序"→"管理工具"→"Internet 信息服务（IIS）管理器"，打开 Internet 信息管理工具，发现该 Web 站点已停止，如图 3-34 所示。右键单击默认站点，在弹出的菜单中单击"启动"菜单项，出现错误提示："另一个程序正在使用此文件，进程无法访问。"根据经验判断，这是服务器端口冲突造成的服务启动失败。

实战：服务器端口冲突造成服务启动失败

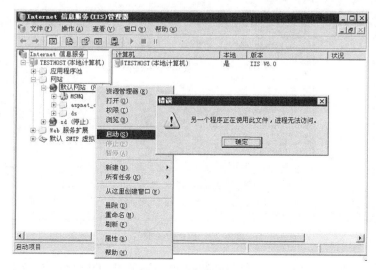

图3-34　端口被占用

这台服务器上就一个 Web 站点，这肯定是其他程序占用了该 Web 站点使用的端口 80，如何确认是哪个程序占用的该端口呢？

如图 3-35 所示，在 cmd.exe 软件中输入命令 netstat-aonb >>c:\p.txt，这样就把输出结果保存在文件 c:\p.txt 中，参数-b 能够显示侦听端口的进程。

 注意 在cmd.exe软件中所有命令的结果都可以使用 >> 路径\文件名.txt保存到文件。如ipconfig /all >>c:\ipconfig.txt，会将cmd.exe软件中的输出内容保存到记事本，再通过记事本查看输出的内容。如果输出内容太多可以使用这种方法。

```
C:\WINDOWS\system32\cmd.exe
C:\Documents and Settings\Administrator>
C:\Documents and Settings\Administrator>
C:\Documents and Settings\Administrator>
C:\Documents and Settings\Administrator>
C:\Documents and Settings\Administrator>netstat -aonb >>c:\p.txt

C:\Documents and Settings\Administrator>
```

图3-35 将输出重定向到记事本

如图 3-36 所示，打开 C 盘根目录下的文件 p.txt，命令 netstat -aonb 能够查看侦听的端口、侦听端口的进程号和应用程序名字。发现是 Web 迅雷占用了端口 80，造成服务器的 Web 服务启动失败。

```
p.txt - 记事本
文件(F) 编辑(E) 格式(O) 查看(V) 帮助(H)

Active Connections

Proto  Local Address          Foreign Address        State           PID
TCP    0.0.0.0:25             0.0.0.0:0              LISTENING       1592
[inetinfo.exe]

TCP    0.0.0.0:53             0.0.0.0:0              LISTENING       1540
[dns.exe]

TCP    0.0.0.0:80             0.0.0.0:0              LISTENING       4244
[WebThunder.exe]

TCP    0.0.0.0:88             0.0.0.0:0              LISTENING       472
[lsass.exe]

TCP    0.0.0.0:100            0.0.0.0:0              LISTENING       392
[WebThunder.exe]
```

图3-36 查看占用端口80的程序

解决办法就是卸载 Web 迅雷。产生问题的原因是使用在服务器上安装的 Web 迅雷下载某个软件，重启服务器后，Web 迅雷比 Web 服务先启动，占用了 TCP 的端口 80，造成 Web 服务启动失败。

3.6.3 实战：更改服务使用的默认端口

如前所述，可以使用传输层协议加端口来标识一个应用层协议，应用层协议也可以不使用默认端口和客户端通信。下面就给大家演示如何更改 RDP 和 Web 服务使用的端口。更改应用层协议使用的端口可以迷惑攻击者，让其没办法判断该端口对应的是什么服务。不使用默认端口，客户端访问必须指明端口，这会带来不便。比

实战：更改服务使用的默认端口

如某公司有个网站部署到 Internet，该网站只对该公司员工开放，就可以更改该网站使用的端口，告诉公司员工使用什么端口访问该网站。

下面就给大家演示更改 Web 站点使用的端口和远程桌面的端口。

启动 Windows 2003 Web 服务的 World Wide Web Publishing Service 服务。

单击"开始"→"程序"→"管理工具"→"Internet 信息服务（IIS）管理器"，打开 Internet 信息服务管理工具。如图 3-37 所示，在"默认网站属性"对话框的网站标签下，将 TCP 端口指定成 808，然后单击"确定"按钮。

图3-37　更改网站使用的端口

如图 3-38 所示，在 cmd.exe 软件中，输入命令 netstat -an，可以看到侦听的端口有 808。

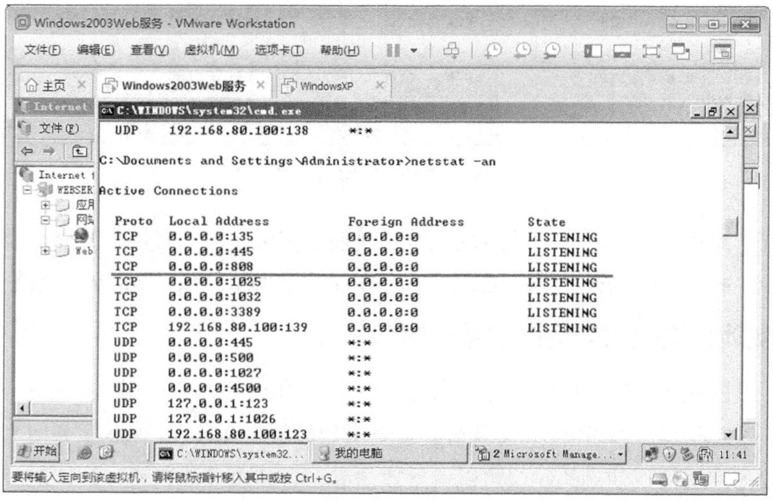

图3-38　查看网站侦听的端口

如图 3-39 所示，在 Windows XP 系统上访问该网站，输入地址时需要加上冒号和端口。

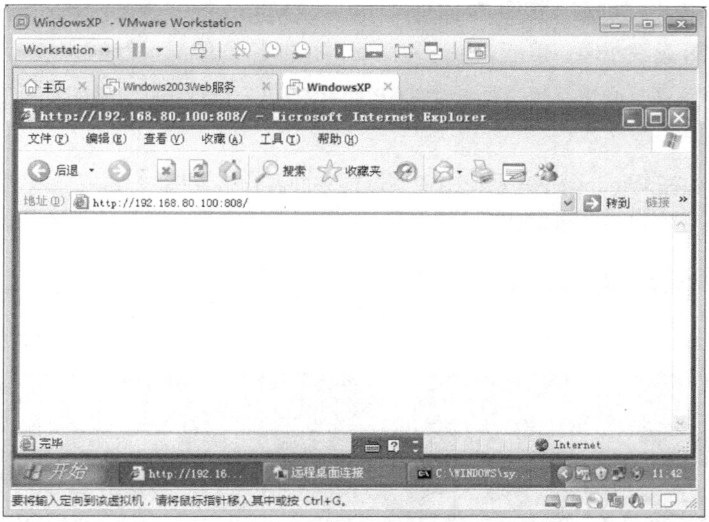

图3-39 使用指定的端口访问网站

有些服务没有提供更改端口的界面，比如远程桌面服务就没有提供更改端口的界面，远程桌面服务可以通过注册表更改使用的端口。但是有些系统协议使用固定的端口，是不能被改变的，比如端口 139 专门用于 NetBIOS 与 TCP/IP 之间的通信，不能手动改变。

下面的操作将会通过更改注册表，将 RDP 使用的端口由默认的 3389 更改为 4000。

单击"开始"→"运行"，输入命令 regedit，单击"确定"按钮，打开注册表编辑器。

如图 3-40 所示，找到并单击以下注册表子项：

HKEY_LOCAL_MACHINE\System\CurrentControlSet\Control\TerminalServer\WinStations\RDP-Tcp\PortNumber

图3-40 更改远程桌面使用的端口

在"编辑(E)"菜单上，单击"修改"菜单项，然后单击"十进制(D)"单选按钮，在数值数据文本框输入 4000，然后单击"确定"按钮。

重启系统或打开系统属性，重新启用远程桌面，就相当于重启远程桌面服务了，登录后再运行命令 netstat -a 可以看到不是原来远程桌面使用 TCP 侦听的端口 3389，而是现在使用 TCP 的端口 4000 侦听客户端请求。

如图 3-41 所示，在 Windows XP 系统中使用远程桌面客户端连接时，需要在 IP 地址后面加上:4000，来指明使用的端口，否则依旧使用默认的端口。

图3-41　使用指定的端口连接远程桌面

由此可见，服务器的服务侦听的端口改变了，客户端连接服务器时需要指明使用的端口。当然其他服务如 FTP、SMTP 或 POP3 使用的端口也可以更改，客户端访问时也需要指明使用的端口。

3.6.4　端口和网络安全的关系

客户端和服务器之间的通信使用应用层协议，应用层协议使用传输层协议+端口标识。

端口和网络安全的
关系

如果在一个服务器上安装多个服务，其中一个服务有漏洞，被黑客入侵，黑客就能获得操作系统的控制权，从而进一步破坏其他服务。

如图 3-42 所示，服务器对外提供 Web 服务，在服务器上还安装了 MSSQL 服务，网站的数据就存储在本地的数据库中。如果没有配置服务器的防火墙对进入的流量做任何限制，而且数据库的内置管理员账户 sa 的密码为空或弱密码，网络中的黑客就可以通过 TCP 的端口 1433 连接到数据库服务，很容易猜出数据库的管理员账户 sa 的密码，进而就能获得服务器操作系统管理员的身份，甚至在该服务器中为所欲为，这就是服务器被入侵了。

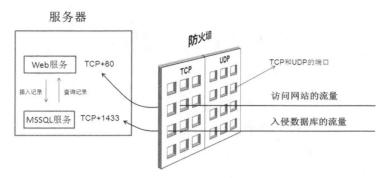

图3-42 服务器上的防火墙

TCP/IP 在传输层有两个协议 TCP 和 UDP，这就相当于网络中的两扇大门，门上开的洞就相当于开放 TCP 和 UDP 的端口。

如图 3-43 所示，如果想让服务器更加安全，那就把能够通往应用层的 TCP 和 UDP 的两扇大门关闭，在大门上只开放必要的端口。如果服务器对外只提供 Web 服务，便可以设置 Web 服务器防火网只对外开放 TCP 的端口 80，关闭其他端口。这样即使服务器运行了数据库服务，使用 TCP 的端口 1433 侦听客户端的请求也没用，互联网上的入侵者也没有办法通过数据库入侵服务器。

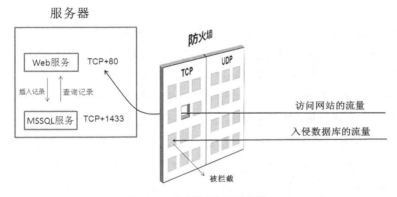

图3-43 防火墙只打开特定端口

前面讲的是通过设置服务器的防火墙只开放必要的端口，加强服务器的网络安全。也可以在路由器上通过设置访问控制列表（Access Control List，ACL）实现网络防火墙的功能，从而控制内网访问 Internet 的流量。如图 3-44 所示，在企业路由器上只开放了 UDP 的端口 53 和 TCP 的端口 80，允许内网的计算机将域名解析的数据包发送到 Internet 的 DNS 服务器，允许内网计算机使用 HTTP 访问 Internet 的 Web 服务器。内网计算机不能访问 Internet 上的其他服务，如向 Internet 发送邮件（使用 SMTP）、从 Internet 接收邮件（使用 POP3）。

如果我们不能访问某个服务器上的服务，有可能是网络中的路由器封掉了该服务使用的端口。在图 3-44 中，在内网计算机使用 telnet 远程登录 SMTP 服务器的端口 25，就会失败，这并不是因为 Internet 上的 SMTP 服务器没有运行 SMTP 服务，而是网络中的路由器封掉了访问 SMTP 服务器的端口。

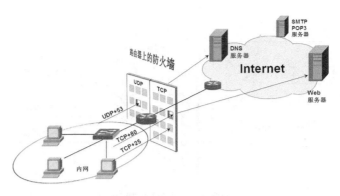

图3-44 路由器上的防火墙

3.6.5 实战：Windows防火墙和TCP/IP筛选实现网络安全

在 Windows 2003 和 Windows XP 系统都有 Windows 防火墙，可以通过设置计算机对外开放哪些端口。Windows 防火墙的设置需要 Windows Firewall/Internet Connection Sharing （ICS）服务，该服务如果被异常终止，Windows 防火墙就不起作用了。

实战：Windows 防火墙和TCPIP 筛选实现网络安全

还有比 Windows 防火墙更加安全的设置，即 TCP/IP 筛选，更改该设置需要重启系统。

下面演示在服务器上设置 Windows 防火墙，只允许网络中的计算机访问使用 TCP 的端口 80 访问其网站，其他端口都关闭。这样网络中的计算机就不能使用远程桌面连接了。

在服务器上，单击"开始"→"设置"→"网络连接"菜单项。

在弹出的网络连接对话框中，双击"本地连接"，在弹出的本地连接状态对话框的常规标签下，单击"属性"按钮。在弹出的本地连接属性对话框的高级标签下，单击"设置"按钮。在弹出的 Windows 防火墙对话框中，提示要启动 Windows 防火墙/ICS 服务，单击"是"按钮，如图 3-45 所示。

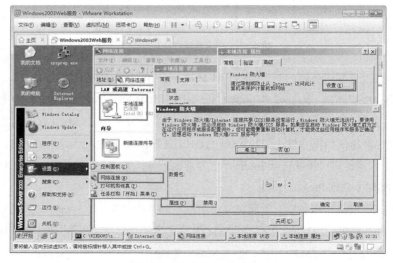

图3-45 启用Windows防火墙

如图 3-46 所示，在弹出的"Windows 防火墙"对话框的常规标签下，选中"启用"单选按钮。

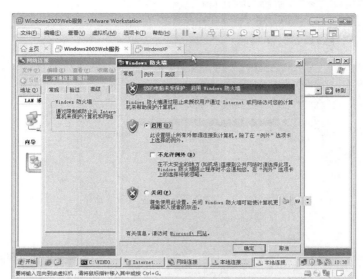

图3-46 启用防火墙

如图 3-47 所示，单击"Windows 防火墙"对话框的"例外"标签，可以看到内置的三个规则，单击"添加端口(O)..."按钮，在弹出的"添加端口"对话框中，输入"名称(N)"和"端口号(P)"，选择"TCP"单选按钮，然后单击"确定"按钮。

图3-47 添加端口

如图 3-48 所示，在"Windows 防火墙"对话框的"例外"标签下，勾选刚刚创建的规则，然后单击"确定"按钮。

如图 3-49 所示，在 Windows XP 系统上测试，网站能够访问，但远程桌面不能连接。

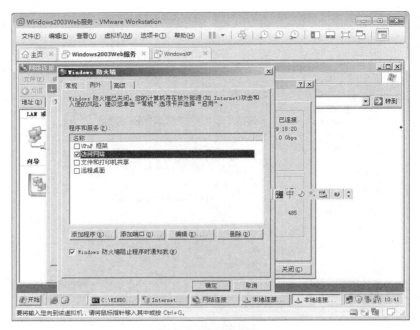

图3-48 选择创建端口

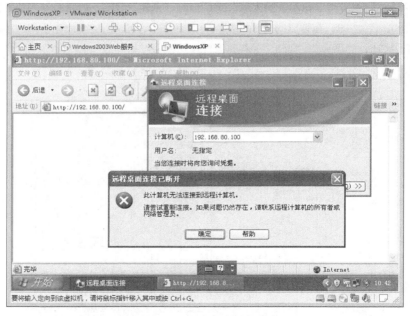

图3-49 测试防火墙的作用

如图 3-50 所示，服务器上停止"Windows Firewall/Internet Connection Sharing (ICS)"服务。这时在 Windows XP 系统上就能够使用远程桌面连接该服务器了，说明 Windows 防火墙不起作用了。

下面演示在 Windows 上使用 TCP/IP 筛选，只开放 TCP 的端口 80。上面的操作已经停止了"Windows Firewall/Internet Connection Sharing (ICS)"服务，在此基础上继续下面的操作。

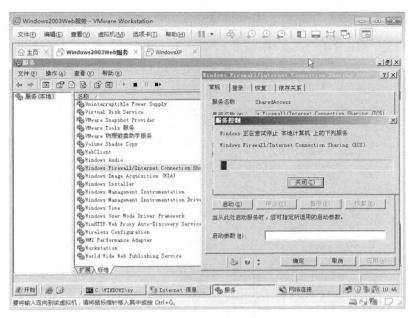

图3-50 关闭防火墙服务

如图 3-51 所示，打开本地连接属性对话框，在常规标签下，选中"Internet 协议(TCP/IP)"，然后单击"属性"按钮。

图3-51 打开TCP/IP属性

如图 3-52 所示，在弹出的"Internet 协议(TCP/IP)属性"对话框中，单击"高级"按钮，在弹出的"高级 TCP/IP 设置"对话框的"选项"标签下，单击"TCP/IP 筛选"选项，然后单击"属性"按钮。

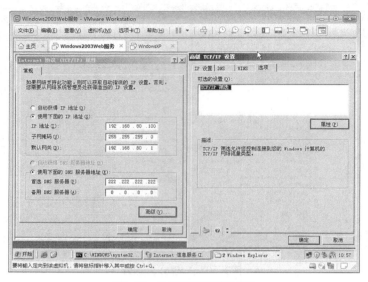

图3-52　打开TCP/IP筛选属性

如图 3-53 所示，在弹出的"TCP/IP 筛选"对话框中，选中"启用 TCP/IP 筛选（所有适配器）(E)"复选按钮，TCP 端口和 UDP 端口选中"只允许"单选按钮，在 TCP 端口下，单击"添加"按钮，在弹出的"添加筛选器"对话框中输入"80"，然后单击"确定"按钮。设置完成后重启系统。

图3-53　设置TCP/IP筛选

如果没有选择"启用 TCP/IP 筛选（所有适配器）(E)"，而且计算机有多块网卡，则 TCP/IP 筛选只对当前网卡生效。如果 UDP 选择了"只允许"，而没有添加任何端口，就相当于关闭了 UDP 的全部端口。

在 Windows XP 系统上进行测试，会发现网站能够访问，但远程桌面不能连接。TCP/IP 筛选不受 Windows Firewall/Internet Connection Sharing (ICS)服务的影响。

以上演示是在 Windows Server 2003 上做的演示，不同的操作系统虽然配置命令和配置方式不同，但都有相似的功能。

习 题

1. 主机甲和主机乙之间已建立一个TCP连接，主机甲向主机乙发送了两个连续的TCP段，分别包含 300 字节和500字节的有效载荷，第一个段的序列号为200，主机乙正确接收到两个报文段后，发送给主机甲的确认序列号是（　　）。

    A. 500　　　　　　　B. 700　　　　　　　C. 800　　　　　　　D. 1000

2. 主机甲向主机乙发送一个SYN = 1，Seq = 11220的TCP段，期望与主机乙建立TCP连接，若主机乙接受该连接请求，则主机乙向主机甲发送的正确的TCP段可能是（　　）。

    A. SYN = 0, ACK = 0, Seq = 11221, Ack =11221

    B. SYN =1, ACK = 1, Seq = 11220, Ack = 11220

    C. SYN =1, ACK = 1, Seq = 11221, Ack = 11221

    D. SYN =0, ACK = 0, Seq = 11220, Ack = 11220

3. 主机甲与主机乙之间已建立一个TCP连接，主机甲向主机乙发送了3个连续的TCP段，分别包含300字节、400字节和500字节的有效载荷，第3个段的序号为900。若主机乙仅正确接收到第1个和第3个TCP段，则主机乙发送给主机甲的确认序号是（　　）。

    A. 300　　　　　　　B. 500　　　　　　　C. 1200　　　　　　　D. 1400

4. A和B建立了TCP连接，当A收到确认号为100的确认报文段时，表示（　　）。

    A. 报文段99已收到　　　　　　　　　B. 报文段100已收到

    C. 末字节序号为99的报文段已收到　　　D. 末字节序号为100的报文段已收到

5. TCP"三次握手"过程中，第二次"握手"时，发送的报文段中（　　）标志位被置为1。

    A. SYN　　　　　　B. ACK　　　　　　C. ACK 和RST　　　D. SYN和ACK

6. A和B之间建立了TCP连接，A向B发送了一个报文段，其中序号字段Seq=200，确认号字段Ack=201，数据部分有2个字节，那么在B对该报文的确认报文段中（　　）。

    A. Seq=202，Ack=200　　　　　　　B. Seq=201，Ack=201

    C. Seq=201，Ack=202　　　　　　　D. Seq=202，Ack=201

7. 以下关于TCP工作原理与过程的描述中，错误的是（　　）。

    A. TCP连接建立过程需要经过"三次握手"的过程

    B. 当TCP传输连接建立之后，客户端与服务器端的应用进程进行全双工的字节流传输

    C. TCP传输连接的释放过程很复杂，只有客户端可以主动提出释放连接的请求

    D. TCP连接的释放需要经过"四次挥手"的过程

  8. UDP数据报首部不包含（   ）。

    A. UDP源端口号   B. UDP校验和

    C. UDP目标端口号   D. UDP数据报首部长度

  9. 在（   ）范围内的端口号被称为"熟知端口号"并限制使用，意味着这些端口号是为常用的应用层协议，如FTP、HTTP等保留的。

    A. 0～127   B. 0～255   C. 0～511   D. 0～1023

  10. 试举例说明有哪些应用程序愿意采用不可靠的UDP，而不愿意采用可靠的TCP，若接收方收到有差错的UDP用户数据报时应如何处理？

  11. 应用程序能否使用UDP完成可靠传输，请说明理由。

  12. 端口的作用是什么，为什么端口要划分为三种？

  13. 某个应用进程使用传输层的UDP用户数据报，然后继续向下交给网络层后，又封装成IP数据报。既然都是数据报，是否可以跳过UDP而直接交给网络层？UDP提供了哪些功能但IP没有提供？

  14. 使用TCP对实时话音数据的传输有没有什么问题，使用UDP在传送数据文件时会有什么问题？

  15. 为什么在TCP首部中有一个首部长度字段，而UDP的首部中就没有这个字段？

  16. 主机A向主机B发送TCP报文段，首部中的源端口是m而目的端口是n。当B向A发送回信时，其TCP报文段的首部中的源端口和目的端口分别是什么？

04

第4章　IP地址和子网划分

本章内容

- 学习 IP 地址预备知识
- 理解 IP 地址
- IP 地址分类
- 私网地址和公网地址
- 子网划分
- 超网

网络层负责为传输层提供服务。为了讲解清楚，将网络层分成三章来讲，分别是 IP 地址和子网划分、静态路由和动态路由及网络层协议。本章讲解 IP 地址和子网划分。

网络中的计算机通信需要有地址，每个网卡有物理地址（MAC 地址），每台计算机还需要有网络层地址，使用 TCP/IP 通信的计算机网络层地址称为 IP 地址。

本章讲解 IP 地址的格式、子网掩码的作用、IP 地址的分类、公网地址和私网地址以及私网地址通过网络地址转换技术访问 Internet。

为了给网络中的计算机分配合理的 IP 地址，避免 IP 地址的浪费，需要进行等长子网划分或变长子网划分。也可以将多个网络合并成一个网段，即超网。在路由器上通过超网添加路由，能够简化路由表。

最后还讲解子网划分的规律和合并网络的规律。

4.1 学习IP地址预备知识

网络中计算机和网络设备接口的 IP 地址是 32 位的二进制，后面学习 IP 地址和子网划分的过程需要能够将二进制数转化成十进制数，还需要能够将十进制数转化成二进制数。因此在学习 IP 地址和子网划分之前，先补充一下二进制相关知识，同时要求大家熟记下面讲到的二进制和十进制之间的关系。

本章内容介绍

4.1.1 二进制和十进制

学习子网划分需要大家能够看到一个十进制的子网掩码就立即知道该子网掩码对应的二进制代码中有几个 1。看到一个二进制形式的子网掩码，也要立即能够写出该子网掩码对应的十进制数。

二进制和十进制

二进制是计算技术中广泛采用的一种数制。二进制数据是用 0 和 1 两个数码来表示的数。它的基数为 2，进位规则是"逢二进一"，借位规则是"借一当二"。

下面列出二进制数和十进制数的对应关系，要求最好记住这些对应关系，其实也不用死记硬背，这里有规律可循，二进制数每进一位，对应的十进制数就乘以 2。

二进制数	十进制数
1	1
10	2
100	4
1000	8
1 0000	16
10 0000	32
100 0000	64
1000 0000	128

下面的对应关系最好也记住，要求给出下面的一个十进制数，立即就能写出对应的二进制数，给出一个二进制数，能立即写出对应的十进制数。

二进制数	十进制数	
1000 0000	128	
1100 0000	192	这样记：1000 0000+100 000，也就是 128+64=192
1110 0000	224	这样记：1000 0000+100 0000+10 0000，也就是 128+64+32=224
1111 0000	240	这样记：128+64+32+16=240
1111 1000	248	这样记：128+64+32+16+8=248
1111 1100	252	这样记：128+64+32+16+8+4=252
1111 1110	254	这样记：128+64+32+16+8+4+2=254
1111 1111	255	这样记：128+64+32+16+8+4+2+1=255

可见 8 位二进制数全是 1，就是最大值 255。

万一忘记了上面的对应关系，使用图 4-1 所示的方法，只要记住数轴上的几个关键点，就能立刻想出对应关系。画一条数轴，左端代表二进制数 0000 0000，右端代表二进制数 1111 1111。

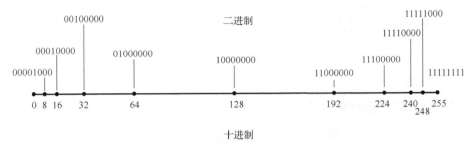

图4-1 二进制和十进制对应关系

由图 4-1 可知，0～255 共计 256 个数字，中间的数字是 128，这个数值对应的二进制数就是 1000 0000，这是一个分界点，128 以前的 8 位二进制数最高位是 0，128 之后的数，二进制最高位都是 1。

128～255 中间的数是 192，对应的二进制数是 1100 0000，这就意味着从 192 开始以后的二进制数最前面的两位都是 1。

192～555 中间的数是 224，对应的二进制数是 1110 0000，这就意味着从 224 开始以后的二进制的数最前面的三位都是 1。

0～128 中间的数 64 是二进制数 100 0000 对应的十进制数。0～64 中间的数 32 是二进制数 10 0000 对应的十进制数。

通过这种方式，即便忘记了上面的对应关系，只要画一条线，按照上面的方法就能很快找到二进制数和十进制数之间的对应关系。

4.1.2 二进制数的规律

合并网段时，需要判断给出的几个子网是否能够合并成一个网段，这就需要大家能够写出一个数转换成二进制后的后几位。二进制数的规律如图 4-2 所示，掌握这种方法，就能够快速写出一个数的二进制形式的后几位。

二进制数的规律

通过图 4-2 大家会发现以下规律。

能够被 2 整除的数，写成二进制形式，最后 1 位是 0。如果余数是 1，即最后 1 位是 1。

十进制数	二进制数	十进制数	二进制数
0	0	11	1011
1	1	12	1100
2	10	13	1101
3	11	14	1110
4	100	15	1111
5	101	16	10000
6	110	17	10001
7	111	18	10010
8	1000	19	10011
9	1001	20	10100
10	1010	21	10101

图4-2　二进制数规律

能够被 4 整除的数，写成二进制形式，最后两位是 00。如果余数是 2，那最后两位就是 2 的二进制形式，即 10。

能够被 8 整除的数，写成二进制形式，最后 3 位是 000。如果余 5，那最后 3 位就是 5 的二进制形式，即 101。

能够被 16 整除的数，写成二进制形式，最后四位是 0000。如果余 6，那最后 4 位就是 6 的二进制形式，即 0110。

根据前面的规律，如果写出一个十进制数，将其转换成二进制数，可以将该数先除以 2^n，然后将余数写成 n 位二进制形式即可。

根据前面的规律，写出十进制数 242 转换成二进制数的最后 4 位。

2^4 是 16，242 除以 16，余 2，将余数写成 4 位二进制形式，就是 0010。

4.2　理解IP地址

IP 地址就是给每个连接在 Internet 上的主机分配的一个 32 位的地址。IP 地址可以用来定位网络中的计算机和网络设备。

4.2.1　MAC地址和IP地址

计算机的网卡有物理地址（MAC 地址），为什么还需要 IP 地址呢？

MAC 地址和 IP 地址

如图 4-3 所示，网络中有三个网段，一个交换机一个网段，使用两个路由器连接这三个网段。图 4-3 中 MA、MB、MC、MD、ME、MF 以及 M1、M2、M3 和 M4，代表计算机和路由器接口的 MAC 地址。

如图 4-3 所示，计算机 A 给计算机 F 发送一个数据包，计算机 A 在网络层给数据包添加源 IP 地址（10.0.0.2）和目标 IP 地址（12.0.0.2）。

该数据包要想到达计算机 F，要经过路由器 1 转发。该数据包如何才能让交换机 1 转发到路由器 1 呢？那就需要在数据链路层添加 MAC 地址，源 MAC 地址为 MA，目标 MAC 地址为 M1。

路由器 1 收到该数据包，根据路由表选择转发出口，将该数据包转发到路由器 2，这就要求将数据包重新封装成帧，帧的目标 MAC 地址是 M3，源 MAC 地址是 M2，这也要求重新计算帧校验序列。

数据包到达路由器 2 后需要重新封装，目标 MAC 地址为 MF，源 MAC 地址为 M4。交换机 3 将该帧转发给计算机 F。

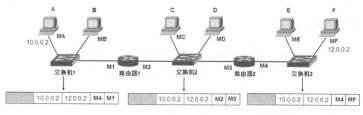

图4-3　MAC地址和IP地址的作用

从图4-3可以看出，数据包的目标IP地址决定了数据包最终到达哪个计算机，而MAC地址决定了该数据包下一跳由哪个设备接收，这个设备并不一定是终点。

如果全球计算机网络是一个大的以太网，那就不需要使用IP地址通信了，只使用MAC地址就可以了。大家想想那样将是一个什么样的场景？一个计算机发广播帧，全球计算机都能收到，都要处理，整个网络的带宽将会被广播帧耗尽。所以还必须有网络设备路由器来隔绝以太网的广播，默认路由器不转发广播帧，路由器负责在不同的网络之间转发数据包。

IP地址的组成

4.2.2 IP地址的组成

在讲解IP地址之前，先介绍一下大家熟知的电话号码，通过电话号码来理解IP地址的网络标识和主机标识。

电话号码由区号和本地号码组成。如图4-4所示，石家庄市的区号是0311，北京市的区号是010，保定市的区号是0312。同一地区的电话号码有相同的区号0311。打本地电话不需要拨区号，打长途电话需要拨区号。

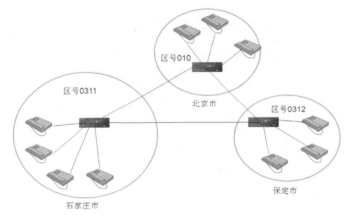

图4-4 区号和电话号

与电话号码的区号和本地号码一样，计算机的IP地址也由两部分组成：一部分为网络标识，另一部分为主机标识。如图4-5所示，同一网段的计算机的IP地址的网络标识部分相同，路由器连接的是不同的网段，负责不同网段之间的数据转发，交换机连接的是同一网段的计算机。

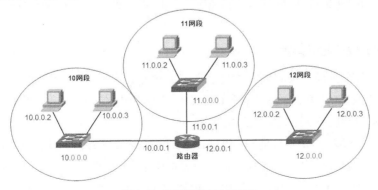

图4-5 网络标识和主机标识

103

在与其他计算机通信之前，计算机首先要判断目标 IP 地址和自己的 IP 地址是否在同一个网段，这决定了数据链路层的目标 MAC 地址是目标计算机的 MAC 地址，还是路由器接口的 MAC 地址。

4.2.3　IP地址的格式

按照 TCP/IP 的规定，IP 地址用 32 位二进制形式来表示，换算成字节，就是 4 字节。例如，某个采用二进制形式的 IP 地址是"10101100000010000000011110001 11000"，这么长的地址，人们处理起来也太费劲了。为了方便人们的使用，这些位通常被分割为 4 个部分，每一部分是 8 位二进制，中间使用符号"."分开，即

IP 地址的格式

10101100.00010000.00011110.00111000。IP 地址经常被写成十进制的形式，于是，上面的 IP 地址可以表示为"172.16.30.56"。IP 地址的这种表示法叫作点分十进制表示法，这显然比 1 和 0 容易记忆得多。

点分十进制这种 IP 地址写法，方便书写和记忆，通常在计算机上配置的 IP 地址就是这种写法。本书为了方便描述，给 IP 地址的这 4 个部分进行了编号，从左到右，分别称为第 1 部分、第 2 部分、第 3 部分和第 4 部分，如图 4-6 所示。

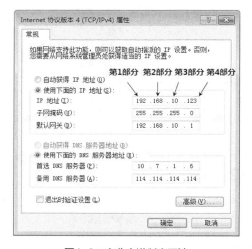

图4-6　点分十进制表示法

由于 8 位二进制数 11111111 转换成十进制数就是 255，因此点分十进制的每一部分最大不能超过 255。大家看到给计算机配置 IP 地址时，还会配置子网掩码（Subnet Mask）和网关，下面就介绍子网掩码的作用。

4.2.4　子网掩码的作用

子网掩码又叫网络掩码、地址掩码，用来指明一个 IP 地址的哪些位标识的是主机所在的子网，以及哪些位标识的是主机的位掩码。子网掩码只有一个作用，就是将某个 IP 地址划分成网络地址和主机地址两部分。

子网掩码的作用

如图 4-7 所示，计算机的 IP 地址是 131.107.41.6，子网掩码是 255.255.255.0，所在网段是 131.107.41.0（将主机部分归零，就是该主机所在的网段）。该计算机和远程计算机通信时，只要目标 IP 地址的前面三部分是 131.107.41，就认为远程计算机和该计算机在同一个网段，例如，该计算机与 IP 地址为

131.107.41.123 的计算机在同一个网段，和 IP 地址为 131.107.42.123 的计算机不在同一个网段，因为网络部分不相同。

如图 4-8 所示，计算机的 IP 地址是 131.107.41.6，子网掩码是 255.255.0.0，该计算机所在网段是 131.107.0.0。该计算机和远程计算机通信，只要目标 IP 地址的前面两部分是 131.107，就认为远程计算机和该计算机在同一个网段。例如，该计算机与 IP 地址为 131.107.42.123 的计算机在同一个网段，和与地址为 131.108.42.123 的计算机不在同一个网段；因为网络部分不同。

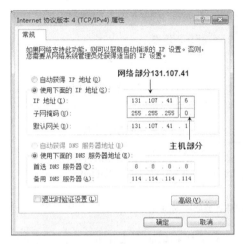

图4-7 网络部分和主机部分（1）

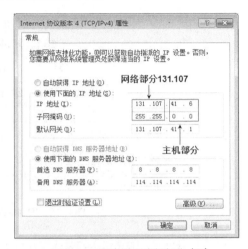

图4-8 网络部分和主机部分（2）

如图 4-9 所示，计算机的 IP 地址是 131.107.41.6，子网掩码是 255.0.0.0，该计算机所在网段是 131.0.0.0。该计算机和远程计算机通信，只要目标 IP 地址的第一部分是 131 就认为远程计算机与该计算机在同一个网段。例如，该计算机和 IP 地址为 131.108.42.123 的计算机在同一个网段，与 IP 地址为 132.108.42.123 的计算机不在同一个网段，因为网络部分不同。

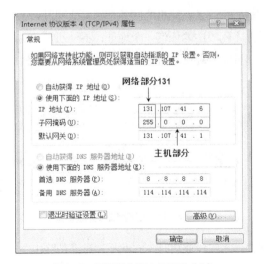

图4-9 网络部分和主机部分（3）

计算机如何使用子网掩码来计算自己所在的网段呢？

如图 4-10 所示，如果一台计算机的 IP 地址为 131.107.41.6，子网掩码为 255.255.255.0。将其 IP 地址和子网掩码都写成二进制的形式，再将 IP 地址和子网掩码对应的二进制位进行"与"运算（两个都是 1 才得 1，否则得 0，即 1 和 1 做"与"运算得 1，0 和 1 或 1 和 0 做"与"运算都得 0，0 和 0 做"与"运算得 0），做完"与"运算后，主机位不管是什么值都归零，网络位的值保持不变，得到该计算机所处的网段为 131.107.41.0。

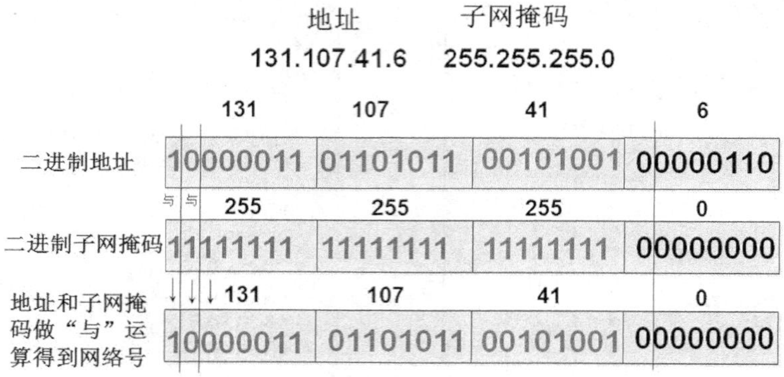

<table>
<tr><td></td><td colspan="2">地址</td><td>子网掩码</td><td></td></tr>
<tr><td></td><td colspan="2">131.107.41.6</td><td>255.255.255.0</td><td></td></tr>
<tr><td></td><td>131</td><td>107</td><td>41</td><td>6</td></tr>
<tr><td>二进制地址</td><td>10000011</td><td>01101011</td><td>00101001</td><td>00000110</td></tr>
<tr><td>与</td><td>255</td><td>255</td><td>255</td><td>0</td></tr>
<tr><td>二进制子网掩码</td><td>11111111</td><td>11111111</td><td>11111111</td><td>00000000</td></tr>
<tr><td>地址和子网掩码做"与"运算得到网络号</td><td>131</td><td>107</td><td>41</td><td>0</td></tr>
<tr><td></td><td>10000011</td><td>01101011</td><td>00101001</td><td>00000000</td></tr>
</table>

图4-10　IP地址和子网掩码计算所在网段

子网掩码很重要，配置错误会造成计算机通信故障。计算机和其他计算机通信时，首先断定目标地址和自己是否在同一个网段，先用自己的子网掩码和自己的 IP 地址进行"与"运算得到自己所在的网段，再用自己的子网掩码和目标地址进行"与"运算，看看得到的网络部分与自己所在网段是否相同。如果不相同，则说明不在同一个网段，使用网关的 MAC 地址封装帧，这会将帧转发给路由器接口即网关；如果相同，则直接使用目标 IP 地址的 MAC 地址封装帧，直接把帧发给目标 IP 地址。

如图 4-11 所示，路由器连接两个子网掩码为 255.255.255.0 的网段 131.107.41.0 和 131.107.42.0，同一个网段中的计算机的子网掩码相同，计算机的网关是到其他网段的出口，也就是路由器接口地址。路由器接口使用的地址可以是本网段中的任何一个地址，不过通常使用该网段的第一个可用地址或最后一个可用地址，这是为了尽可能地避免与网络中的计算机的地址冲突。

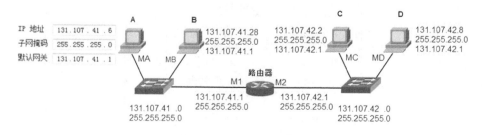

图4-11　子网掩码的作用

如果计算机没有设置网关，跨网段通信时，它就不知道谁是路由器，下一跳给哪个设备。因此计算机要想实现跨网段通信，必须指定网关。

如图 4-12 所示，连接在交换机上的计算机 A 和计算机 B 的子网掩码设置的不一样，并且都没有设置网关，思考一下，计算机 A 是否能够和计算机 B 通信？注意：数据包能去能回网络才算通。

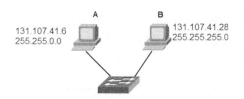

图4-12 子网掩码不一致但网关段相同

将计算机 A 的 IP 地址和自己的子网掩码做"与"运算，得到该计算机所在的网段为 131.107.0.0，目标地址为 131.107.41.28，也属于 131.107.0.0 网段，计算机 A 把数据包直接发送给计算机 B。计算机 B 给计算机 A 发送返回的数据包，计算机 B 在 131.107.41.0 网段，目标地址 131.107.41.6 碰巧也属于 131.107.41.0 网段，所以计算机 B 也能够把数据包直接发送到计算机 A，因此计算机 A 能够和计算机 B 通信。

连接在交换机上的计算机 A 和计算机 B 的子网掩码设置的不一样，IP 地址如图 4-13 所示，并且都没有设置网关，思考一下，计算机 A 能否和计算机 B 通信？

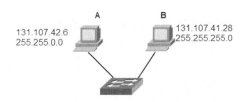

图4-13 子网掩码不一致且网段不同

将计算机 A 的 IP 地址和自己的子网掩码做"与"运算，得到该计算机所在的网段为 131.107.0.0，目标地址为 131.107.41.28，也属于 131.107.0.0 网段，计算机 A 把数据包发送给计算机 B。计算机 B 给计算机 A 发送返回的数据包时，计算机 B 使用自己的子网掩码计算自己所属的网段，计算机 B 属于 131.107.41.0 网段，地址为 131.107.42.6，不属于 131.107.41.0 网段，并且计算机 B 没有设置网关，不能把数据包发送到计算机 A。计算机 A 能发送数据包给计算机 B，但计算机 B 不能发送返回的数据包，因此计算机 A 和计算机 B 之间网络不通。

4.3 IP地址分类

最初设计互联网络时，Internet 委员会定义了 5 种 IP 地址类型以适合不同容量的网络，即 A 类~E 类。其中 A、B、C 三类 IP 地址由网络信息中心（Internet NIC）在全球范围内统一分配，D、E 类 IP 地址为特殊地址。

IPv4 地址是 32 位二进制数，分为网络 ID 和主机 ID。哪些位是网络 ID、哪些位是主机 ID，最初是使用 IP 地址的第 1 部分进行标识的，即只要看到 IP 地址的第一部分就知道该地址的子网掩码。通过这种方式将 IP 地址分成了 A 类、B 类、C 类、D 类和 E 类 5 类。

4.3.1　A类地址

如图 4-14 所示，IP 地址的最高位是 0 的地址为 A 类地址。网络 ID 是 0 不能用，127 作为保留网段，因此 A 类地址的第 1 部分取值范围为 1～126。

A 类地址

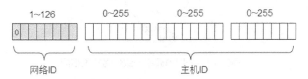

图4-14　A类地址的特点

A 类地址默认的子网掩码为 255.0.0.0。主机 ID 由第 2 部分、第 3 部分和第 4 部分组成，每部分的取值范围为 0～255，共 256 种取值，要是学过排列组合就知道，一个 A 类网络的主机数量是 256×256×256=16777216，这里还需要减去 2，主机 ID 全部是 0 的地址为网络地址，而主机 ID 全部是 1 的地址为广播地址，如果给主机 ID 全部是 1 的地址发送数据包，计算机将产生一个数据链路层广播帧，发送到本网段全部计算机。

4.3.2　B类地址

如图 4-15 所示，IP 地址的最高位是 10 的地址为 B 类地址。IP 地址的第 1 部分的取值范围为 128～191。

B 类地址

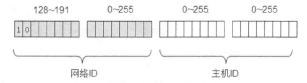

图4-15　B类地址的特点

B 类地址默认的子网掩码为 255.255.0.0。主机 ID 由第 3 部分和第 4 部分组成，每个 B 类网络可以容纳的最大主机数量是 256×256－2=65534。

4.3.3　C类地址

如图 4-16 所示，IP 地址的最高位是 110 的地址为 C 类地址。IP 地址的第 1 部分的取值范围为 192～223。

C 类地址

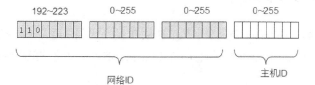

图4-16　C类地址的特点

C 类地址默认的子网掩码为 255.255.255.0。主机 ID 由第 4 部分组成，每个 C 类网络可以容纳的最大主机数量是 256-2=254。

4.3.4 D类和E类地址

如图 4-17 所示，IP 地址的最高位是 1110 的地址为 D 类地址。D 类地址的第 1 部分的取值范围为 224～239。用于多播的地址，多播地址没有子网掩码。希望读者能够记住多播地址的范围，因为有些病毒除了在网络中发送广播外，还有可能发送多播数据包，使用抓包工具排除网络故障，必须能够断定捕获的网络中的数据包是多播还是广播。

D 类和E 类地址

图4-17 D类地址的特点

如图 4-18 所示，IP 地址的最高位是 11110 的地址为 E 类地址。E 类地址的第 1 部分的取值范围为 240～254，保留为今后使用。

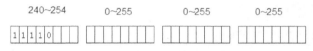

图4-18 E类地址的特点

为了方便记忆，观察图 4-19，将 IP 地址的第 1 部分取值画一条数轴，从 0 到 255。A 类地址、B 类地址、C 类地址、D 类地址以及 E 类地址的取值范围，一目了然。

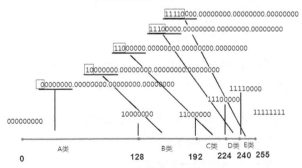

图4-19 IP地址分类

4.3.5 保留的IP地址

有些 IP 地址被保留用于某些特殊目的，网络管理员不能将这些地址分配给计算机。下面列出了这些被排除在外的地址，并说明为什么要保留它们。

保留的 IP 地址

（1）主机 ID 全零的地址：特指某个网段，如 IP 地址为 192.168.10.0，子网掩码为 255.255.255.0，指的是 192.168.10.0 网段。

（2）主机 ID 全为 1 的地址：特指该网段的全部主机，如果计算机发送数据包使用主机 ID 全为 1

的 IP 地址，那么数据链路层地址也是用广播地址 **ff-ff-ff-ff-ff-ff**。同一网段的计算机名称解析就需要发送名称解析的广播包。比如计算机 IP 地址是 192.168.10.10，子网掩码是 255.255.255.0，它要发送一个广播包，目标 IP 地址是 192.168.10.255，目标 MAC 地址是 **ff-ff-ff-ff-ff-ff**。

（3）127.0.0.1：回送地址，指本地机，一般用来测试。回送地址 127.×.×.× 是本机回送地址，即主机 IP 堆栈内部的 IP 地址，主要用于网络软件测试以及本地机进程间通信，无论什么程序，一旦使用回送地址发送数据，协议软件立即返回，不进行任何网络传输。任何计算机都可以用该地址访问自己的共享资源或网站，如果使用 ping 命令测试该地址能够通，说明计算机的 TCP/IP 协议栈工作正常，即便计算机没有网卡，使用命令 ping 127.0.0.1 测试还是能够通的。

（4）169.254.×.×：实际上是自动私有 IP 地址。在 Windows 2000 以前的系统中，如果计算机无法获取 IP 地址，则自动配置成"IP 地址：0.0.0.0""子网掩码：0.0.0.0"的形式，导致其不能与其他计算机进行通信。而 Windows 2000 以后的操作系统，则在无法获取 IP 地址时自动配置成"IP 地址：169.254.×.×""子网掩码：255.255.0.0"的形式，这样可以使所有获取不到 IP 地址的计算机之间能够进行通信，如图 4-20 和图 4-21 所示。

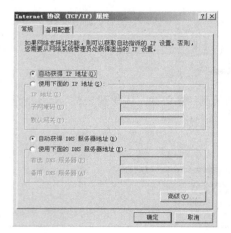

图4-20　自动获得地址

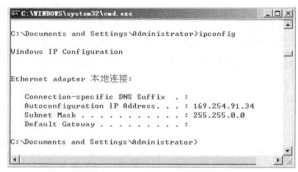

图4-21　Windows自动配置的IP地址

（5）0.0.0.0：如果计算机的 IP 地址和网络中的其他计算机的 IP 地址冲突，使用 ipconfig 命令查看到的就是 0.0.0.0，子网掩码也是 0.0.0.0，如图 4-22 所示。

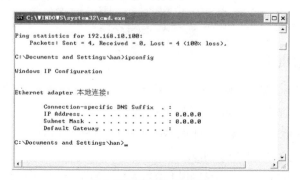

图4-22　地址冲突的情况

4.3.6　实战：本地环回地址

IP 地址为 127.0.0.0，子网掩码为 255.0.0.0，这个网段中任何一个地址都可以作为访问本地计算机资源的地址，该网段中的地址称为本地环回地址。

在 Windows 7 操作系统中使用命令 ping 测试 127 网段中任何一个地址都可以通，
实战：本地环回地址
如图 4-23 所示。

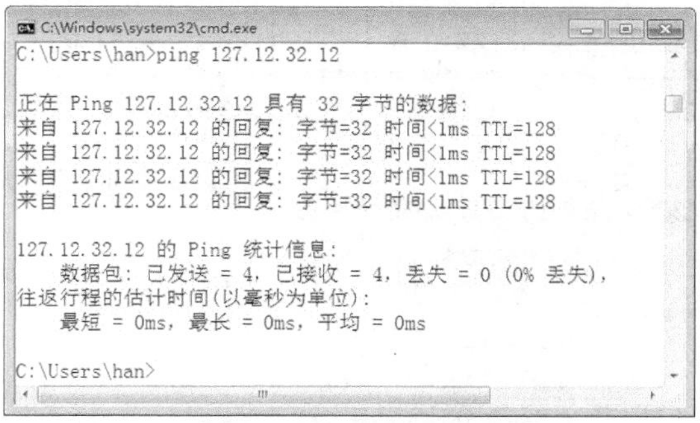

图4-23　测试本地环回地址

如图 4-24 所示，禁用 Server 计算机的网卡，使用命令 ping 127.0.0.1 测试也能通，足以说明访问该地址不产生网络流量。在 Windows Server 2003 操作系统使用 ping 命令测试 127 网段的任何地址，都会从地址 127.0.0.1 返回数据包。

图4-24　禁用网卡的本地环回地址

如图 4-25 所示，启用网卡，重启 Server 计算机，选择"开始"→"运行"系统菜单项，在打开的"运行"对话框中输入\\"127.0.0.1"，单击"确定"按钮，能够通过 127.0.0.1 访问到本机的共享资源。

图4-25　启用网卡的本地环回地址

4.3.7　实战：给本网段发送广播

实战：给本网段
发送广播

IP 地址中主机位全为 1 代表该网段中的全部计算机。如果计算机给广播地址发送数据包，数据链路层使用广播 MAC 地址封装帧，该网段中的全部计算机都能够收到。

如图 4-26 所示，该计算机的 IP 地址是 10.7.10.49，子网掩码是 255.255.255.0，如果使用命令 ping 10.7.10.255 测试，计算机就会发送 ICMP 请求的广播帧，网络中的全部计算机都能收到，所有收到的 ICMP 请求的计算机都会给该计算机返回一个 ICMP 响应帧。由图 4-26 可以看到，来自不同计算机的响应，就能够说明 10.7.10.255 是本地广播地址。

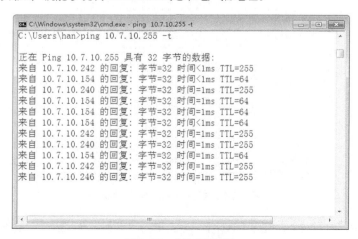

图4-26　本地广播地址

使用抓包工具，也能捕获计算机发送的广播帧和接收的广播帧。发送的是主机位全为 1 的帧，目标 MAC 地址是 ff-ff-ff-ff-ff-ff，是广播地址，如图 4-27 所示。

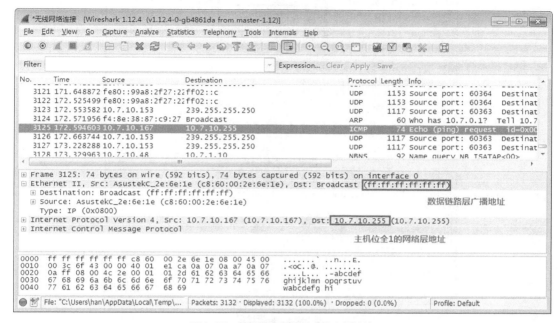

图4-27 数据链路层地址也是广播地址

4.4 私网地址和公网地址

从事网络方面的工作不得不了解什么是公网地址和私网地址。下面就给大家进行详细讲解。

4.4.1 公网地址

在 Internet 上有上千百万台主机，都需要使用 IP 地址进行通信，这就要求接入 Internet 的各个国家的各级 ISP 使用的 IP 地址块不能重叠。为此，整个互联网有一个组织进行统一的地址规划和分配。这些统一规划和分配的全球唯一的地址被称为公网地址（Public address）。

公网地址

公有地址分配和管理由因特网信息中心（Internet Network Information Center，Inter NIC）负责。各级 ISP 使用的公网地址都需要向 Inter NIC 提出申请，由 Inter NIC 统一发放，这样就能确保地址块不冲突。

正是因为 IP 地址是统一规划和分配的，只要知道 IP 地址，就能很方便地查到该地址是哪个城市的哪个 ISP。

例如，想知道淘宝网站、51CTO 学院的网站在哪个城市的哪个 ISP 的机房。需要先解析出这些网站的 IP 地址，如图 4-28 所示。

然后在搜索引擎中查询这两个地址，就能查到它们所在的城市和 ISP，如图 4-29 所示。

图4-28　解析域名

图4-29　确定IP地址的位置

4.4.2　私网地址

创建 IP 寻址方案的同时也创建了私有 IP 地址。这些地址可以被用于私有网络，在 Internet 上没有这些 IP 地址，Internet 上的路由器也没有到私有网络的路由，所以在 Internet 上不能访问这些私网地址，从这一点来说使用私网地址的计算机更加安全，同时也很有效地节省了宝贵的公网 IP 地址空间。

下面列出保留的私有 IP 地址。

（1）A 类：IP 地址为 10.0.0.0，子网掩码为 255.0.0.0，保留了一个 A 类网络。

私网地址

（2）B 类：IP 地址范围为 172.16.0.0～172.31.0.0，子网掩码为 255.255.0.0，保留了 16 个 B 类网络。

（3）C 类：IP 地址范围为 192.168.0.0～192.168.255.0，子网掩码为 255.255.255.0，保留了 256 个 C 类网络。

使用私网地址的计算机可以通过网络地址转换（Network Address Translation，NAT）技术访问 Internet。如图 4-30 所示，企业内网使用私有网段的地址 10.0.0.0，在连接 Internet 的路由器 R1 上配置 NAT，R1 连接 Internet 的接口有公网地址 11.1.5.25。配置了 NAT 功能的路由器，内网计算机访问 Internet 的数据包经过 R1 路由器转发到 Internet，源地址和源端口替换成公网地址 11.1.5.25，同时源端口也进行替换，替换成公网端口，公网端口由路由器统一分配，确保公网端口唯一。以后数据包传回还要根据公网端口，将数据包的目标地址和目标端口替换成内网计算机私有地址和专用端口。

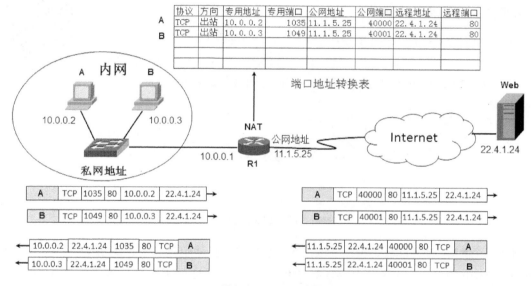

图4-30　NAT示意图

在 NAT 路由器上维护一张端口地址转换表，用来记录内网端口地址和公网端口地址映射关系。只要内网有到 Internet 上的流量，就会在该表中添加记录，数据包传回时，再根据这张表的对应关系将数据包的目标地址和目标端口修改成内网地址和专用端口，发送给内网计算机。经过 NAT 路由器需要修改数据包网络层地址和传输层的端口，因此性能比路由器直接转发差一些。

这种地址转换不只是 NAT，严格来说应该是端口地址转换（Port Address Translation，PAT）。

NAT 技术应用非常普遍。家庭拨号上网的路由器，就有内置的 NAT 功能，拨号上网获得一个公网地址，能够让家中多个计算机访问 Internet。

如果为一个公司规划网络，到底应该选择使用哪类私有地址呢？如果公司目前有 7 个部门，每个部门不超过 200 台计算机，可以考虑使用保留的 C 类私网地址；如果为石家庄市教委规划网络，因为石家庄市教委和石家庄市的几百所中小学的网络连接，网络规模较大，所以应该选择保留的 A 类私有网络地址，最好用网络地址 10.0.0.0 并带有/24 的子网掩码，可以有 65536 个网络可供使用，并且每个网络允许带有 254 台主机，这样的网络会拥有非常大的发展空间。

4.5 子网划分

当今在 Internet 上使用的协议是 TCP/IP 第 4 版（Internet Protocol version4，IPv4），IP 地址由 32 位的二进制数组成。这些地址如果全部能够分配给计算机，则共计有 2^{32} = 4294967296 个，即大约有 40 亿个可用地址，这些地址去除 D 类地址和 E 类地址，还有保留的私网地址，能够在 Internet 上使用的公网地址就变得越发紧张。并且每个人需要使用的地址也不止 1 个，现在智能手机、智能家电接入互联网也都需要 IP 地址。

现在处于 IPv4 和 IPv6 共存的阶段。IPv4 公网地址资源紧张，这就需要本节讲到的子网划分技术，使得 IPv4 地址能够充分利用，减少地址浪费。

4.5.1 地址浪费的情况

地址浪费的情况

如图 4-31 所示，按着传统的 IP 地址分类方法，一个网段有 200 台计算机，分配一个 C 类网络，网段为 212.2.3.0，子网掩码为 255.255.255.0，可用的地址范围为 212.2.3.1～212.2.3.254，虽然没有全部用完，这种情况还不算是极大浪费。

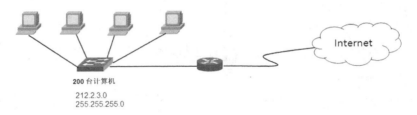

图4-31 合理的地址规划

如果一个网络中有 400 台计算机，分配一个 C 类网络，地址就不够用了，那就分配一个 B 类网络，网段为 131.107.0.0，子网掩码为 255.255.0.0。该 B 类网络可用的地址范围为 131.107.0.1～131.107.255.254，一共有 65534 个地址可用，这就造成了极大浪费。

子网划分，就是要打破 IP 地址的分类所限定的地址块，使 IP 地址的数量和网络中的计算机数量更加匹配。由简单到复杂，先讲解等长子网划分，再讲解变长子网划分。

4.5.2 等长子网划分

等长子网划分

子网划分，就是借用现有网段的主机位做网络位，划分出多个子网。子网划分的任务包括两部分：一是确定子网掩码的长度；二是确定子网中第一个可用的 IP 地址和最后一个可用的 IP 地址。

等长子网划分就是将一个网段等分成多个子网。

1. 等分成两个子网

下面以将一个 C 类网络等分为两个子网为例，讲解等分子网划分的过程。

如图 4-32 所示，某公司有两个部门，每个部门有 100 台计算机，通过路由器连接 Internet。给这 200 台计算机分配一个 C 类网络 192.168.0.0，该网段的子网掩码为 255.255.255.0，连接局域网的路由器接口配置使用该网段的第一个可用的 IP 地址 192.168.0.1。

图4-32 一个网段的情况

为了安全考虑，打算将这两个部门的计算机分为两个网段，中间使用路由器隔开。计算机数量没有增加，还是 200 台，因此一个 C 类网络的 IP 地址是足够用的。现在将网段为 192.168.0.0，子网掩码为 255.255.255.0 这个 C 类网段等分成两个子网。

如图 4-33 所示，将 IP 地址第 4 部分写成二进制形式。子网掩码的位数往右移一位（也就是子网掩码中 1 的数量增加 1 位），这样 C 类地址主机 ID 第 1 位就成为网络位，该位为 0 的是子网 A，该位为 1 的是子网 B。

如图 4-33 所示，IP 地址的最后一个字节，其值在 0～127 的，第 1 位均为 0；其值在 128～255 的，第 1 位均为 1。分成的 A、B 两个子网，以 128 为界。现在的子网掩码中的 1 变成了 25 位，写成十进制就是 255.255.255.128。因此，得出规律：子网掩码向后移动 1 位，就可以等分出 2 个子网。

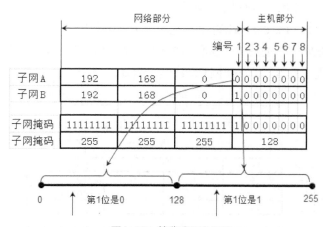

图4-33 等分成两个子网

A 和 B 两个子网的子网掩码都为 255.255.255.128。

子网 A 可用的地址范围为 192.168.0.1～192.168.0.126，IP 地址 192.168.0.0 由于其主机位全为 0，不能分配给计算机使用；本地广播地址如图 4-34 所示，IP 地址 192.168.0.127 由于其主机位全为 1，也不能分配计算机使用。

图4-34 本地广播地址

同样地，子网 B 可用的地址范围为 192.168.0.129～192.168.0.254，IP 地址 192.168.0.128 由于其主机位全为 0，不能分配给计算机使用，IP 地址 192.168.0.255 由于其主机位全为 1，也不能分配给计算机使用。

划分两个子网后的地址规划如图 4-35 所示。

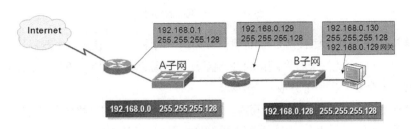

图4-35　划分子网后的地址规划

2. 等分成 4 个子网

假如公司有 4 个部门，每个部门有 50 台计算机，现在使用 192.168.0.0/24 这个 C 类网段，从安全考虑打算每个部门的计算机置到独立的网段，这就要求将网段 192.168.0.0，子网掩码为 255.255.255.0 这个 C 类网络划分为 4 个网段，如何划分子网呢？

如图 4-36 所示，将 192.168.0.0 网段的 IP 地址的第 4 部分写成二进制形式，要想分成 4 个网段，需要将子网掩码往右移动两位，这样第 1 位和第 2 位就变为网络位。分成的 4 个子网，第 1 位和第 2 位为 00 是子网 A，01 是子网 B，10 是子网 C，11 是子网 D。

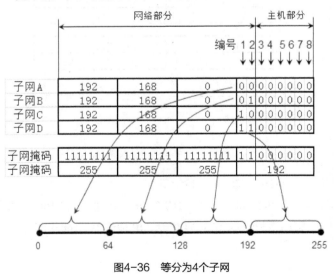

图4-36　等分为4个子网

4 个子网的子网掩码都为 255.255.255.192。

子网 A 的可用地址范围为 192.168.0.1～192.168.0.62，子网 B 的可用地址范围为 192.168.0.65～192.168.0.126，子网 C 的可用地址范围为 192.168.0.129～192.168.0.190，子网 D 的可用地址范围为 192.168.0.193～192.168.0.254。

注意 如图4-37所示，每个子网的最后一个地址都是本子网的广播地址，不能分配给计算机使用，即子网A的64、子网B的127、子网C的191和子网D的255。

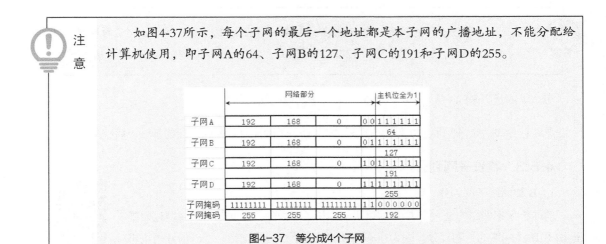

图4-37 等分成4个子网

3. 等分为8个子网

如图4-38所示，子网掩码需要往右移3位，才能划分出8个子网，第1位、第2位和第3位都变成网络位。

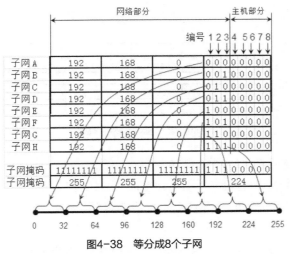

图4-38 等分成8个子网

8个子网的子网掩码都一样，为255.255.255.224。

子网A的可用地址范围为192.168.0.1～192.168.0.30；

子网B的可用地址范围为192.168.0.33～192.168.0.62；

子网C的可用地址范围为192.168.0.65～192.168.0.94；

子网D的可用地址范围为192.168.0.97～192.168.0.126；

子网E的可用地址范围为192.168.0.129～192.168.0.158；

子网F的可用地址范围为192.168.0.161～192.168.0.190；

子网G的可用地址范围为192.168.0.193～192.168.0.222；

子网H的可用地址范围为192.168.0.225～192.168.0.254。

> **注意** 每个子网能用的主机IP地址，都要去掉主机位全零和主机位全1的地址。由图4-38可知 ，31、63、95、127、159、191、223、255都是相应子网的广播地址。

每个子网是原来的$\frac{1}{2}\times\frac{1}{2}\times\frac{1}{2}$，即 3 个$\frac{1}{2}$，子网掩码往右移 3 位。

总结：如果一个子网地址块是原来网段的$(\frac{1}{2})^n$，子网掩码就在原网段的基础上后移 n 位。

4.5.3 等长子网划分示例

1. B 类网络子网划分

B 类网络子网划分

前面给大家使用的是一个 C 类网络讲解等长子网划分，前面总结的规律也照样适用于 B 类网络的子网划分。因为在不熟悉的情况下很容易出错，所以最好将主机位写成二进制的形式，确定子网掩码和每个子网最后一个能用的地址。

如图 4-39 所示，将网段 131.107.0.0，子网掩码为 255.255.0.0 等分成两个子网。子网掩码往后移动 1 位，就能等分成两个子网。

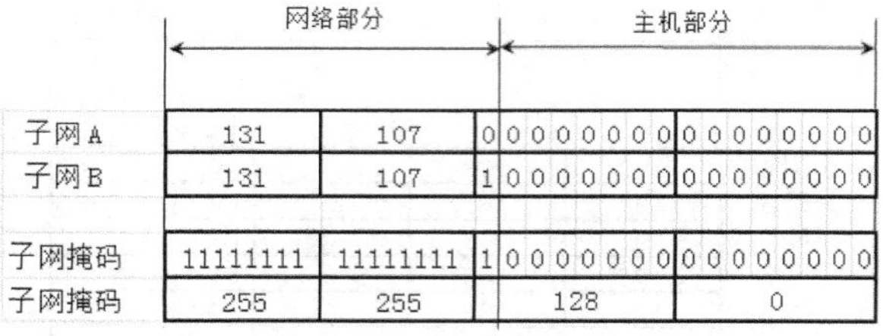

网络部分
主机部分
子网A
131
107
0 0 0 0 0 0 0 0 0 0 0 0 0 0 0 0
子网B
131
107
1 0 0 0 0 0 0 0 0 0 0 0 0 0 0 0
子网掩码
11111111
11111111
1 0 0 0 0 0 0 0 0 0 0 0 0 0 0 0
子网掩码
255
255
128
0

图4-39 等分成两个子网

这两个子网的子网掩码都是 255.255.128.0。

确定子网 A 第一个可用地址和最后一个可用地址，大家在不熟悉的情况最好按照图 4-40 将主机部分写成二进制，主机位不能全为 0，也不能全为 1，然后根据二进制写出第一个可用地址和最后一个可用地址。

如图 4-40 所示，子网 A 的第一个可用地址是 131.107.0.1，最后一个可用地址是 131.107.127.254。

网络部分
主机部分
子网A的第一个可用地址
131
107
0 0 0 0 0 0 0 0 0 0 0 0 0 0 0 1
131
107
0
1
子网A的最后一个可用地址
131
107
0 1 1 1 1 1 1 1 1 1 1 1 1 1 1 0
131
107
127
254

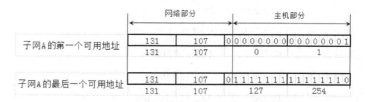

图4-40 子网边界

如图 4-41 所示，子网 B 的第一个可用地址是 131.107.127.1，最后一个可用地址是 131.107.255.254。

这种方式虽然步骤烦琐一点，但不容易出错，等熟悉了就可以直接写出子网的第一个地址和最后一个地址了。

图4-41 子网的边界

2. A类地址子网划分

和C类地址和B类地址划分子网的规律一样，子网掩码往右移动1位，就可以划分出两个子网。只是写出每个网段的第一个和最后一个可用地址时，需要大家谨慎。

下面以将A类网络42.0.0.0，子网掩码为255.0.0.0等分成4个子网为例，写出各个网段的第一个和最后一个可用IP地址。如图4-42所示，划分出4个子网，子网掩码需要右移2位。每个子网的子网掩码都为255.192.0.0。

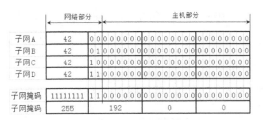

图4-42 等分成4个子网

A类地址子网划分

图4-43以十进制和二进制的形式对比，写出各个子网能使用的第一个地址和最后一个地址。

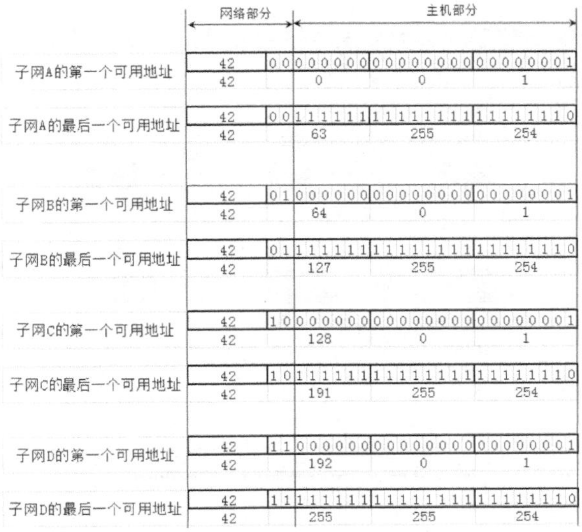

图4-43 等分成4个子网

参照图4-43，我们可以很容易地写出这些子网能够使用的第一个IP地址和最后一个IP地址。

子网A可用的第一个IP地址为42.0.0.1，最后一个可用的IP地址为42.63.255.254；

子网B可用的第一个IP地址为42.64.0.1，最后一个可用的IP地址为42.127.255.254；

子网 C 可用的第一个 IP 地址为 42.128.0.1，最后一个可用的 IP 地址为 42.191.255.254；

子网 D 可用的第一个 IP 地址为 42.192.0.1，最后一个可用的 IP 地址为 42.255.255.254。

只要掌握了子网划分的规律，A 类、B 类、C 类地址的子网划分方法是一样的。

4.5.4　变长子网划分

变长子网划分

前面讲的都是将一个网段等分成多个子网。如果每个子网中计算机的数量不一样，就需要将该网段划分成地址空间不等的子网，这就是变长子网划分。有了前面等长子网划分的基础，理解划分变长子网也就容易了。

比如有一个 C 类网络 192.168.0.0，子网掩码为 255.255.255.0，需要将该网络划分成 5 个网段以满足网络需求；该网络中有 3 个交换机，分别连接 20 台计算机、50 台计算机和 100 台计算机，路由器之间连接的接口也需要地址，这两个地址也是一个网段，这样网络中一共有 5 个网段。

如图 4-44 所示，将子网掩码为 255.255.255.0 的 192.168.0.0 网段的主机位从 0 到 255 画一条直线，从 128 到 255 的地址空间给拥有 100 台计算机的网段比较合适，该子网地址范围是原来网络的 $\frac{1}{2}$，子网掩码往后移 1 位，写成十进制形式就是 255.255.255.128。第一个能用的地址是 192.168.0.129，最后一个能用的地址是 192.168.0.254。

64~128 的地址空间给拥有 50 台计算机的网段比较合适，该子网的地址范围是原来的 $\frac{1}{2} \times \frac{1}{2}$，子网掩码往后移 2 位。写成十进制就是 255.255.255.192。第一个能用的地址是 192.168.0.65，最后一个能用的地址是 192.168.0.126。

32~64 的地址空间给拥有 20 台计算机的网段比较合适，该子网的地址范围是原来的 $\frac{1}{2} \times \frac{1}{2} \times \frac{1}{2}$，子网掩码往后移 3 位，写成十进制就是 255.255.255.224。第一个能用的地址是 192.168.0.33，最后一个能用的地址是 192.168.0.62。

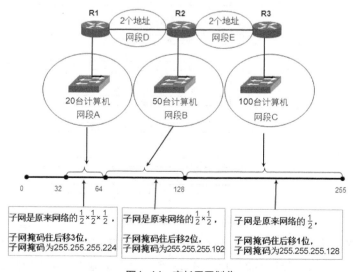

图4-44　变长子网划分

当然也可以使用以下子网划分方案，如图 4-45 所示，100 台计算机的网段可以使用 0～128 的子网，50 台计算机的网段可以使用 128～192 的子网，20 台计算机的网段可以使用 192～224 的子网。

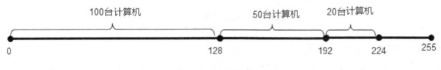

图4-45　子网边界

规律：如果一个子网地址块是原来网段的$(\frac{1}{2})^n$，子网掩码就在原网段的基础上后移n位，不等长子网，子网掩码也不同。

4.5.5　点到点链路的子网掩码

点到点链路的子网掩码和子网掩码的另一种表示方法

1. 子网掩码的第一种表示方法

如果一个网段中只有两个地址，子网掩码应该是多少呢？

0～4 的子网可以给网络 D 中的两个路由器接口，第一个可用的地址为 192.168.0.1，最后一个可用的地址为 192.158.0.2，192.168.0.3 就是该网络中的广播地址，如图 4-46 所示。

网络部分　主机部分

子网D	192	168	0	0 0 0 0 0 0	1 1
	192	168	0		3
子网掩码	11111111	11111111	11111111	1 1 1 1 1 1	0 0
子网掩码	255	255	255	252	

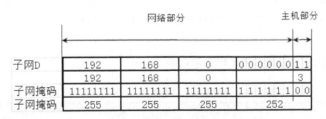

图4-46　点到点子网（1）

4～8 的子网可以给网络 E 中的两个路由器接口，第一个可用的地址为 192.168.0.5，最后一个可用的地址为 192.158.0.6，192.168.0.7 就是该网络中的广播地址，如图 4-47 所示。

网络部分　主机部分

子网E	192	168	0	0 0 0 0 0 1	1 1
	192	168	0		7
子网掩码	11111111	11111111	11111111	1 1 1 1 1 1	0 0
子网掩码	255	255	255	252	

图4-47　点到点子网（2）

每个子网是原来网络的$\frac{1}{2}\times\frac{1}{2}\times\frac{1}{2}\times\frac{1}{2}\times\frac{1}{2}\times\frac{1}{2}$，即$(\frac{1}{2})^6$，子网掩码向后移动 6 位，就是 11111111.11111111.11111111.11111100，写成十进制就是 255.255.255.252。

子网划分的最终结果如图 4-48 所示，经过精心规划，不但满足了 5 个网段的地址需求。还剩余了 8～16 和 16～32 两个地址块没有被使用。

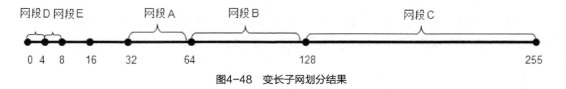

图4-48　变长子网划分结果

2. 子网掩码的第一种表示方法

IP 地址有"类"的概念，A 类地址默认子网掩码为 255.0.0.0，B 类地址默认子网掩码为 255.255.0.0，C 类地址默认子网掩码为 255.255.255.0。等长子网划分和变长子网划分打破了 IP 地址"类"的概念，子网掩码也打破了字节的限制，这种子网掩码被称为可变长子网掩码（Variable Length Subnet Masking，VLSM）。

为了方便表示可变长子网掩码，子网掩码还有另一种写法。比如 131.107.23.32/25、192.168.0.178/26，"/"后面的数字表示子网掩码写成二进制形式时 1 的个数。这就是无类的概念了，这种方式使 Internet 服务提供商能够方便灵活地将大的地址块划分成恰当的小的地址块（子网）给客户，而不会造成大量的 IP 地址浪费。这种方式也可以使 Internet 上路由器的路由表大大精简，被称为无类域间路由（Classless Inter-Domain Routing，CIDR），子网掩码中 1 的个数被称为 CIDR 值。

CIDR 的作用就是支持 IP 地址的无类规划，而不是 A、B、C 类中网络 ID 所用的固定的 8、16 和 24 位。在 IP 地址后面添加一个"/"，再后面是二进制子网掩码的位数。比如 192.168.10.32/24，意味着该地址子网掩码中有 24 个 1，即 11111111.11111111.11111111. 00000000，等价于子网掩码为 255.255.255.0。

子网掩码的二进制写法及对应的 CIDR 值如表 4-1 所示。

表4-1　子网掩码的二进制写法及对应的CIDR值

二进制子网掩码	子网掩码	CIDR 值
11111111. 10000000. 00000000.00000000	255.0.0.0	/8
11111111. 10000000. 00000000.00000000	255.128.0.0	/9
11111111. 11000000. 00000000.00000000	255.192.0.0	/10
11111111. 11100000. 00000000.00000000	255.224.0.0	/11
11111111. 11110000. 00000000.00000000	255.240.0.0	/12
11111111. 11111000. 00000000.00000000	255.248.0.0	/13
11111111. 11111100. 00000000.00000000	255.252.0.0	/14
11111111. 11111110. 00000000.00000000	255.254.0.0	/15
11111111. 11111111. 00000000.00000000	255.255.0.0	/16
11111111. 11111111. 10000000.00000000	255.255.128.0	/17
11111111. 11111111. 11000000.00000000	255.255.192.0	/18
11111111. 11111111. 11100000.00000000	255.255.224.0	/19
11111111. 11111111. 11110000.00000000	255.255.240.0	/20
11111111. 11111111. 11111000.00000000	255.255.248.0	/21
11111111. 11111111. 11111100.00000000	255.255.252.0	/22

续表

二进制子网掩码	子网掩码	CIDR 值
11111111. 11111111. 11111110.00000000	255.255.254.0	/23
11111111. 11111111. 11111111.00000000	255.255.255.0	/24
11111111. 11111111. 11111111.10000000	255.255.255.128	/25
11111111. 11111111. 11111111.11000000	255.255.255.192	/26
11111111. 11111111. 11111111.11100000	255.255.255.224	/27
11111111. 11111111. 11111111.11110000	255.255.255.240	/28
11111111. 11111111. 11111111.11111000	255.255.255.248	/29
11111111. 11111111. 11111111.11111100	255.255.255.252	/30

4.5.6　判断IP地址所属的网段

判断 IP 地址所属的网段

下面学习根据给出的 IP 地址和子网掩码判断该 IP 地址所属的网段。IP 地址中主机位归零就是该主机所在的网段。

举例：判断 192.168.0.101/26 所属的子网。

该地址为 C 类地址，默认子网掩码为 24 位，现在是 26 位。子网掩码往右移了两位，根据以上总结的规律，每个子网应是原来的 $\frac{1}{2}\times\frac{1}{2}$，将这个 C 类网络等分成了 4 个子网。如图 4-49 所示，101 所处的位置位于 64～128，主机位归零后等于 64，因此该地址所属的子网是 192.168.0.64/26。

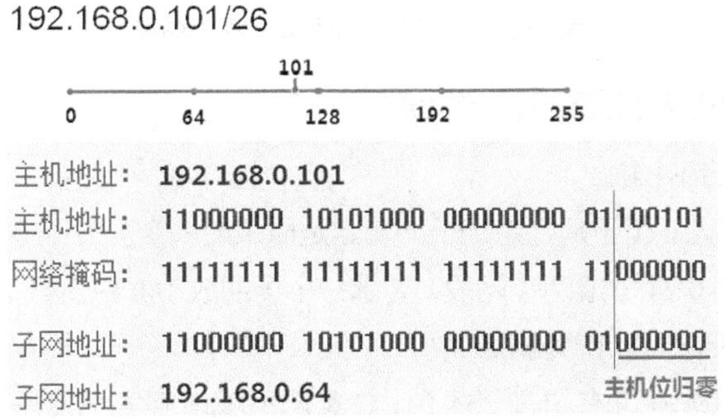

图4-49　判断地址所属子网（1）

举例：判断 192.168.0.101/27 所属的子网。

该地址为 C 类地址，默认子网掩码为 24 位，现在是 27 位。子网掩码往右移了 3 位，根据以上总结的规律，每个子网是原来的 $\frac{1}{2}\times\frac{1}{2}\times\frac{1}{2}$，即将这个 C 类网络等分成 8 个子网。如图 4-50 所示，101 所处的位置位于 96～128，主机位归零后等于 96。因此该地址所属的子网是 192.168.0.96/27。

对以上进行总结后，可得到以下结论。

IP 地址范围 192.168.0.0～192.168.0.63 都属于 192.168.0.0/26 子网。

IP 地址范围 192.168.0.64～192.168.0.127 都属于 192.168.0.64/26 子网。

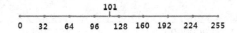

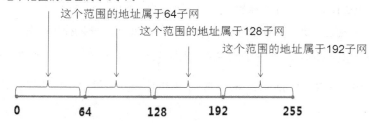

图4-50   判断地址所属子网（2）

IP 地址范围 192.168.0.128～192.168.0.191 都属于 192.168.0.128/26 子网。

IP 地址范围 192.168.0.192～192.168.0.255 都属于 192.168.0.192/26 子网。

如图 4-51 所示，判断 IP 地址所属网段的规律。

图4-51   断定IP地址所属子网的规律

4.5.7   子网划分需要注意的几个问题

子网划分需要注意以下两点。

（1）将一个网络等分成 2 个子网，每个子网肯定是原来的一半。

子网划分需要注意的
几个问题

比如打算将 192.168.0.0/24 分成两个网段，要求一个子网放 140 台主机，另一个子网放 60 台主机，这个要求可以得到满足吗？

从计算机数量来说总数并没有超过 254 台，C 类网络就能够容纳这些地址，但等分成两个子网后却发现这 140 台计算机，在这两个子网中都不能容纳，如图 4-52 所示，因此上面的要求不能得到满足。

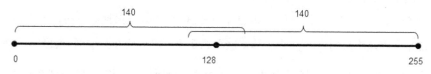

图4-52   不能划分子网的情况

（2）子网地址范围不可重叠。

如果将一个网段划分为多个子网，这些子网的地址空间不能重叠。

将 192.168.0.0/24 划分成三个子网，子网 A 192.168.0.0/25，子网 C 192.168.0.64/26 和子网 B 192.168.0.128/25，子网 A 和子网 C 地址重叠了，如图 4-53 所示。

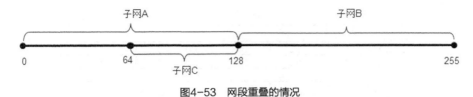

图4-53　网段重叠的情况

4.6　超网

前面讲的子网划分，就将一个网络的主机位当作网络位，来划分出多个子网，也可以将多个网段合并成一个大的网段，合并后的网段称为超网，下面就给大家讲解合并网段的方法。

4.6.1　合并网段

如图 4-54 所示，某企业有一个网段，该网段有 200 台计算机，使用子网掩码为 255.255.255.0 的网段 192.168.0.0，后来计算机数量增加到 400 台。

合并网段

在该网络中添加交换机，可以扩展该网络的规模，一个 C 类 IP 地址不够用，再添加一个 C 类地址 192.168.1.0，子网掩码为 255.255.255.0。这些计算机在物理上属于一个网段，但是 IP 地址并没在一个网段，即逻辑上不在一个网段。如果想让这些计算机能够通信，可以在路由器的接口添加这两个 C 类网络的地址作为这两个子网的网关。

在这种情况下，计算机 A 到计算机 B 的通信，必须通过路由器转发，如图 4-54 所示。本来这两个子网中的计算机在物理上属于一个网段，进行通信还需要路由器转发，虽然效率不高。

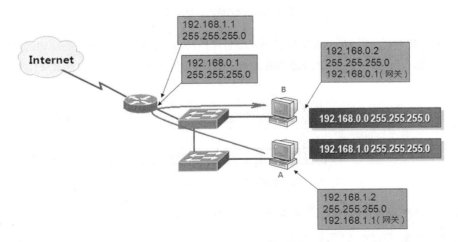

图4-54　两个网段的地址

有没有更好的办法，让这两个 C 类网段的计算机在逻辑上也被认为在一个网段？

如图 4-55 所示，将 192.168.0.0 和 192.168.1.0 两个 C 类网络合并。将 IP 地址第 3 部分和第 4 部分

写成二进制，可以看到将子网掩码 192.168.1.0 的二进制往左移动 1 位（子网掩码中的 1 减少 1 位），网络部分就一样了，这两个网段就在一个网段了。

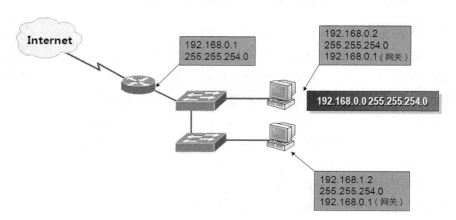

图4-55　合并两个网段

合并后的网段为 192.168.0.0/23，子网掩码写成十进制为 255.255.254.0，可用地址范围为 192.168.0.1～192.168.1.254，网络中计算机的 IP 地址和路由器接口的地址配置，如图 4-56 所示。

图4-56　合并后的地址配置

合并之后，IP 地址 192.168.0.255/23 就可以给计算机使用了。看着该地址的主机位好像全部是 1，不能给计算机使用，但是把这个 IP 地址的第 3 部分和第 4 部分写成二进制就会看出来其主机位不全为 1，如图 4-57 所示。

图4-57　合并后这个地址可以给主机使用

规律：子网掩码往左移1位，能够合并两个连续的网段。

4.6.2　并非连续的网段都能合并

前面讲了子网掩码往左移动 1 位，能够合并两个连续的网段，但不是任何两个连续的网段都能够通过子网掩码向左移动 1 位合并成 1 个网段。

例如，192.168.1.0/24 和 192.168.2.0/24 就不能通过子网掩码向左移动 1 位将两

并非连续的网段都能合并

个网段合并成一个网段。将这两个网段的子网掩码的第 3 部分和第 4 部分写成二进制能够看出来，子网掩码向左移动 1 位，网络部分不相同，说明不能合并成一个网段，如图 4-58 所示。

图4-58　子网掩码左移1位不能合并这两个网段

要想合并成一个网段，子网掩码就要向左移动两位。如果移动两位其实就是合并了 4 个网段，如图 4-59 所示。

图4-59　合并4个网段

4.6.3　合并网段的规律

下面深入讲解合并网段的规律。

1. 判断两个子网能否合并

如图 4-60 所示，192.168.0.0/24 和 192.168.1.0/24 的子网掩码往左移 1 位，可以合并为一个网段 192.168.0.0/23。

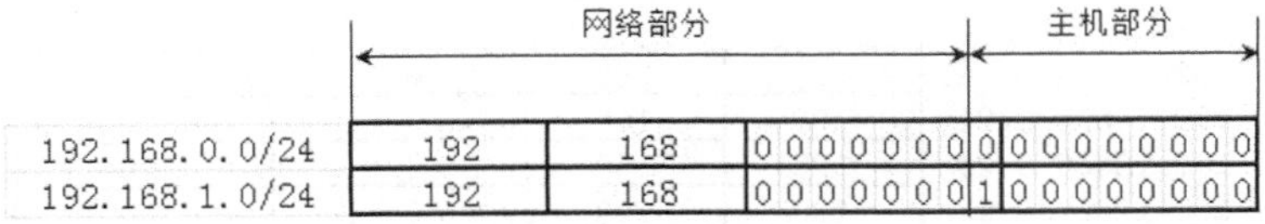

判断两个子网是否能够合并

图4-60　合并两个网段（1）

如图 4-61 所示，192.168.2.0/24 和 192.168.3.0/24 的子网掩码往左移 1 位，可以合并为一个网段 192.168.2.0 /23。

图4-61　合并两个网段（2）

可以看出规律，合并两个连续的网段，第一个网段的网络部分写成二进制，最后一位是 0，这两个网段就能合并。由 4.1.2 小节所讲的规律可知，只要一个数能够被 2 整除，写成二进制后最后一位肯定是 0。

结论：只要连续的2个网段的第一个网段的网络部分能被2整除，就能够通过左移1位子网掩码合并成一个网段。

网段 131.107.31.0/24 和 131.107.32.0/24 是否能够通过左移 1 位子网掩码合并成一个网段?

网段 131.107.32.0/24 和 131.107.33.0/24 是否能够通过左移 1 位子网掩码合并成一个网页?

根据上面的结论：31 除以 2 余 1，所以 131.107.31.0/24 和 131.107.32.0/24 不能通过左移 1 位子网掩码合并成一个网段。

32 除 2 余 0，所以 131.107.32.0/24 和 131.107.33.0/24 能通过左移 1 位子网掩码合并成一个网段。

2. **判断 4 个网段是否能够合并**

如图 4-62 所示，合并 192.168.0.0/24、192.168.1.0/24、192.168.2.0/24 和 192.168.3.0/24 这 4 个子网，子网掩码需要向左移动两位。

	网络部分				主机部分
192.168.0.0	192	168	000000	00	00000000
192.168.1.0	192	168	000000	01	00000000
192.168.2.0	192	168	000000	10	00000000
192.168.3.0	192	168	000000	11	00000000
子网掩码	11111111	11111111	111111	00	00000000
子网掩码	255	255	252		0

图4-62 合并4个网段的规律（1）

如图 4-63 所示，合并 192.168.4.0/24、192.168.5.0/24、192.168.6.0/24 和 192.168.7.0/24 这 4 个子网，子网掩码需要向左移动 2 位。

	网络部分				主机部分
192.168.4.0/24	192	168	000001	00	00000000
192.168.5.0/24	192	168	000001	01	00000000
192.168.6.0/24	192	168	000001	10	00000000
192.168.7.0/24	192	168	000001	11	00000000
子网掩码	11111111	11111111	111111	00	00000000
子网掩码	255	255	252		0

图4-63 合并4个网段的规律（2）

规律：要合并4个连续的网段，只要第一个网段的网络部分写成二进制后后面两位是00，这4个网段就能合并，根据4.1.2小节讲到的二进制数的规律，只要一个数能够被4整除，写成二进制后最后两位肯定是00。

结论：判断连续的4个网段是否能够合并，只要第一个网段的网络部分能被4整除，就能够通过左移2位子网掩码将这4个网段合并。

判断 131.107.232.0/24、131.107.233.0/24、131.107.234.0/24 和 131.107.235.0/24 这 4 个网段是否能够通过左移 2 位子网掩码合并成一个网段。

第一个网段的网络部分 232 除以 4 余 0，所以这 4 个网段能够合并。

判断 131.107.233.0/24、131.107.234.0/24、131.107.235.0/24 和 131.107.236.0/24 这 4 个网段是否能够左移 2 位子网掩码合并成一个网段。

第一个网段的网络号 233 除以 4 余 1，这 4 个网段不能够合并。

结论：依次类推，要想判断连续的8个网段是否能够合并，只要第一个网段号能被8整除，这8个连续的网段就能够通过左移3位子网掩码合并。

4.6.4　左移位数与合并网段的关系

图 4-64 所示合并网段的规律是子网掩码左移 1 位能够合并两个网段，左移 2 位能够合并 4 个网段，左移 3 位能够合并 8 个网段。

合并网段的规律

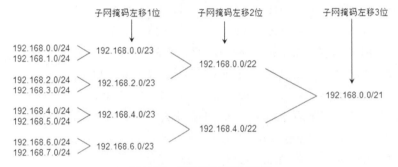

图4-64　子网合并网段的规律

规律：子网掩码左移n位，合并的网络数量是2^n。

4.6.5　超网和子网的区分

通过左移子网掩码可以合并多个网段，右移子网掩码可以将一个网段划分成多个子网，使 IP 地址打破了传统的 A 类、B 类、C 类的界限。

超网和子网的区分

判断一个网段到底是子网还是超网，就要看该网段是 A 类网络、B 类网络，还是 C 类网络，默认的 A 类网络的子网掩码是/8，B 类子网掩码是/16，C 类子网掩码是/24。如果该网段的子网掩码比默认的子网掩码长，就是子网，如果该网段的子网掩码比默认的子网掩码短，则是超网。

网络 12.3.0.0/16 是 A 类网络还是 C 类网络呢，是超网还是子网呢？

IP 地址的第一部分是 12，说明这是一个 A 类网络；A 类地址默认的子网掩码是/8，该网络的子网掩码是/16，比默认的子网掩码长，所以说这是一个 A 类网络的子网。

网络 222.3.0.0/16 是 C 类网络还是 B 类网络呢，是超网还是子网呢？

IP 地址的第一部分是 222，这是一个 C 类网络；C 类地址默认的子网掩码是/24，该网络的子网掩码是/16，比默认的子网掩码短，所示说这是一个合并了 222.3.0.0/24～222.3.255.0/24 这 256 个 C 类网络的超网。

习　题

1. 根据图4-65所示的网络拓扑和网络中的主机数量，将相应的IP地址拖曳到相应的位置。

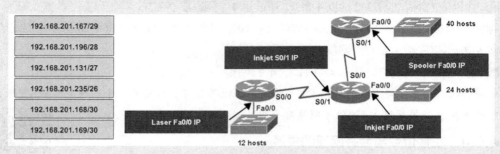

图4-65　网络拓扑（1）

2. 以下_____地址属于115.64.4.0/22网段。（3个答案）

    A. 115.64.8.32　　　　　B. 115.64.7.64　　　　　C. 115.64.6.255

    D. 115.64.3.255　　　　　E. 115.64.5.128　　　　　F. 115.64.12.128

3. _____子网被包含在172.31.80.0/20网络。（两个答案）

    A. 172.31.17.4/30　　　　B. 172.31.51.16/30　　　C. 172.31.64.0/18

    D. 172.31.80.0/22　　　　E. 172.31.92.0/22　　　　F. 172.31.192.0/18

4. 某公司设计网络，需要300个子网，每个子网的数量最多为50个主机，将一个B类网络进行子网划分，下面_____子网掩码可以使用。（两个答案）

    A. 255.255.255.0　　　　B. 255.255.255.128　　　C. 255.255.252.0

    D. 255.255.255.224　　　E. 255.255.255.192　　　F. 255.255.248.0

5. 网段172.25.0.0被分成8个等长子网，下面_____地址属于第3个子网。（3个答案）

    A. 172.25.78.243　　　　B. 172.25.98.16　　　　C. 172.25.72.0

    D. 172.25.94.255　　　　E. 172.25.96.17　　　　F. 172.25.100.16

6. 根据图4-66所示，以下_____网段能够指派给网络A和链路A。（两个答案）

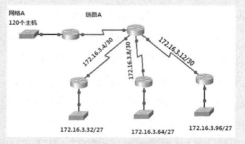

图4-66　网络拓扑（2）

    A. 网络A—172.16.3.48/26　　　　　　　B. 网络A—172.16.3.128/25

    C. 网络A—172.16.3.192/26　　　　　　D. 链路A—172.16.3.0/30

  E.　链路A—172.16.3.40/30   F.　链路A—172.16.3.112/30

 7.　IP地址中的网络部分用来识别_____。

  A.　路由器   B.　主机   C.　网卡   D.　网段

 8.　以下网络地址中属于私网地址的是_____。

  A.　192.178.32.0   B.　128.168.32.0 C.　172.15.32.0 D.　192.168.32.0

 9.　网络122.21.136.0/22中最多可用的主机地址是_____。

  A.　1024   B.　1023   C.　1022   D.　1000

 10.　主机地址192.15.2.160所在的网络是_____。

  A.　192.15.2.64/26 B.　192.15.2.128/26 C.　192.15.2.96/26 D.　192.15.2.192/26

 11.　某公司的网络地址为192.168.1.0，要划分成5个子网，每个子网最多20台主机，则适用的子网掩码是_____。

  A.　255.255.255.192 B.　255.255.255.240 C.　255.255.255.224 D.　255.255.255.248

 12.　某端口的IP地址为202.16.7.131/26，则该IP地址所在网络的广播地址是_____。

  A.　202.16.7.255   B.　202.16.7.129 C.　202.16.7.191 D.　202.16.7.252

 13.　在IPv4中，多播地址是_____地址。

  A.　A类   B.　B类   C.　C类   D.　D类

05 第 5 章 静态路由和动态路由

本章内容

- IP 路由——网络层的功能
- 实战：配置静态路由
- 路由汇总
- 默认路由
- 动态路由和 RIP
- 实战：在路由器上配置 RIP

互联网中的路由器根据路由表为不同网段通信的计算机转发数据包。本章将讲解网络层的功能、网络畅通的条件、给路由器配置静态路由和动态路由，以及排查网络故障的思路。

本章首先讲解网络层的功能、网络畅通的条件、对路由器配置静态路由、控制数据包从一个网段到另一个网段的路径、使用路由汇总和默认路由简化路由表。

接着讲解排除网络故障的方法，使用 ping 命令测试网络是否畅通，使用 pathping 和 tracert 命令跟踪数据包的路径。

然后讲解 Windows 系统中的路由表，对 Windows 系统添加路由。

最后重点讲解动态路由协议中的路由信息协议（Routing Information Protocol，RIP）的特点及应用场景。

5.1 IP路由——网络层的功能

网络层的功能是向传输层提供简单灵活的、无连接的、尽最大努力交付的数据包服务，如图 5-1 所示。网络中通信的两个计算机，在通信之前不需要先建立连接，网络中的路由器为每个数据包单独选择转发路径。网络层不提供服务质量的承诺，即路由器直接丢弃传输过程中出错的数据包，或者网络中待转发的数据包太多，路由器处理不了就直接丢弃。路由器不判断数据包是否重复，也不确保数据包按发送顺序到达终点。

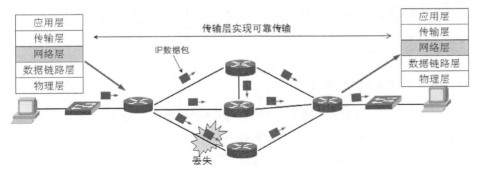

图5-1　网络层的功能

本章讲解如何通过配置路由来实现网络层功能，即给路由器配置静态路由和动态路由。

路由就是路由器从一个网段到另外一个网段转发数据包的过程，即数据包通过路由器转发，这是数据路由。私网地址通过网络地址转换（NAT）将数据报发送到 Internet，也叫路由，只不过在路由过程中修改了数据包的源 IP 地址和源端口。

5.1.1　网络畅通的条件

数据包能去能回是计算机网络畅通的条件，同时也是排除网络故障的理论依据。

网络畅通的条件

如图 5-2 所示，网络中的计算机 A 要想实现和计算机 B 通信，沿途的所有路由器必须有到达 192.168.1.0/24 网段的路由，而计算机 B 给计算机 A 返回数据包，途经的所有路由器必须有到达 192.168.0.0/24 网段的路由。

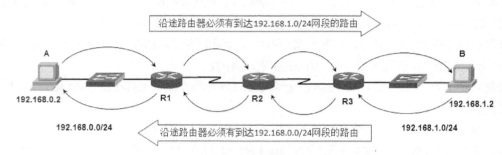

图5-2 网络畅通的条件

在计算机 A 上使用命令 ping 192.168.1.2 测试，如果沿途的任何一个路由器缺少到达 192.168.1.0/24 网段的路由，该路由器都将返回计算机数据包，提示目标主机不可到达，如图 5-3 所示。

如果数据包能够到达目标地址，但是沿途的任何一个路由器缺少到达网络 192.168.0.0/24 的路由，这就意味着从计算机 B 返回的数据包不能到达计算机 A，将在计算机 A 上显示请求超时，如图 5-4 所示。

图5-3 目标主机不可到达　　　　　　　　　　图5-4 请求超时

基于以上原理，网络排错就变得简单了。如果网络不通，就要检查计算机是否配置了正确的 IP 地址、子网掩码及网关，逐一检查沿途路由器上的路由表，查看是否有到达目标网络的路由；然后逐一检查沿途路由器上的路由表，检查是否有数据包返回所需的路由。

路由器如何知道网络中有哪些网段，以及到这些网段后下一跳应该转发给哪个地址呢？在每个路由器上都有一个路由表，路由表记录了到各个网段的下一跳该转发给哪个地址。

路由器用两种方式构建路由表：一种方式是管理员在每个路由器上添加到各个网络的路由，这就是静态路由，适合规模较小的网络或网络不怎么变化的情况；另一种方式是配置路由器使用路由协议（RIP、EIGRP 或 OSPF）自动构建路由表，这就是动态路由。动态路由适合规模较大的网络，能够针对网络的变化自动选择最佳路径。

5.1.2 静态路由

全网通信（网络中的任意两个节点都能通信）要求每个路由器的路由表中都必须有到达所有网段的路由。路由器只知道自己直连的网段；管理员需要人工添加没有直连的网段到这些网段的路由。

静态路由

如图 5-5 所示，网络中有 A、B、C、D 4 个网段，计算机和路由器接口的 IP 地址已在上面标出，网络中的这 3 个路由器 R1、R2 和 R3 如何添加路由，才能使得全网畅通呢？

R1 路由器直连 A、B 两个网段，没有直连 C、D 网段，需要添加到 C、D 网段的路由。

R2 路由器直连 B、C 两个网段，没有直连 A、D 网段，需要添加到 A、D 网段的路由。

R3 路由器直连 C、D 两个网段，没有直连 A、B 网段，需要添加到 A、B 网段的路由。

以思科公司的路由器为例，添加路由的方法为：进入全局配置模式，在 R1(config)#后输入命令 ip route 添加静态路由（命令后面是目标网络、子网掩码及下一跳的 IP 地址），如图 5-5 所示。

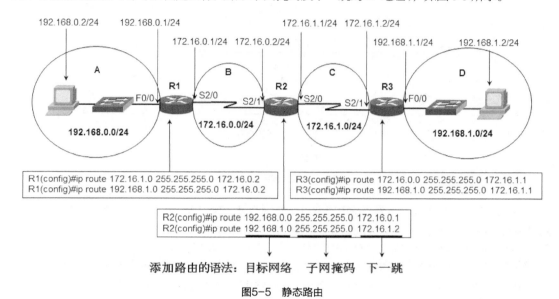

图5-5　静态路由

这里一定要正确理解"下一跳"，在 R1 路由器上添加到子网掩码为 255.255.255.0 的 192.168.1.0 网段的路由，下一跳写的是 R2 路由器的 S2/1 接口的地址，而不是 R3 路由器的 S2/1 接口的地址。

如果转发到目标网络经过一个点到点链路，添加路由还有另外一种格式，下一跳地址可以写成到目标网络的出口，比如在 R2 路由器上添加到子网掩码为 255.255.255.0 的 192.168.1.0 网段的路由可以写成图 5-6 的格式。注意，后面的 serial 2/0 是路由器 R2 的接口，这就是告诉路由器 R2，到子网掩码为 255.255.255.0 的 192.168.1.0 网段是由 serial 2/0 接口发送出去的。

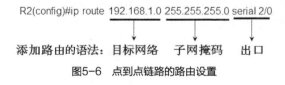

图5-6　点到点链路的路由设置

如图 5-7 所示，如果路由器之间是以太网连接，添加路由时最好写下一跳的地址。以太网中可以连接多个计算机或路由器，如果添加路由的下一跳不写地址，就无法判断下一跳应该由哪个设备接收，而点到点链路就不存在这个问题。

路由器只关心到某个网段如何转发数据包，因此在路由器上添加路由，必须是到某个网段的路由，不能添加到某个特定地址的路由。添加到某个网段的路由，一定要确保 IP 地址的主机位全是 0。

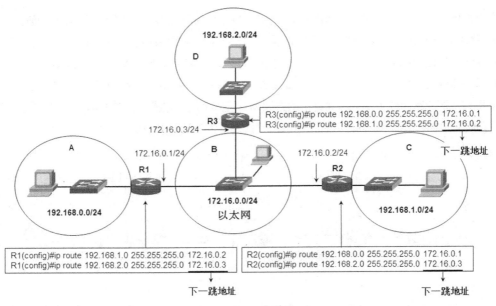

图5-7　以太网的路由设置

比如运行下面命令时，提示添加路由报错了，是因为 IP 地址 192.168.1.3 和子网掩码 255.255.255.0 不是网络，而是子网掩码为 255.255.255.0 的网段 192.168.1.0 中的一个 IP 地址。

```
R1(config)#ip route 192.168.1.3 255.255.255.0 172.16.0.2
%Inconsistent address and mask                          --错误的地址和子网掩码
```

如果想让路由器转发到一个 IP 地址的路由（主机路由），子网掩码要写成 4 个 255，这就意味着 IP 地址的 32 位二进制是全部的网络位。

```
R1(config)#ip route 192.168.1.3 255.255.255.255 172.16.0.2
```

5.2　实战：配置静态路由

5.2.1　配置静态路由

以下实验使用思科的 Packet Tracer 6.2 软件实现。

如图 5-8 所示，该网络中有 5 个网段，网络中的计算机和路由器都配置好了 IP 地址，现在需要在路由器上添加路由，实现这 5 个网段的互联互通。

配置静态路由

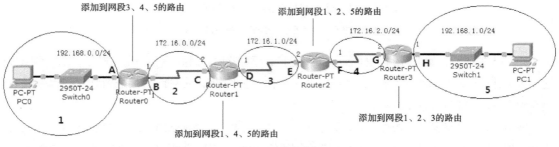

图5-8　静态路由

要想实现整个网络的互联互通，网络中的每个路由器必须有到所有网段的路由。路由器直接连接的网络，不必再添加到这些网络的路由表。只需在路由器上添加那些没有直连的网段的路由。

如图 5-8 所示，路由器 Router0 连着网段 1 和 2，只需在 Router0 上添加到网段 3、4、5 的路由，路由器 Router1 连接网段 2 和 3，需在 Router1 上添加网段 1、4、5 的路由；路由器 Router2 连接网段 3 和 4，只需在 Router2 上添加网段 1、2、5 的路由；路由器 Router3 连接着网络网段 4 和 5，只需在 Router3 上添加网段 1、2、3 的路由。

在这 4 个路由器上添加路由表的过程如下。

（1）Router0 上的配置：告诉 Router0 到网段 3、4、5 的下一跳是地址 C。

```
Router0>enable  --进入特权模式
Router0#show ip route          --查看路由表
Codes: C - connected, S - static, I - IGRP, R - RIP, M - mobile, B - BGP
      D - EIGRP, EX - EIGRP external, O - OSPF, IA - OSPF inter area
      N1 - OSPF NSSA external type 1, N2 - OSPF NSSA external type 2
      E1 - OSPF external type 1, E2 - OSPF external type 2, E - EGP
      i - IS-IS, L1 - IS-IS level-1, L2 - IS-IS level-2, ia - IS-IS inter area
      * - candidate default, U - per-user static route, o - ODR
      P - periodic downloaded static route
Gateway of last resort is not set
    172.16.0.0/24 is subnetted, 1 subnets
C    172.16.0.0 is directly connected, Serial2/0
C    192.168.0.0/24 is directly connected, FastEthernet0/0
```

--到直连的网络的路由，前面的 C 代表的是直连网络。

```
Router0#config t          --进入全局配置模式
Router0 (config)#ip route 172.16.1.0 255.255.255.0 172.16.0.2
                --添加到 172.16.1.0/24 网段的路由，172.16.0.2 是下一跳的地址
Router0 (config)#ip route 172.16.2.0 255.255.255.0 172.16.0.2
                --添加到 172.16.2.0/24 网段的路由，172.16.0.2 是下一跳的地址
Router0 (config)#ip route 192.168.1.0 255.255.255.0 172.16.0.2
                --添加到 192.168.1.0/24 网段的路由，172.16.0.2 是下一跳的地址
```

添加到 172.16.1.0/24、172.16.2.0/24 和 192.168.1.0/24 网段的路由，下一跳地址都是 172.16.0.2。

```
Router0 (config) #^Z                    --按 Ctrl+Z 组合键退回到特权模式
Router0#show ip route                   --查看路由表
Gateway of last resort is not set
172.16.0.0/24 is subnetted, 3 subnets          --172.16.0.0/24 被划分成 3 个子网
C    172.16.0.0 is directly connected, Serial2/0
S    172.16.1.0 [1/0] via 172.16.0.2      --添加的静态路由，前面的 S 代表是静态路由
S    172.16.2.0 [1/0] via 172.16.0.2
C    192.168.0.0/24 is directly connected, FastEthernet0/0
S    192.168.1.0/24 [1/0] via 172.16.0.2
```

可以看到路由表上有到 5 个网段的路由，也就是该路由器知道了到网络中各个网段如何转发数据包。

```
Router0#copy running-config startup-config              --保存配置
```

（2）Router1 上的配置：告诉 Router1 到达网段 1 的下一跳是地址 B，到达网段 4 和 5 的下一跳是地址 E。

```
Router1>en
Router1#config t
```

```
Router1 (config) #ip route 192.168.0.0 255.255.255.0 172.16.0.1
Router1 (config) #ip route 172.16.2.0 255.255.255.0 172.16.1.2
Router1 (config) #ip route 192.168.1.0 255.255.255.0 172.16.1.2
Router1 (config) #^Z
Router1#show ip route
Router1#copy running-config startup-config
```

路由表中显示 5 条路由，完成配置。

（3）Router2 上的配置：告诉 Router2 到达网段 1 和 2 的下一跳是地址 D，到达网段 5 的下一跳是地址 G。

```
Router2>en
Router2#config t
Router2 (config) #ip route 192.168.0.0 255.255.255.0 172.16.1.1
Router2 (config) #ip route 172.16.0.0 255.255.255.0 172.16.1.1
Router2 (config) #ip route 192.168.1.0 255.255.255.0 172.16.2.2
Router2 (config) #^Z
Router2#show ip route
Router2#copy running-config startup-config
```

（4）Router3 上的配置：告诉 Router3 到达网段 1、2、3 的下一跳是地址 F。

```
Router3>en
Router3#config t
Router3 (config) #ip route 192.168.0.0 255.255.255.0 172.16.2.1
Router3 (config) #ip route 172.16.0.0 255.255.255.0 172.16.2.1
Router3 (config) #ip route 172.16.1.0 255.255.255.0 172.16.2.1
Router3 (config) #^Z
Router3#copy running-config startup-config
Router3#ping 192.168.0.2                        --在路由器上测试到 PC0 是否通
Type escape sequence to abort.
Sending 5, 100-byte ICMP Echos to 192.168.0.2, timeout is 2 seconds:
.!!!!                     --第一个是"."表示数据包延迟大，后面的 4 个"!"代表网络通
Success rate is 80 percent (4/5), round-trip min/avg/max = 15/19/25 ms
Router3#traceroute 192.168.0.2           --使用 traceroute 命令跟踪数据包的路径
Type escape sequence to abort.
Tracing the route to 192.168.0.2
  1   172.16.2.1      4 msec    3 msec    6 msec
  2   172.16.1.1      2 msec    4 msec    3 msec
  3   172.16.0.1      6 msec    9 msec    5 msec
  4   192.168.0.2    19 msec   16 msec   33 msec
```

（5）在 PC0 上使用 ping 命令测试到 PC1 是否通，使用 tracert 命令跟踪数据包路径。

```
PC>ping 192.168.1.2                            --测试到 PC1 网络是否通
Pinging 192.168.1.2 with 32 bytes of data:
Reply from 192.168.1.2: bytes=32 time=22ms TTL=124   --从目标地址返回数据包
Reply from 192.168.1.2: bytes=32 time=27ms TTL=124
Reply from 192.168.1.2: bytes=32 time=22ms TTL=124
Reply from 192.168.1.2: bytes=32 time=20ms TTL=124
Ping statistics for 192.168.1.2:
Packets: Sent = 4, Received = 4, Lost = 0 (0% loss), --发送了 4 个，接收了 4 个
Approximate round trip times in milli-seconds:
Minimum = 20ms, Maximum = 27ms, Average = 22ms  --最大延迟最小延迟，平均延迟
```

```
PC>tracert 192.168.1.2            --跟踪数据包路径，返回沿途的经过的路由器的地址
Tracing route to 192.168.1.2 over a maximum of 30 hops:
  1   5 ms    7 ms    6 ms        192.168.0.1     --192.168.0.1 是 Router0 的接口地址 B
  2   14 ms   7 ms    19 ms       172.16.0.2        --172.16.0.2 是 Router1 的接口地址 C
  3   14 ms   33 ms   12 ms       172.16.1.2        --172.16.1.2 是 Router2 的接口地址 E
  4   23 ms   21 ms   37 ms       172.16.2.2        --172.16.2.2 是 Router3 的接口地址 G
  5   33 ms   18 ms   29 ms       192.168.1.2
Trace complete.
PC>ping 172.16.2.2              --测试到路由器 Router3 接口是否通
```

结论：通过在路由器上添加路由表，每个路由器上都有到5个网段的路由。因此计算机PC0和PC1可以和网络中的任何路由器的任何一个接口通信。

5.2.2 删除静态路由

删除静态路由

下面将演示"目标主机不可到达"和"请求超时"两种情况是如何产生的。

如图 5-9 所示，删除 Router2 到达 192.168.1.0/24 网段的路由，然后使用 ping 命令在 PC0 端测试到 PC1 是否能够连通；在 Router2 上删除到达 192.168.0.0/24 网段的路由，然后再次使用 ping 命令在 PC0 测试到 PC1 是否能够连通。

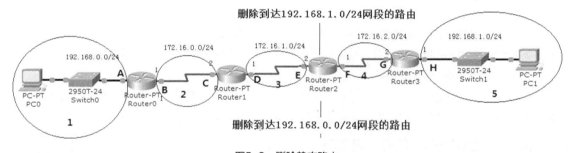

图5-9　删除静态路由

1. 目标主机不可到达

（1）在 Router2 上删除到达 192.168.1.0/24 网段的路由。

```
Router2 (config) #no ip route  192.168.1.0 255.255.255.0
                                    --删除路由不需要指明下一跳
```

（2）在 PC0 上使用 ping 命令测试到 PC1 是否能够连通。

```
PC>ping 192.168.1.2
Pinging 68.1.2 with 32 bytes of data:
Reply from 172.16.1.2: Destination host unreachable.
Reply from 172.16.1.2: Destination host unreachable.
Reply from 172.16.1.2: Destination host unreachable.
Reply from 172.16.1.2: Destination host unreachable.
Ping statistics for 192.168.1.2:
   Packets: Sent = 4, Received = 0, Lost = 4 (100% loss)
```

从 Router2 的接口返回，目标主机不可到达。

2. 请求超时

（1）在 Router2 上添加到 192.168.1.0/24 网段的路由。

```
Router2 (config) #ip route 192.168.1.0 255.255.255.0 172.16.2.2
                                           --添加路由
Router2 (192.1config) #no ip route 192.168.0.0 255.255.255.0
                                           --删除到达 192.168.0.0/24 网段的路由
```

（2）在 PC0 上使用 ping 命令测试到 PC1 是否能够连通。

```
PC>ping 192.168.1.2
Pinging 192.168.1.2 with 32 bytes of data:
Request timed out.
Request timed out.
Request timed out.
Request timed out.
Ping statistics for 192.168.1.2:
    Packets: Sent = 4, Received = 0, Lost = 4 (100% loss)
```

请求超时，这是因为数据包没有返回。

并不是所有的"请求超时"都是路由器的路由表造成的，其他原因也可以导致请求超时，比如对方的计算机启用防火墙，或对方的计算机关机，这些情况都会导致请求超时。

5.3 路由汇总

Internet 是全球最大的互联网，如果 Internet 上的路由器把全球所有的网段都添加到路由表，那将是一个非常庞大的路由表。路由器每转发一个数据包，都要检查路由表为该数据包选择转发接口，庞大的路由表势必会增加处理时延。

如果将物理位置连续的网络分配地址连续的网段，就可以在边界路由器上将远程的网段合并成一条路由，这就是路由汇总。路由汇总能够大大减少路由器上的路由表条目。

5.3.1 通过路由汇总简化路由表

将物理位置连续的网络分配地址连续的网段，就可以在边界路由器上将远程的网络合并成一条路由，这就是路由汇总。下面以实例来说明如何实现路由汇总，如图 5-10 所示。

通过路由汇总简化路由表

比如北京市的网络就可以认为是物理位置连续的网络，为北京市的网络分配连续的网段 192.168.0.0/24、192.168.1.0/24、…、192.168.255.0/24。

石家庄市的网络也可以认为是物理位置连续的网络，为石家庄市的网络分配连续的网段 172.16.0.0/24、172.16.1.0/24、…、172.16.255.0/24。

连接北京市网络和石家庄市网络的路由器 R1 和 R2 是边界路由器。将北京市的边界路由器 R1 添加到石家庄市全部网段的路由，如果每个网段都添加一条路由，需要添加 256 条路由；将石家庄市的边界路由器 R2 添加到北京市全部网络的路由。如果每个网段都添加一条路由，也需要添加 256 条路由。

石家庄市的这些子网 172.16.0.0/24、172.16.1.0/24、…、172.16.255.0/24 都属于 172.16.0.0/16 这个网段，这个网段包括了全部以 172.16 开始的网段。因此在北京市的所有路由器上添加一条到 172.16.0.0/16 这个网段的路由即可。

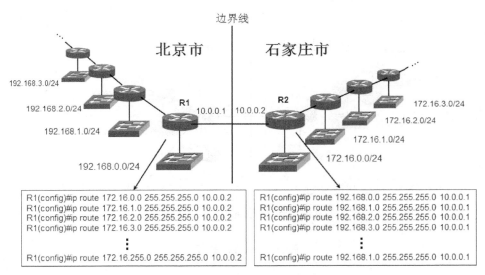

图5-10　地址规划

北京市的这些网段 192.168.0.0/24、192.168.1.0/24、192.168.2.0/24、…、192.168.255.0/24 也可以合并成一个网段 192.168.0.0/16，（这时候你一定要能够想起上一章讲到的使用超网合并网段，192.168.0.0/16 就是一个超网，子网掩码前移了 8 位二进制，合并了 256 个 C 类网络），这个网段是包括了全部以 192.168 开始的网段。因此在石家庄市的所有路由器上添加一条到 192.168.0.0/16 这个网段的路由即可。

路由汇总后边界路由器上的路由，如图 5-11 所示，汇总后路由表大大精简。

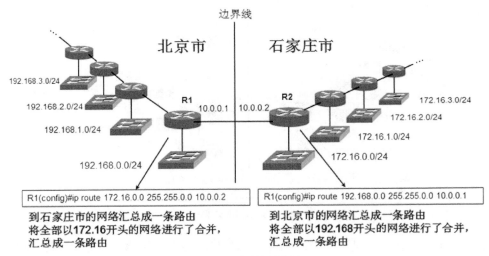

图5-11　路由汇总（1）

进一步，如果石家庄市的网络，使用 172.0.0.0/16、172.1.0.0/26、…、172.255.0.0/16 这些网段，总之，凡是以 172 开头的网络都在石家庄市，如图 5-12 所示。可以将这些网段，合并为一个网段 172.0.0.0/8。在北京市的路由器上只需添加一条到 172.0.0.0/8 网段的路由即可。

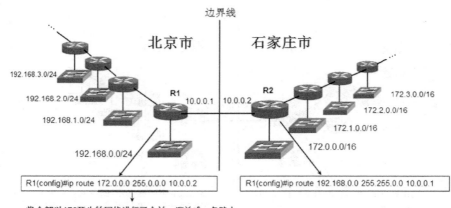

图5-12　路由汇总（2）

总结规律，添加路由时，网络位越少（子网掩码中 1 的个数越少），该路由汇总的网段越多。

5.3.2　路由汇总例外

如图 5-13 所示，在北京有个网络使用了 172.16.10.0/24 网段，后来石家庄的网络连接北京的网络，给石家庄的网络规划使用以 172.16 开头的网段，这种情况下，北京市的边界路由器 R1 还能不能把石家庄的网络汇总成一条路由呢？在北京的边界路由器 R1 上照样可以把到石家庄市的网络的路由，汇总成一条路由。但要针对例外的网段单独再添加一条路由，如图 5-13 所示。

路由汇总例外

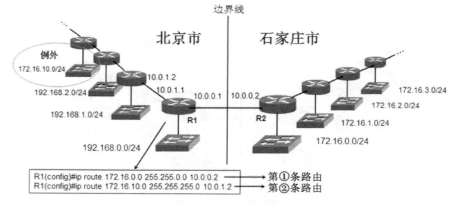

图5-13　路由汇总例外

如果路由器 R1 收到目标地址是 172.16.10.2 的数据包，应该使用哪条路由进行路径选择呢？

因为该数据包的目标地址和第①条路由、第②条路由都匹配。路由器将使用最精确匹配的那条路由来转发数据包，这就是最长前缀匹配（Longest Prefix Match）算法。它是指在 IP 中被路由器用于在路由表中进行选择的算法。之所以这样称呼它，是因为通过这种方式选定的路由也是路由表中与目标地址的高位匹配得最多的路由。

下面举例来说明什么是最长前缀匹配算法，比如在路由器上添加以下 3 条路由：

```
R1(config)#ip route 172.0.0.0 255.0.0.0 10.0.0.2          --第1条路由
R1(config)#ip route 172.16.0.0 255.255.0.0 10.0.1.2        --第2条路由
R1(config)#ip route 172.16.10.0 255.255.255.0 10.0.3.2     --第3条路由
```

路由器 R1 收到一个目标地址为 172.16.10.12 的数据包，会使用第 3 条路由转发该数据包。路由器 R1 收到一个目标地址为 172.16.7.12 的数据包，会使用第 2 条路由转发该数据包。路由器 R1 收到一个目标地址为 172.18.17.12 的数据包，会使用第 1 条路由转发该数据包。

5.3.3　无类别域间路由

无类别域间路由

以上讲述的路由汇总，为了初学者容易理解，通过将子网掩码向左移 8 位，合并了 256 网段。无类别域间路由（Classless Inter-Domain Routing，CIDR）采用 13～27 位可变网络 ID，而不是 A、B、C 类网络 ID 所用的固定的 8 位、16 位和 24 位。这样可以通过将子网掩码向左移动 1 位，合并两个网段；向左移动 2 位合并 4 个网段；向左移动 3 位合并 8 个网段；向左移动 n 位，就可以合并 2^n 个网段。

下面就举例说明 CIDR 如何将连续的子网进行合并。如图 5-14 所示，在 A 区有 4 个连续的 C 类网络，通过将子网掩码左移 2 位，可以将这 4 个 C 类网络合并到 192.168.16.0/22 网段。在 B 区有 2 个连续的子网，可以通过将子网掩码向左移 1 位，将这两个网段合并到 10.7.78.0/23 网段。

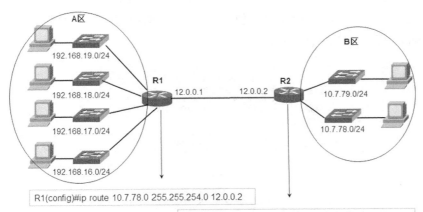

```
R1(config)#ip route 10.7.78.0 255.255.254.0 12.0.0.2
```
```
R2(config)#ip route 192.168.16.0 255.255.252.0 12.0.0.1
```

图5-14　使用CIDR简化路由表

5.4　默认路由

默认路由是一种特殊的静态路由，指的是当路由表中没有与数据包的目标地址匹配的路由时路由器能够做出的选择。如果没有默认路由，那么目标地址在路由表中没有匹配的路由的包将会被丢弃。当存在末梢网络时，默认路由会大大简化路由器的配置，提高网络性能。

5.4.1　全球最大的网段

全球最大的网段

我们在路由器上添加以下 3 条路由。

```
R1(config)#ip route 172.0.0.0 255.0.0.0 10.0.0.2       --第1条路由
R1(config)#ip route 172.16.0.0 255.255.0.0 10.0.1.2 --第2条路由
```

```
R1(config)#ip route 172.16.10.0 255.255.255.0 10.0.3.2  --第3条路由
```

从上面 3 条路由可以看出，子网掩码越短（子网掩码写成二进制形式 1 的个数越少），主机位就越多，该网段的地址数量就越大。

如果想让一个网段包括全部的 IP 地址，这就要求子网掩码短到极限，最短就是 0，子网掩码变成了 0.0.0.0，这就意味着该网段的 32 位二进制的 IP 地址都是主机位，任何一个地址都属于该网段。因此子网掩码为 0.0.0.0 的 0.0.0.0 网段包括了全球所有 IPv4 地址，也就是全球最大的网段，换一种写法就是 0.0.0.0/0。

在路由器上加到子网掩码为 0.0.0.0 的 0.0.0.0 网段的路由，就是默认路由。

```
R1(config)#ip route 0.0.0.0 0.0.0.0 10.0.0.2                    --第4条路由
```

任何一个目标地址都与默认路由匹配，根据前面讲的最长前缀匹配算法，默认路由是在路由器没有为数据包找到更为精确匹配的路由时，最后匹配的一条路由。

下面的几个小节讲解默认路由的几个经典应用场景。

5.4.2　使用默认路由作为指向Internet的路由

本案例是默认路由的一个应用场景。

使用默认路由作为指向 Internet 的路由

某公司的内网有 A、B、C 和 D 4 个路由器，有 10.1.0.0/24、10.2.0.0/24、10.3.0.0/24、10.4.0.0/24、10.5.0.0/24、10.6.0.0/24 这 6 个网段，网络拓扑和地址规划如图 5-15 所示。现在要求在这 4 个路由器上添加路由，使内网的 6 个网段之间能够相互通信，同时这 6 个网段都需要能够访问 Internet。

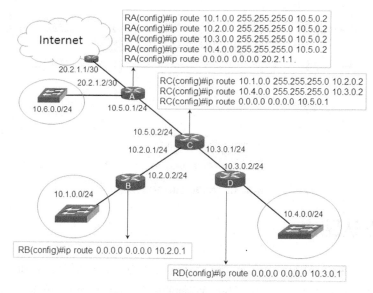

图5-15　使用默认路由简化路由表

路由器 B 和路由器 D 是网络的末端路由器，直连两个网段，到其他网络都需要转发到路由器 C，在这两个路由器上只需要一条默认路由即可。

对于路由器 C 来说，直连了 3 个网段。对于到 10.1.0.0/24、10.4.0.0/24 两个网段的路由，需要单独添加；到 Internet 或到 10.6.0.0/24 网段的数据包，都需要转发给路由器 A，因此再添加一条默认路由即可。

对于路由器 A 来说，直连了 3 个网段。对于没有直连的几个内网，需要单独添加路由；到 Internet 的访问只需添加一条默认路由即可。

如果不使用默认路由，需要将 Internet 上所有网段都一条一条地添加到内网的路由器。

其实上面的路由器 A 的路由表还可以进一步简化，如图 5-16 所示。

大家想想路由器 C 上的路由表还能简化吗？

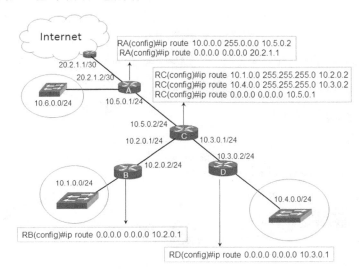

图5-16　简化路由器A上的路由

5.4.3　使用默认路由代替大多数网段的路由

在网络中的路由器上配置路由，不同的管理员可能有不同的配置。总的原则尽量使用默认路由和路由汇总精简路由器上的路由表。

如图 5-17 所示，在路由器 C 上添加路由表，有两种方案都可以使网络畅通，第 1 种方案只需添加 3 条路由，第 2 种方案需要添加 4 条路由。

使用默认路由代替大多数网段的路由

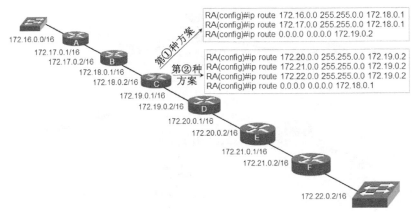

图5-17　默认路由代替大多数网络

让默认路由替代大多数网段的路由，是明智的选择。配置路由时，先要判断一下路由器哪边的网段多，针对这些网段使用一条默认路由，然后再针对其他网段添加路由。

5.4.4　默认路由和环状网络

默认路由和环状网络

如图 5-18 所示，网络中的路由器 A、B、C、D、E、F 连接成一个环，要想让整个网络畅通，只需在每个路由器添加一条默认路由指向下一个路由器地址，配置方法如图 5-18 所示。

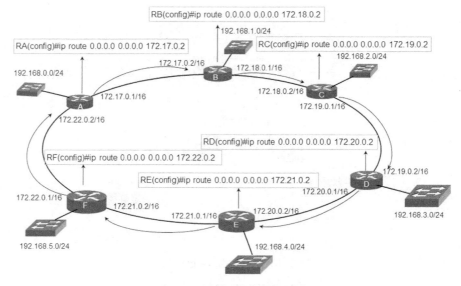

图5-18　环状网络使用默认路由

通过这种方式配置路由，网络中的数据包就沿着环路顺时针传递。以网络中计算机 A 和计算机 B 通信为例来说明。如图 5-19 所示，计算机 A 到计算机 B 的数据包要途经路由器 F→A→B→C→D→E；计算机 B 到计算机 A 的数据包，要途经路由器 E→F。可以看到数据包去目标地址的路径和返回的路径不一定是同一条路径，数据包走哪条路径，完全由路由表决定。

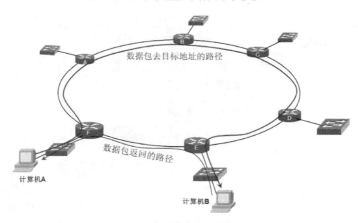

图5-19　数据包的路径

该环状网络没有 40.0.0.0/8 这个网段，如果计算机 A 使用 ping 命令测试 40.0.0.2 这个地址的连通性，会出现什么情况呢？分析一下。

所有路由器都会使用默认路由将该数据包转到下一个路由器。该数据包就会在这个环状网络中一直顺时针转发，永远也不能到达目标网络。幸好数据包的网络层首部有一个字段用来指定数据包的生存时间（Time to live，TTL），这个生存时间是一个数值，它的作用是限制 IP 数据包在计算机网络中存在的时间。TTL 的最大值是 255，推荐值是 64。

实际上 TTL 是 IP 数据包在计算机网络中可以转发的最大跳数。TTL 字段由 IP 数据包的发送者设置，在 IP 数据包从源地址到目标地址的整个转发路径上，每经过一个路由器，这个路由器都会修改 TTL 值，具体的做法是把该 TTL 的值减 1，然后将 IP 数据包转发出去。如果在 IP 数据包到达目标地址之前，TTL 减少为 0，路由器将会丢弃收到的 TTL 为 0 的 IP 数据包并向 IP 数据包的发送者发送 ICMP time exceeded 消息。

5.4.5 默认路由造成往复转发

默认路由造成往复转发

上面讲到环状网络使用默认路由，会造成数据包在这个环状网络中一直顺时针转发的情况，即便不是环状网络，使用默认路由也会造成数据包在链路上往复转发，直到数据包的 TTL 耗尽。

如图 5-20 所示，网络中有 3 个网段两个路由器，在路由器 RA 添加默认路由，下一跳指向路由器 RB，在路由器 RB 添加默认路由，下一跳指向路由器 RA，能够实现这三个网段网络畅通。

该网络中没有 40.0.0.0/8 网段。如果在计算机 A 上使用 ping 命令测试 40.0.0.2 这个地址的连通性，该数据包会转发给路由器 RA，路由器 RA 根据默认路由将该数据包转发给路由器 RB；路由器 RB 使用默认路由，转发给路由器 RA；路由器 RA 再转发给路由器 RB，直到数据包的 TTL 减为 0，路由器丢弃该数据包，并向发送者发送 ICMP time exceeded 消息。

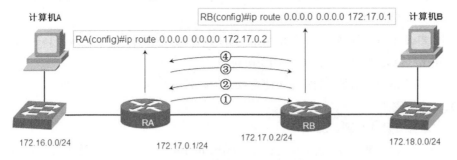

图5-20　默认路由造成往复转发

关于数据包网络层首部 TTL 字段，将在第 6 章给大家详细分析。

5.4.6 使用默认路由和路由汇总简化路由表

使用默认路由和路由汇总简化路由表

Internet 是全球最大的互联网，也是拥有全球最多网段的网络。整个 Internet 上的计算机要想实现互相通信，就要配置互联网上的路由器中的路由表。公网地址规划的得当，就可以使用默认路由和路由汇总大大简化 Internet 上的路由器中的路由表。

下面就举例说明 Internet 上的 IP 地址规划，以及网络中的路由器如何使用默认路由和路由汇总简化路由表。为了方便说明，在这里只画出了 3 个国家，如图 5-21 所示。

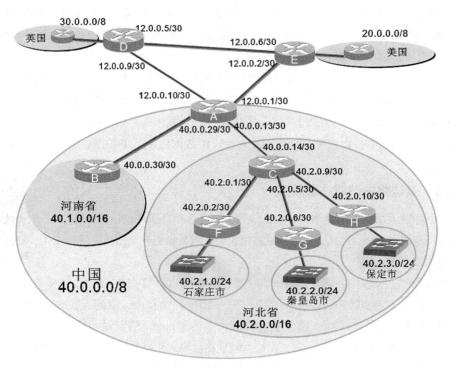

图5-21　Internet地址规划

国家级网络规划：英国使用 30.0.0.0/8 网段，美国使用 20.0.0.0/8 网段，中国使用 40.0.0.0/8 网段。一个国家分配一个大的网段，这方便路由汇总。

中国国内省级 IP 地址规划：河北省使用 40.2.0.0/16 网段，河南省使用 40.1.0.0/16 网段，其他省份使用 40.3.0.0/16、40.4.0.0/16、…、40.255.0.0/16 网段。

河北省内市级 IP 地址规划：石家庄市使用 40.2.1.0/24 网段，秦皇岛市使用 40.2.2.0/24 网段，保定市使用 40.2.3.0/24 网段。

路由汇总及默认路由如图 5-22 所示。

路由器 A、D 和 E 是中国、英国和美国的国际出口路由器。这一级别的路由器，到中国的只需添加一条子网掩码为 255.0.0.0 的 40.0.0.0 路由，到美国的只需添加一条子网掩码为 255.0.0.0 的 20.0.0.0 路由，到英国的只需添加一条子网掩码为 255.0.0.0 的 30.0.0.0 的路由。由于很好地规划了 IP 地址，可以将一个国家的网络汇总为一条路由，这一级路由器上的路由表就变得精简。

中国的国际出口路由器 A，除添加到美国和英国两个国家的路由，还需要添加到河南省、河北省以及到其他省份的路由。由于各个省份的 IP 地址也进行了很好的规划，一个省的网络可以汇总成一条路由，这一级路由器的路由表也很精简。

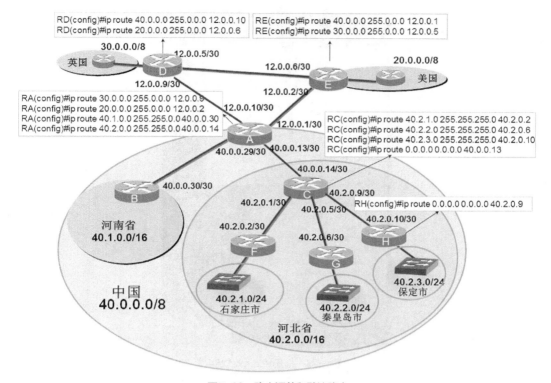

图5-22 路由汇总和默认路由

河北省的路由器 C，它的路由如何添加呢？对于路由器 C 来说，数据包除到石家庄、秦皇岛和保定地区的网络外，其他要么是出省的要么是出国的数据包，都需要转发到路由器 A。在省级路由器 C 上要添加到石家庄市、秦皇岛市或保定市的网络的路由，而到其他网络的路由使用一条默认路由指向路由器 A。这一级路由器使用默认路由，也能够使路由表变得精简。

对于网络末端的路由器 H 来说，只需添加一条默认路由指向省级路由器 C 即可。

结论：网络地址合理规划，在骨干网上的路由器可以使用路由汇总精简路由表，网络末端的路由器可以使用默认路由精简路由表。

5.4.7 Windows操作系统的默认路由和网关

以上介绍了为路由器添加静态路由。其实计算机也有路由表，可以在计算机上运行命令 route print 显示 Windows 操作系统上的路由表，也可以运行命令 netstat -r 显示 Windows 操作系统上的路由表。

Windows 操作系统的默认路由和网关

以下操作在 Windows 7 上进行。如图 5-23 所示，右键单击 cmd.exe 软件的图标，在弹出的菜单中单击"以管理员身份运行"菜单项，打开 cmd.exe 软件。如果直接打开 cmd.exe 软件，执行一些管理员才能执行的命令时会提示没有权限。

如图 5-24 所示，给计算机配置网关就是为计算机添加默认路由，网关通常是本网段路由器接口的地址。如果不配置网关，计算机将不能跨网段通信，因为它不知道其他网段下一跳去哪个方向。

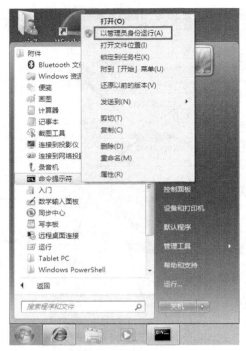

图5-23　打开cmd.exe软件

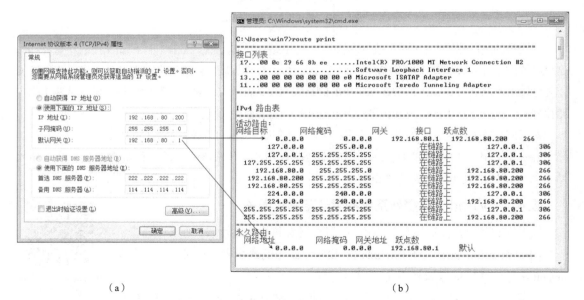

（a）　　　　　　　　　　　　　　　　　　　　（b）

图5-24　网关等于默认路由

不配置网关时，也可以使用命令 route add 添加默认路由。去掉本地连接的网关，在 cmd.exe 软件中输入命令 netstat -r 显示路由表，可以看到没有默认路由了，如图 5-25 所示。

该计算机将不能访问其他网段，使用 ping 命令测试公网地址 222.222.222.222，提示"传输失败"。

在 cmd.exe 软件中输入命令 route /?可以看到该命令的帮助。

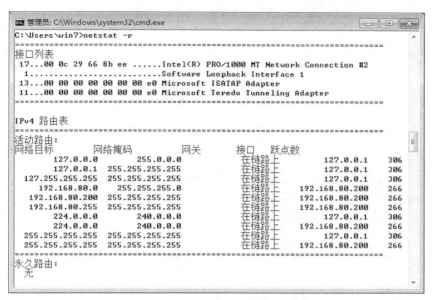

图5-25　查看路由表

```
\Users\win7>route /?
操作网络路由表。
UTE [-f] [-p] [-4|-6] command [destination]
                  [MASK netmask] [gateway] [METRIC metric]  [IF interface]
-f                清除所有网关项的路由表。如果与某个命令结合使用，在运行该命令前，应清除路由表。
-p                与 ADD 命令结合使用时，将路由设置为在系统引导期间保持不变。默认情况下，重新启动系
                  统时，不保存路由。忽略所有其他命令，这始终会影响相应的永久路由。Windows95 不支持
                  此选项。
-4                强制使用 IPv4。
-6                强制使用 IPv6。


command           其中之一：
                  PRINT       打印路由
                  ADD         添加路由
                  DELETE      删除路由
                  CHANGE      修改现有路由
destination       指定主机。
MASK              指定下一个参数为 "网络掩码" 值。
netmask           指定此路由项的子网掩码值。如果未指定，其默认设置为 255.255.255.255。
gateway           指定网关。
interface         指定路由的接口号码。
METRIC            指定跃点，到达目标的开销。
```

　　如图 5-26 所示，输入命令 route add 0.0.0.0 mask 0.0.0.0 192.168.80.1 -p 添加默认路由（-p 意味着这条路由重启计算机也生效）。

　　输入命令 route print，可以参考路由表，添加的默认路由已经出现。

　　使用命令 ping 202.99.160.68 测试结果是可以连通。

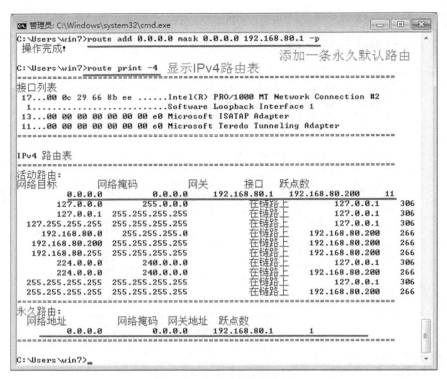

图5-26　添加永久静态路由

什么情况会给计算机添加路由呢？下面介绍一个应用场景。

如图 5-27 所示，某公司在电信机房部署了一个 Web 服务器，该 Web 服务器需要访问数据库服务器，为了安全起见，打算将数据库单独部署到一个网段（内网），该公司在电信机房又部署了一个路由器和交换机，将数据库服务器部署在内网。

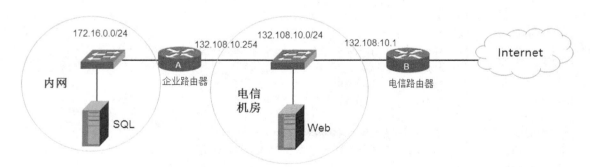

图5-27　给计算机添加路由的场景

在企业路由器上没有添加任何路由，在电信的路由器上也没有添加到内网的路由（关键是电信机房的网络管理员也不同意添加到内网的路由）。

这种情况下，需要在 Web 服务器上添加一条到 Internet 的默认路由，再添加一条到内网的路由，如图 5-28 所示。

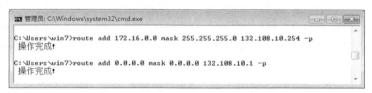

图5-28 添加静态路由

千万别在 Web 服务器上添加两条默认路由（一条指向 132.108.10.1，另一条指向 132.108.10.254），或在本地连接添加两个默认网关。如果添加两条默认路由，就相当于到 Internet 有两条等价路径，到 Internet 的一半流量会发送到企业路由器，会被企业路由器丢掉。

输入以下命令删除到子网掩码为 255.255.255.0 的 172.16.0.0 网段的路由。

```
route delete 172.16.0.0 mask 255.255.255.0
```

5.5 动态路由和RIP

5.5.1 动态路由

上面讲解的在路由器上人工添加的路由是静态路由。如果网络有变化，如增加了一个网段，需要在网络中的所有没有直连的路由器上添加新网段的路由；如果网络中某个网络改成了新的网段，需要在网络中的路由器上删除到原来网段的路由，添加新网段的路由；如果网络中的某条链路断了，静态路由依然会把数据包转发到该链路，这就造成通信故障。

动态路由和 RIP

总之，静态路由不能随网络的变化自动调整路由器的路由表，并且在网络规模比较大的情况下，手动添加路由表也是一件很麻烦的事情。有没有办法让路由器自动检测到网络中有哪些网段，自己选择到各个网段的最佳路径？有，那就是下面要讲的动态路由。

动态路由就是配置网络中的路由器运行动态路由协议，路由表项是通过相互连接的路由器之间交换彼此信息，然后按照一定的算法优化出来的，而这些路由信息是在一定时间间隙里不断更新的，以适应不断变化的网络，随时获得最优的寻径效果。

动态路由协议有以下特点。

（1）能够知道有哪些邻居路由器。

（2）能够学习到网络中有哪些网段。

（3）能够学习到到某个网段的所有路径。

（4）能够从众多的路径中选择最佳的路径。

（5）能够维护和更新路由信息。

下面来学习动态路由，也就是配置路由器使用动态路由协议来构造路由表。

5.5.2 RIP

路由信息协议（Routing Information Protocol，RIP）是一个真正的距离矢量路由选择协议。它每隔 30 秒就送出自己完整的路由表到所有激活的接口。RIP 只使用跳数来决定到达远程网络的最佳方式，并且在默认时它所允许的最大跳数为 15 跳，也就是说 16 跳的距离将被认为是不可达的。

在小型网络中，RIP 会运转良好，但是对于使用慢速 WAN 连接的大型网络或者安装有大量路由器的网络来说，它的效率就很低了。即便是网络没有变化，也是每隔 30 秒就发送路由表到所有激活的接口，占用网络带宽。

当路由器 A 出现意外故障宕机，需要由它的邻居路由器 B 将路由器 A 所连接的网段不可到达的信息通告出去。路由器 B 如何断定某个路由失效？如果路由器 B 在 180 秒内没有得到关于某个指定路由的任何更新，就认为这个路由失效。所以这个周期性更新是必需的。

RIP 版本 1（RIPv1）使用有类路由选择，即在该网络中的所有设备必须使用相同的子网掩码，这是因为 RIPv1 不发送带有子网掩码信息的更新数据，而是使用广播包通告路由信息。RIP 版本 2（RIPv2）提供了前缀路由选择的信息，并利用路由更新来传送子网掩码信息，这就是所谓的无类别路由选择，RIPv2 使用多播地址通告路由信息。

RIP 只使用跳数来决定到达某个互联网络的最佳路径。如果 RIP 发现对于同一个远程网络存在不止一条链路，并且它们又都具有相同的跳数，则路由器将自动执行循环负载均衡。RIP 可以对多达 6 个相同开销的链路实现负载均衡（默认为 4 个）。

5.5.3 RIP的工作原理

RIP 的工作原理

下面介绍一下 RIP 的工作原理。如图 5-29 所示，网络中有 A、B、C、D、E 五个路由器，路由器 A 连接 192.168.10.0/24 这个网段，为了描述方便，就以该网段为例，讲解网络中的路由器如何通过 RIP 学习到该网段的路由。

首先确保网络中的 A、B、C、D、E 这五个路由器都配置了 RIP，RIPv1 通告的路由信息不包括子网掩码信息，RIPv2 通告的路由信息包括子网掩码信息，因此 RIPv1 支持等长子网，RIPv2 支持变长子网。

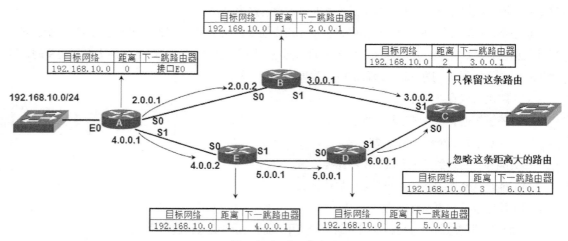

图5-29　RIP工作原理

下面以 RIPv2 版本为例讲解 RIP 工作原理。

路由器 A 的接口 E0 直接连接 192.168.10.0/24 网段，在路由器 A 上就有一条到该网段的路由，由于是直连的网段，距离是 0，下一跳路由器是接口 E0。

路由器 A 每隔 30 秒就要把自己的路由表通过多播地址通告出去，通过接口 S0 通告的数据包源地址是 2.0.0.1；路由器 B 接收路由通告后，就会把到 192.16.10.0/24 网段的路由添加到路由表，距离加 1，下一跳路由器指向 2.0.0.1。

路由器 B 每隔 30 秒会把自己的路由表通过接口 S1 通告出去，通过接口 S1 通告的数据包源地址是 3.0.0.1；路由器 C 接收到路由通告后，就会把到 192.16.10.0/24 网段的路由添加到路由表，距离再加 1 变为 2，下一跳路由器指向 3.0.0.1。这种算法称为距离矢量路由算法（Distance Vector Routing）。

同样，到 192.168.10.0/24 网段的路由，还会通过路由器 E 和路由器 D 传递到路由器 C，路由器 C 收到后，距离再加 1 变为 3。这条路由比通过路由器 B 那条路由距离大，因此路由器 C 忽略这条路由。

总之，RIP 让网络中的所有路由器都和自己相邻的路由器定期交换路由信息，并周期性更新路由表，使得从每个路由器到每个目标网络的路由都是最短的（跳数最少）。如果网络中的链路带宽都一样，按跳数最少选择出来的路径是最佳路径；反之，只考虑跳数最少，RIP 选择出来的最佳路径也许不是真正的最佳路径。

5.6 实战：在路由器上配置RIP

5.6.1 在路由器上配置RIP

以下操作使用思科公司的 Packet Tracer 6.2 软件来实现，照着图 5-30 所示的结构搭建学习 RIP 的环境。为了方便记忆，路由器以太网接口使用该网段的第一个地址；路由器及与路由器直连的链路，左侧使用相应网段的第一个地址，右侧使用该网段的第二个地址。给路由器和计算机配置 IP 地址的过程在这里不再赘述。

在路由器上配置 RIP

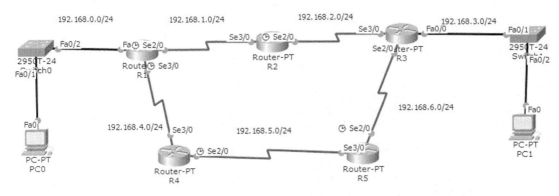

图5-30 实验环境

给网络中的全部路由器配置 RIPv2 的步骤如下。

（1）在 R1 上启用并配置 RIP，路由器 R1 连接三个网段，命令 network 后面跟这三个网段，就是告诉路由器这三个网段都参与 RIP，即路由器 R1 通过 RIP 将这三个网段通告出去，同时连接这三个网段的接口能够发送和接收 RIP 产生的路由通告数据包。

```
R1#config t
Enter configuration commands, one per line. End with CNTL/Z.
```

```
R1(config)#router rip
R1(config-router)#network 192.168.0.0
R1(config-router)#network 192.168.1.0
R1(config-router)#network 192.168.4.0
R1(config-router)#version 2
```

注释：network 命令后面的网段，是不写子网掩码的。如果是 A 类网络，子网掩码默认是 255.0.0.0；如果是 B 类网络，子网掩码默认是 255.255.0.0；如果是 C 类网络，子网掩码默认是 255.255.255.0。如图 5-31（a）所示，路由器 A 连接 3 个网段，172.16.10.0/24 和 172.16.20.0/24 是同一个 B 类网络的子网，因此 network 172.16.0.0 就包括了这两个子网。

RA 配置 RIP，network 只需要写以下两个网段，这三个网段就能参与到 RIP 中。

```
RA(config-router)#network 172.16.0.0
RA(config-router)#network 192.168.10.0
```

如图 5-31（b）所示，路由器 A 连接的 3 个网段都是 B 类网络，但不是同一个 B 类网络，因此 network 需要针对这两个不同的 B 类网络分别配置。

```
RA(config-router)#network  172.16.0.0
RA(config-router)#network  172.17.0.0
```

如果这三个网段都属于同一个网段的 B 类网络，network 只需写一个 B 类网络。

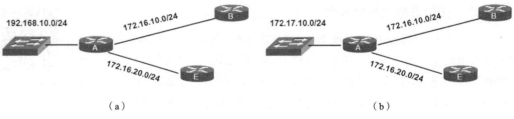

（a） （b）

图5-31 network命令示例

（2）在 R2 上启用并配置 RIP。

```
R2#config t
Enter configuration commands, one per line.  End with CNTL/Z.
R2(config)#router rip
R2(config-router)#version 2
R2(config-router)#network 192.168.1.0
R2(config-router)#network 192.168.2.0
```

（3）在 R3 上启用并配置 RIP。

```
R3#config t
Enter configuration commands, one per line.  End with CNTL/Z.
R3(config)#router rip
R3(config-router)#network 192.168.2.0
R3(config-router)#network 192.168.3.0
R3(config-router)#network 192.168.6.0
R3(config-router)#version 2
```

（4）在 R4 上启用并配置 RIP。

```
R4#config t
Enter configuration commands, one per line.  End with CNTL/Z.
R4(config)#router rip
R4(config-router)#net
```

```
R4(config-router)#network 192.168.4.0
R4(config-router)#network 192.168.5.0
R4(config-router)#version 2
```

（5）在 R5 上启用并配置 RIP。

```
R5#config t
Enter configuration commands, one per line.  End with CNTL/Z.
R5(config)#router rip
R5(config-router)#network 192.168.5.0
R5(config-router)#network 192.168.6.0
R5(config-router)#version 2
```

5.6.2　查看路由表

查看路由表

在网络中的路由器上配置 RIP，查看网络中的路由器是否通告 RIP 学到了到各个网段的路由。

下面的操作在 R3 上执行，在特权模式下输入命令 show ip route 可以查看路由表。可以看到网络中一共有 7 个网段，都出现在路由表中，到 192.168.4.0/24 网段有两条等价路由。

```
R3#show ip route
Codes: C - connected, S - static, R - RIP, M - mobile, B - BGP
       D - EIGRP, EX - EIGRP external, O - OSPF, IA - OSPF inter area
       N1 - OSPF NSSA external type 1, N2 - OSPF NSSA external type 2
       E1 - OSPF external type 1, E2 - OSPF external type 2
       i - IS-IS, su - IS-IS summary, L1 - IS-IS level-1, L2 - IS-IS level-2
       ia - IS-IS inter area, * - candidate default, U - per-user static route
       o - ODR, P - periodic downloaded static route

Gateway of last resort is not set

R    192.168.4.0/24 [120/2] via 192.168.6.1, 00:00:08, Serial2/0
                    [120/2] via 192.168.2.1, 00:00:02, Serial2/1
R    192.168.5.0/24 [120/1] via 192.168.6.1, 00:00:08, Serial2/0
C    192.168.6.0/24 is directly connected, Serial2/0
R    192.168.0.0/24 [120/2] via 192.168.2.1, 00:00:02, Serial2/1
R    192.168.1.0/24 [120/1] via 192.168.2.1, 00:00:02, Serial2/1
C    192.168.2.0/24 is directly connected, Serial2/1
C    192.168.3.0/24 is directly connected, FastEthernet0/0
```

图 5-32 所示为路由条目的详细说明。

图5-32　路由条目的详细说明

注释：管理距离是指一种路由协议的路由可信度。每一种路由协议按可靠性从高到低，依次分配一个信任等级，这个信任等级就称为管理距离（Administrative Distance，AD）。

AD 值越低，则它的优先级越高。AD 值是一个 0～255 的整数值，0 是最可信赖的，而 255 则意味着不会有业务量通过这个路由。

表 5-1 所示为默认情况下的 AD 值。

表5-1　默认情况下的AD值

协议或接口类型	AD 值
直连接口	0
静态路由	1
OSPF	110
RIP	120

路由器首先根据 AD 决定相信哪个协议，比如网络中的路由器通过 RIP 学习到到 192.168.4.0/24 网段的路由，同时管理员在这个路由器手动添加一条到 192.168.4.0/24 网段的静态路由，到该网段到底按哪条路由呢？这就要比较静态路由和 RIP 的 AD 值，哪个更小就以哪个为准。

如果只显示通过 RIP 学习到的路由，输入命令 show ip router rip 即可。

```
R3#show ip route rip
R    192.168.4.0/24 [120/2] via 192.168.6.1, 00:00:18, Serial2/0
                    [120/2] via 192.168.2.1, 00:00:13, Serial2/1
R    192.168.5.0/24 [120/1] via 192.168.6.1, 00:00:18, Serial2/0
R    192.168.0.0/24 [120/2] via 192.168.2.1, 00:00:13, Serial2/1
R    192.168.1.0/24 [120/1] via 192.168.2.1, 00:00:13, Serial2/1
```

5.6.3　观察RIP路由更新活动

默认情况下 RIP 发送和接收路由更新信息以及构造路由的细节是不显示的，如果想观察 RIP 路由更新的活动，可以输入命令 debug ip rip，输入该命令后将显示发送和接收到的 RIP 路由更新信息，以及显示路由器使用 RIP v1 还是 RIP v2。可以看到发送路由消息使用的多播地址是 224.0.0.9。输入命令 undebug all 关闭所有诊断输出。

观察 RIP 路由更新
活动

```
R3#debug ip rip
RIP protocol debugging is on
R3#
 *Mar  1 01:22:52.703: RIP: sending v2 update to 224.0.0.9 via FastEthernet0/0
(192.168.3.1)                                                  --发送更新
 *Mar  1 01:22:52.703: RIP: build update entries                --更新路由表
 *Mar  1 01:22:52.703:    192.168.0.0/24 via 0.0.0.0, metric 3, tag 0
 *Mar  1 01:22:52.703:    192.168.1.0/24 via 0.0.0.0, metric 2, tag 0
 *Mar  1 01:22:52.703:    192.168.2.0/24 via 0.0.0.0, metric 1, tag 0
 *Mar  1 01:22:52.703:    192.168.4.0/24 via 0.0.0.0, metric 3, tag 0
 *Mar  1 01:22:52.703:    192.168.5.0/24 via 0.0.0.0, metric 2, tag 0
 *Mar  1 01:22:52.703:    192.168.6.0/24 via 0.0.0.0, metric 1, tag 0
R3#
 *Mar  1 01:23:00.891: RIP: received v2 update from 192.168.6.1 on Serial2/0 --接收更新
 *Mar  1 01:23:00.891:    192.168.0.0/24 via 0.0.0.0 in 3 hops
 *Mar  1 01:23:00.891:    192.168.4.0/24 via 0.0.0.0 in 2 hops
 *Mar  1 01:23:00.891:    192.168.5.0/24 via 0.0.0.0 in 1 hops
 *Mar  1 01:23:01.211: RIP: sending v2 update to 224.0.0.9 via Serial2/1 (192.168.2.2)
                                                              --发送更新
```

```
*Mar  1 01:23:01.211: RIP: build update entries                    --更新路由表
*Mar  1 01:23:01.211:    192.168.3.0/24 via 0.0.0.0, metric 1, tag 0
*Mar  1 01:23:01.215:    192.168.5.0/24 via 0.0.0.0, metric 2, tag 0
*Mar  1 01:23:01.215:    192.168.6.0/24 via 0.0.0.0, metric 1, tag 0
R3#
*Mar  1 01:23:02.391: RIP: received v2 update from 192.168.2.1 on Serial2/1
                                                                   --接收更新

*Mar  1 01:23:02.391:       192.168.0.0/24 via 0.0.0.0 in 2 hops
*Mar  1 01:23:02.395:       192.168.1.0/24 via 0.0.0.0 in 1 hops
*Mar  1 01:23:02.395:       192.168.4.0/24 via 0.0.0.0 in 2 hops
R3#
*Mar  1 01:23:11.003: RIP: sending v2 update to 224.0.0.9 via Serial2/0 (192.168.6.2)
*Mar  1 01:23:11.003: RIP: build update entries
*Mar  1 01:23:11.003:    192.168.0.0/24 via 0.0.0.0, metric 3, tag 0
*Mar  1 01:23:11.007:    192.168.1.0/24 via 0.0.0.0, metric 2, tag 0
*Mar  1 01:23:11.007:    192.168.2.0/24 via 0.0.0.0, metric 1, tag 0
*Mar  1 01:23:11.007:    192.168.3.0/24 via 0.0.0.0, metric 1, tag 0
R3#
*Mar  1 01:23:19.951: RIP: sending v2 update to 224.0.0.9 via FastEthernet0/0
(192.168.3.1)
*Mar  1 01:23:19.951: RIP: build update entries
*Mar  1 01:23:19.951:    192.168.0.0/24 via 0.0.0.0, metric 3, tag 0
*Mar  1 01:23:19.955:    192.168.1.0/24 via 0.0.0.0, metric 2, tag 0
*Mar  1 01:23:19.955:    192.168.2.0/24 via 0.0.0.0, metric 1, tag 0
*Mar  1 01:23:19.955:    192.168.4.0/24 via 0.0.0.0, metric 3, tag 0
*Mar  1 01:23:19.955:    192.168.5.0/24 via 0.0.0.0, metric 2, tag 0
*Mar  1 01:23:19.959:    192.168.6.0/24 via 0.0.0.0, metric 1, tag 0
R3#undebug all                                                     --关闭诊断输出
All possible debugging has been turned off
```

从上面的输出可以看到 RIP 在各个接口发送和接收路由更新的活动。

5.6.4　RIP排错

如果网络中的路由配置了 RIP，但没有从邻居路由器学习到路由，就要测试网络中直连的路由之间是否能够通信，确保 IP 地址和子网掩码配置正确，路由器使用串口相连，还要在 DCE 端配置时钟频率，还要测试 RIP 是否配置正确，最好网络中的全部路由都使用相同版本的 RIP。network 命令后面的网段是否正确。

RIP 排错

查看路由器上的 RIP 配置，输入命令 show ip protocols 显示 RIP 的配置。

```
R1#show ip protocols
Routing Protocol is "rip"
  Outgoing update filter list for all interfaces is not set
  Incoming update filter list for all interfaces is not set
  Sending updates every 30 seconds, next due in 2 seconds
  Invalid after 180 seconds, hold down 180, flushed after 240
  Redistributing: rip
  Default version control: send version 2, receive version 2
    Interface         Send  Recv  Triggered RIP  Key-chain
    FastEthernet0/0   2     2
    Serial2/0         2     2
    Serial2/1         2     2
```

```
Automatic network summarization is in effect
Maximum path: 4
Routing for Networks:
  192.168.0.0
  192.168.1.0
  192.168.4.0
Routing Information Sources:
  Gateway          Distance      Last Update
  192.168.1.2        120         00:00:06
  192.168.4.2        120         00:00:23
Distance: (default is 120)
```

如果我们在配置路由器 R1 的 RIP 时，命令 network 少写了 192.168.0.0 网段，其他路由器就不能学习到到该网段的路由。

以下命令就是取消命令 network 添加的 192.168.0.0 网段，该网段将不再参与 RIP。

```
R1#config t
Enter configuration commands, one per line. End with CNTL/Z.
R1(config)#router rip
R1(config-router)#no network 192.168.0.0
```

在 R3 路由器上查看通过 RIP 学习到的路由表如下，可以看到已经没有到 192.168.0.0/24 网段的路由了。

```
R3#show ip route rip
R    192.168.4.0/24 [120/2] via 192.168.6.1, 00:00:08, Serial2/0
                    [120/2] via 192.168.2.1, 00:00:30, Serial2/1
R    192.168.5.0/24 [120/1] via 192.168.6.1, 00:00:08, Serial2/0
R    192.168.1.0/24 [120/1] via 192.168.2.1, 00:00:30, Serial2/1
```

习　题

1. 设有4条路由：170.18.129.0/24、170.18.130.0/24、170.18.132.0/24和170.18.133.0/24，如果进行路由汇聚，能覆盖这4条路由的地址是（　　）。

    A. 170.18.128.0/21　　　B. 170.18.128.0/22　　　C. 170.18.130.0/22　　　D. 170.18.132.0/23

2. 设有两条路由：21.1.193.0/24和21.1.194.0/24，如果进行路由汇聚，覆盖这两条路由的地址是（　　）。

    A. 21.1.200.0/22　　　　B. 21.1.192.0/23　　　　C. 21.1.192.0/21　　　　D. 21.1.224.0/20

3. 路由器收到一个IP数据包，其目标地址为202.31.17.4，与该地址匹配的子网是（　　）。

    A. 202.31.0.0/21　　　　B. 202.31.16.0/20　　　　C. 202.31.8.0/22　　　　D. 202.31.20.0/22

4. 设有两个子网：210.103.133.0/24和210.103.130.0/24，如果进行路由汇聚，得到的网络地址是（　　）。

    A. 210.103.128.0/21　　B. 210.103.128.0/22　　C. 210.103.130.0/22　　D. 210.103.132.0/20

5. 在路由表中设置一条默认路由，目标地址和子网掩码应为（　　）。

    A. 127.0.0.0　0.0.0.0　　　　　　　　　　B. 0.0.0.0　0.0.0.0

    C. 1.0.0.0　　255.255.255.255　　　　　D. 0.0.0.0 255.255.255.255

6. 网络122.21.136.0/24和122.21.143.0/24经过路由汇聚，得到的网络地址是（　　　）。

    A. 122.21.136.0/22   B. 122.21.136.0/21   C. 122.21.143.0/22   D. 122.21.128.0/24

7. 路由器收到一个数据包，其目标地址为195.26.17.4，该地址属于（　　　）子网。

    A. 195.26.0.0/21   B. 195.26.16.0/20   C. 195.26.8.0/22   D. 195.26.20.0/22

8. 如图5-33所示，需要在路由器RA和RB上添加路由表，实现Office1和Office2之间能够相互访问，以及Office1和Office2内的计算机能够通过本地路由器直接访问Internet。

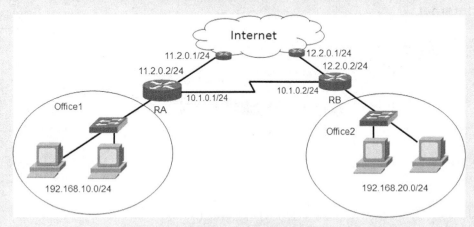

图5-33　网络拓扑（1）

RA(config)#ip route ＿＿＿＿＿＿＿＿＿　＿＿＿＿＿＿＿＿＿＿＿　＿＿＿＿＿＿＿＿＿＿＿

RA(config)#ip route ＿＿＿＿＿＿＿＿＿　＿＿＿＿＿＿＿＿＿＿＿　＿＿＿＿＿＿＿＿＿＿＿

RB(config)#ip route ＿＿＿＿＿＿＿＿＿　＿＿＿＿＿＿＿＿＿＿＿　＿＿＿＿＿＿＿＿＿＿＿

RB(config)#ip route ＿＿＿＿＿＿＿＿＿　＿＿＿＿＿＿＿＿＿＿＿　＿＿＿＿＿＿＿＿＿＿＿

9. （1）什么是动态路由，什么是静态路由？

（2）如图5-34所示，需要在路由器RouterA和RouterB上添加路由表，实现网段A和网段B之间能够相互访问。

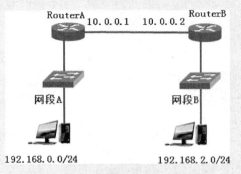

图5-34　网络拓扑（2）

RouterA(config)#ip route ＿＿＿＿＿＿＿＿＿＿　＿＿＿＿＿＿＿＿＿＿　＿＿＿＿＿＿＿＿＿＿

RouterB(config)#ip route ＿＿＿＿＿＿＿＿＿＿　＿＿＿＿＿＿＿＿＿＿　＿＿＿＿＿＿＿＿＿＿

10. 如图5-35所示，路由器R2连接Internet和内网，路由器R3在内网，现在需要在路由器R2和路由器R3上添加静态路由，使得内网的计算机能够访问Internet ，并且内网之间各个网段之间能够相互通信。

根据需要填写，使用默认路由和路由汇总简化路由的添加。

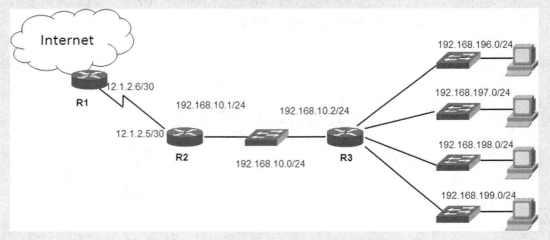

图5-35　网络拓扑（3）

R2上的配置：

R2(config)#ip route ＿＿＿＿＿＿＿　＿＿＿＿＿＿＿　＿＿＿＿＿＿＿

R2(config)#ip route ＿＿＿＿＿＿＿　＿＿＿＿＿＿　＿＿＿＿＿＿＿

R3上的配置：

R3(config)#ip route ＿＿＿＿＿＿＿　＿＿＿＿＿＿＿　＿＿＿＿＿＿＿

11. 如图5-36所示，给网络中的路由器添加路由表，使得PC1发送给PC2的数据包，途经R1→R2→R4，PC2发送给PC1的数据包，途经R4→R3→R1。这也是一种网络负载均衡。

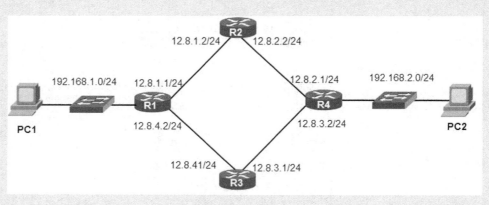

图5-36　网络拓扑（4）

以下路由表的添加只考虑192.168.1.0/24和192.168.2.0/24两个网段之间能够相互通信，所添加的路由能够满足以上条件即可。

    R1(config)#ip route _____ _____ _____

    R2(config)#ip route _____ _____ _____

    R3(config)#ip route _____ _____ _____

    R4(config)#ip route _____ _____ _____

  12. 如图5-37所示，路由器配置使用RIP，写出命令network后面需要填写的网络，自行判断需要写几个网络。

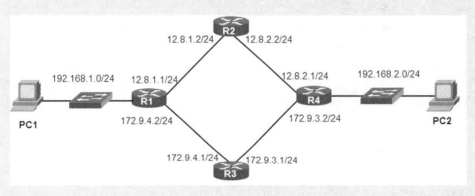

图5-37　网络拓扑（5）

    R1(config)#router rip

    R1(config-router)#network _____

    R1(config-router)#network _____

    R1(config-router)#network _____

    R2(config)#router rip

    R2config-router)#network _____

    R2(config-router)#network _____

    R2(config-router)#network _____

    R3(config)#router rip

    R3(config-router)#network _____

    R3(config-router)#network _____

    R3(config-router)#network _____

    R4(config)#router rip

    R4(config-router)#network _____

    R4(config-router)#network _____

    R4(config-router)#network _____

06 第6章 网络层协议

本章内容
- IP
- ICMP
- ARP
- IGMP

网络层协议为传输层提供服务，负责把传输层的段发送到接收端。IP 实现网络层协议的功能，发送端将传输层的段加上 IP 首部，IP 首部包括源 IP 地址和目标 IP 地址，加了 IP 首部的段称为"数据包"，网络中的路由器根据 IP 首部转发数据包。

如图 6-1 所示，TCP/IPv4 协议栈的网络层有 4 个协议，ARP、IP、ICMP 和 IGMP。TCP 和 UDP 使用端口标识应用层协议，TCP 段、UDP 报文、ICMP 报文、IGMP 报文都可以封装在 IP 数据包中，使用协议号区分，也就是说 IP 使用协议号标识上层协议，TCP 的协议号是 6，UDP 的协议号是 17，ICMP 的协议号是 1，IGMP 的协议号是 2。虽然 ICMP 和 IGMP 都在网络层，但从关系上来看 ICMP 和 IGMP 在 IP 协议之上，也就是 ICMP 和 IGMP 的报文要封装在 IP 数据包中。

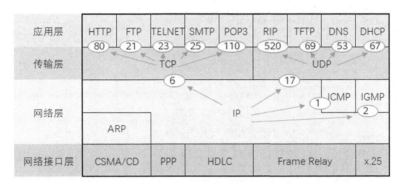

图6-1　网络层协议

ARP 协议在以太网中使用，用来将通信的目标地址解析为 MAC 地址，跨网段通信，解析出网关的 MAC 地址。解析出 MAC 地址才能将数据包封装成帧发送出去，因此 ARP 为 IP 提供服务，虽然将其归属到网络层，但从关系上来看 ARP 协议位于 IP 协议之下。

6.1　IP

IP

网络层中最主要的协议就是 IP。IP 负责将数据包发送到目的地。IP 是多方协议，包括发送端和接收端以及沿途的所有路由器，这些设备都要按照 IP 的规定来处理转发数据包。

IP 定义了实现数据包转发所需要的字段，也就是 IP 首部。学习 IP，就要明白 IP 首部各个字段的功能。

6.1.1　抓包查看IP首部

抓包查看 IP 首部

在讲解 IP 首部格式之前，先使用抓包工具捕获的数据包，查看 IP 首部包含的字段。

启动抓包工具 Wireshark 后，在浏览器打开任意一个网址，捕获数据包后，停止捕获。在图 6-2 所示的界面中，选取任意一个数据包，展开 Internet Protocol Version 4。这一部分就是 IP 首部，可以看到 IP 首部包含的全部字段。下面就讲解每一个字段占的长度以及所代表的意义。

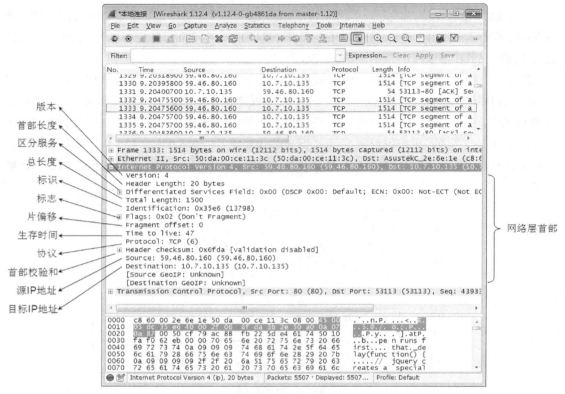

图6-2　网络层首部

6.1.2　IP数据包首部的格式

IP 数据包首部的格式能够说明 IP 都具有什么功能。在 TCP/IP 标准中，各种数据格式常常以 32 位（4 字节）为单位来描述。图 6-3 所示为 IP 数据包的完整格式。

图6-3　IP首部

IP 数据包首部的格式

IP 数据包由首部和数据两部分组成。首部的前一部分是固定部分（长度固定为 20 字节），这部分是所有 IP 数据包必须有的。在首部的固定部分的后面是一些可变部分，其长度是可变的。

下面就网络层首部固定部分的各个字段进行详细讲解。

（1）版本：占 4 位，指 IP 的版本。IP 目前有两个版本 IPv4 和 IPv6。通信双方使用的 IP 版本必须一致。目前广泛使用的版本是 IPv4。

（2）首部长度：占 4 位，可表示的最大十进制数值是 15。请注意，这个字段所表示数的单位是 4 字节，因此，当 IP 首部的长度为 1111 时（十进制的 15），首部长度就达到 15×4 字节=60 字节。当 IP 分组的首部长度不是 4 字节的整数倍时，必须利用最后的填充字段加以填充。因此数据部分永远从 4 字节的整数倍开始，这样在实现 IP 协议时较为方便。首部长度限制为 60 字节的缺点是有时可能不够用。但这样做是希望用户尽量减少开销。最常用的首部长度就是 20 字节（首部长度为 0101），这时不使用任何选项。

正是因为首部长度有可变部分，才需要有一个字段来指明首部长度，如果首部长度是固定的也就没有必要有首部长度这个字段了。

（3）区分服务：占 8 位，配置计算机给特定应用程序的数据包添加一个标志，然后配置网络中的路由器优先转发这些带标志的数据包，在网络带宽比较紧张的情况下，也能确保这种应用的带宽有保障，这就是区分服务。这个字段在旧标准中称为服务类型，但实际上这个概念一直没有被使用过。1998年，国际互联网工程任务组（The Internet Engineering Task Force，IETF）把这个字段改名为区分服务（Differentiated Services，DS）。只有在使用区分服务时，这个字段才起作用。

（4）总长度：总长度是指 IP 首部和数据部分的长度之和，也就是整个数据包的长度，单位为字节。总长度字段为 16 位，因此数据包的最大长度为 $2^{16}-1=65535$ 字节。实际上传输这样长的数据包在现实中是极少遇到的。

前面给大家讲数据链路层。如图 6-4 所示，以太网帧所能封装的数据包最大为 1500 字节，这是以太网数据链路层最大传输单元（Maximum Transfer Unit，MTU）。数据包的长度最大可以是 65535 字节，这就意味着一个数据包长度大于数据链路层的 MTU，需要将该数据包分片传输。

IP 首部的标识、标志和片偏移都是与数据包分片相关的字段。

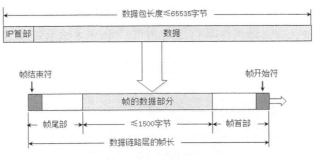

图6-4 最大传输单元

（5）标识（Identification）：占 16 位。在存储器中 IP 维持一个计数器，每产生一个数据包，计数器就加 1，并将此值赋给标识字段。但这个标识并不是序号，因为 IP 是无连接服务，数据包不存在按序接收的问题。当数据包因长度超过网络的 MTU 而必须分片时，同一个数据包被分成多个片，这些片的标识都一样，也就是数据包这个标识字段的值就被复制到所有的数据包分片的标识字段中。相同的标识字段的值使分片后的各数据包片最后能正确地重装成为原来的数据包。

（6）标志（Flag）：占 3 位，但目前只有两位有意义。

标志字段中的最低位记为 MF（More Fragment）。MF=1 表示后面"还有分片"的数据包；MF=0 表示这是若干数据包片中的最后一个。

标志字段中间的一位记为 DF（Don't Fragment），意思是"不能分片"。只有当 DF=0 时，才允许分片。

（7）片偏移：占 13 位。片偏移是指较长的分组在分片后，某片在原分组中的相对位置。也就是说，相对于用户数据字段的起点，该片从何处开始。片偏移以 8 字节为偏移单位，即每个分片的长度一定是 8 字节（64 位）的整数倍。

下面举一个例子。

一个数据包的总长度为 3820 字节，其数据部分长度为 3800 字节（使用固定首部），需要分片为长度不超过 1420 字节的数据包片。因固定首部长度为 20 字节，因此每个数据包片的数据部分长度不能超过 1400 字节。于是分为 3 个数据包片，其数据部分的长度分别为 1400、1400 和 1000 字节。原始数据包首部被复制为各数据包片的首部，但必须修改有关字段的值。图 6-5 给出分片后得出的结果（注意片偏移的数值）。

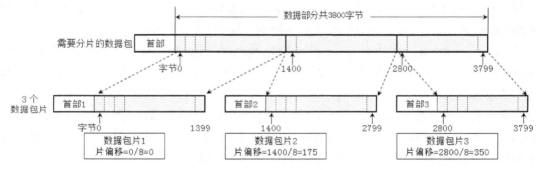

图6-5　分片中的片偏移

图 6-6 所示的表格是本例中数据包首部与分片有关的字段中的数值，其中标识字段的值是任意给定的（12345）。具有相同标识的数据包片在目的站就可无误地重装成原来的数据包。

	总长度	标识	MF	DF	片偏移
原始数据包	3820	12345	0	0	0
数据包片1	1420	12345	1	0	0
数据包片2	1420	12345	1	0	175
数据包片3	1020	12345	0	0	350

图6-6　同一个数据包的分配标识一样

（8）生存时间：生存时间字段（TTL），表明的是数据包在网络中的寿命。最初的设计是以秒作为 TTL 值的单位。每经过一个路由器时，就把 TTL 减去数据包在路由器所消耗掉的一段时间。若数据包在路由器消耗的时间小于 1 秒，就把 TTL 值减 1。当 TTL 值减为零时，就丢弃这个数据包。

（9）协议：占 8 位，协议字段指出此数据包携带的数据是使用何种协议，以便使目标主机的网络层知道应将数据部分上交给哪个处理过程。图 6-7 所示的表格列出一些常用的协议名和相应的协议字段值。

协议名	ICMP	IGMP	IP	TCP	EGP	IGP	UDP	IPv6	ESP	OSPF
协议字段值	1	2	4	6	8	9	17	41	50	89

图6-7 协议名和协议字段值

（10）首部校验和：占 16 位。这个字段只校验数据报的首部，不包括数据部分。这是因为数据报每经过一个路由器，路由器都要重新计算一下首部校验和（一些字段，如生存时间、标志、片偏移等可能发生变化）。不检验数据部分可减少计算的工作量。

（11）源 IP 地址：占 32 位。

（12）目标 IP 地址：占 32 位。

6.1.3 实战：查看协议版本和首部长度

Windows 7 操作系统和新版 Linux 操作系统都支持 IPv4 和 IPv6 两种协议栈，IPv4 和 IPv6 只是网络层不同。IPv6 下面的数据链路层以及上面的传输层都与 IPv4 一样，使用抓包工具能够捕获这两个版本的协议数据包。下面通过抓包工具查看一下不同版本的 IP。

实战：查看协议版本和首部长度

本实验需要两个安装 Windows 7 的虚拟机 A 和 B，在虚拟机 A 中设置 IPv4 的地址为 192.168.0.10，子网掩码为 255.255.255.0，IPv6 的地址为 2001:1975::6/64，在虚拟机 A 中安装抓包工具。

在虚拟机 A 上打开本地连接，如图 6-8 所示，可以看到 Windows 7 操作系统就已经支持 IPv6 了，选中 "Internet 协议版本 6（TCP/IPv6）" 选项，然后单击 "属性" 按钮。

如图 6-9 所示，在出现的 "Internet 协议版本 6（TCP/IPv6）属性" 对话框中，选中 "使用以下 IPv6 地址" 单选按钮，输入 IPv6 地址为 2001:2012:1975::6，子网前缀长度设为 64 位。

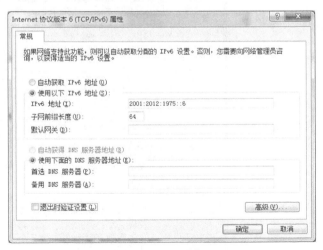

图6-8 IPv6　　　　　　　　　　　图6-9 IPv6地址设置

如图 6-10 所示，IPv4 的地址设置为 192.168.0.10，子网掩码设置为 255.255.255.0。

在虚拟机 B 中设置 IPv4 地址和 IPv6 地址。在虚拟机 A 上运行抓包工具软件 Wireshark，开始抓包后，如图 6-11 所示，使用 ping 命令测试虚拟机 B 的 IPv4 地址和 IPv6 地址。

图6-10　使用指定的IPv4的地址

图6-11　使用ping命令测试IPv4地址和IPv6地址

注释：ping 命令使用 Internet 控制报文协议（ Internet Control Message Protocol, ICMP ），它是 TCP/IP 网络层的一个协议，用于在 IP 主机和路由器之间传递控制消息。控制消息是指网络通不通、主机是否可达、路由是否可用等网络本身的消息。发出去的数据包为 ICMP 请求数据包，返回来的 ICMP 数据包是 ICMP 响应数据包。

如图 6-12 所示，看到使用 ping 命令测试虚拟机 B 的 IPv4 地址的数据包，使用的是 ICMP，网络层首部的 Version 标记为 4，首部长度为 20 字节。

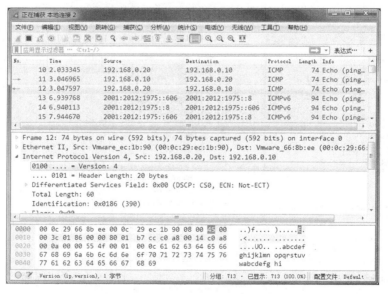

图6-12　IP协议版本（1）

如图 6-13 所示，看到使用 ping 命令测试虚拟机 B 的 IPv6 地址的数据包，使用的是 ICMPv6，网络层首部 Version 标记位为 6，IPv6 网络层首部长度固定为 40 字节，所以没有首部长度字段。

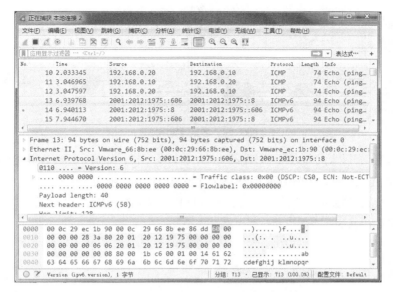

图6-13 IP协议版本（2）

注释：IPv6的地址长度是128位，将这128位地址按每16位划分为一段，将每段转换成十六进制数字，并用冒号隔开。这种IPv6地址的写法叫冒号十六进制数表示法。

这个地址很长，可以用以下两种方法对这个地址进行压缩。

（1）前导零压缩法。将每段的前导零省略，但是每段都至少应该有一个数字。例如：2000:0:0:0:1:2345:6789:abcd。

（2）双冒号法。如果一个以冒号十六进制数表示法表示的IPv6地址中，连续的几个段值都是0，那么这些0可以简记为::。例如：2000::1:2345:6789:abcd。注意：每个地址中只能有一个::。

6.1.4 数据分片详解

数据分片详解

在网络层下面的每种数据链路层都有其自己的帧格式。帧格式中的数据字段的最大长度，称为最大传送单元（Maximum Transfer Unit，MTU）。当一个IP数据包封装成链路层的帧时，此数据包的总长度（首部加上数据部分）一定不能超过下面的数据链路层的MTU值。例如，以太网就规定其MTU值为1500字节。若所传送的数据包长度超过数据链路层的MTU值，就必须把过长的数据包进行分片处理。

虽然使用尽可能长的数据包会使传输效率提高，但实际上使用的数据包长度很少超过1500字节。为了不使IP数据包的传输效率降低，所有的主机和路由器必须能够处理的IP数据包长度不得小于576字节。这个数值也就是最小的IP数据包的总长度。当数据包长度超过网络所容许的MTU时，就必须把过长的数据包进行分片后才能在网络上传送。这时，数据包首部中的总长度字段不是指未分片前的数据包长度，而是指分片后的每个分片的首部长度与数据长度的总和。

如图6-14所示，计算机A到计算机B，途经以太网、点到点链路和以太网，每个数据链路都定义了MTU，默认都是1500字节。如果计算机A的网络层的数据包为2980字节，而计算机A连接的以太网的MTU为1500字节，计算机A就要将该数据包分片后，再发送到以太网。

173

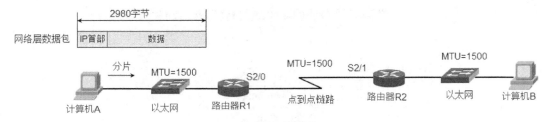

图6-14　数据链路层MTU

如图 6-15 所示，以太网和点到点链路的 MTU 也许不一样，如果计算机 A 发送的数据包是 1500 字节，计算机 A 不用分片，但路由器 R1 和 R2 之间的点到点链路最大传输单元为 800 字节。路由器 R1 将该数据包分片后转发给路由器 R2，不同的分片将会独立选择路径到达目的地，计算机 B 再根据网络层首部的标识组装成一个完整的数据包。

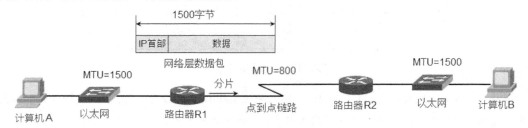

图6-15　沿途链路分片

由此可见，分片可以发生在发送端，也可以发生在沿途的路由器。

6.1.5　实战：捕获并观察数据包分片

实战：捕获并观察
数据包分片

数据包大小如果超过数据链路层的MTU，就会将数据包分片，下面就在Windows 7 系统上，使用 ping 命令发送大于 1500 字节的数据包，然后使用抓包工具捕获该数据包分片。

ping 命令有很多选项。在 Windows 7 操作系统 cmd.exe 软件中输入命令 ping /?，可以列出全部可用的选项，其中选项-l 指定数据包的大小，选项-f 指定数据包是否允许分片。

```
C:\Users\han>ping /?

用法: ping [-t] [-a] [-n count] [-l size] [-f] [-i TTL] [-v TOS]
           [-r count] [-s count] [[-j host-list] | [-k host-list]]
           [-w timeout] [-R] [-S srcaddr] [-4] [-6] target_name

选项:
    -t              Ping 指定的主机，直到停止。
                    若要查看统计信息并继续操作，请按组合键 Ctrl+Break；
                    若要停止，请按组合键 Ctrl+C。
    -a              将地址解析为主机名。
    -n count        要发送的回显请求数。
    -l size         发送缓冲区大小。
    -f              在数据包中设置"不分段"标志（仅适用于 IPv4）。
    -i TTL          生存时间。
```

-v TOS	服务类型(仅适用于 IPv4。该设置已被弃用,对 IP 标头中的服务字段类型没有任何影响)。	
-r count	记录计数跃点的路由 (仅适用于 IPv4)。	
-s count	计数跃点的时间戳 (仅适用于 IPv4)。	
-j host-list	与主机列表一起使用的松散源路由 (仅适用于 IPv4)。	
-k host-list	与主机列表一起使用的严格源路由 (仅适用于 IPv4)。	
-w timeout	等待每次回复的超时时间 (毫秒)。	
-R	同样使用路由标头测试反向路由 (仅适用于 IPv6)。	
-S srcaddr	要使用的源地址。	
-4	强制使用 IPv4。	
-6	强制使用 IPv6。	

在计算机上运行抓包工具 Wireshark,开始抓包,打开 cmd.exe 软件,输入命令 ping www.cctv.com,可以看到默认 ping 命令构造的数据包是 32 字节。

```
C:\Users\win7>ping www.cctv.com

正在 Ping cctv.xdwscache.ourglb0.com [111.11.31.114] 具有 32 字节的数据:
来自 111.11.31.114 的回复: 字节=32 时间=7ms TTL=128
来自 111.11.31.114 的回复: 字节=32 时间=8ms TTL=128
来自 111.11.31.114 的回复: 字节=32 时间=8ms TTL=128
来自 111.11.31.114 的回复: 字节=32 时间=8ms TTL=128

111.11.31.114 的 Ping 统计信息:
    数据包: 已发送 = 4, 已接收 = 4, 丢失 = 0 (0% 丢失),
往返行程的估计时间(以毫秒为单位):
    最短 = 7ms, 最长 = 8ms, 平均 = 7ms
```

使用选项-l 指定数据包大小为 3500 字节。以太网 MTU 大小为 1500 字节,该数据包会被分成 3 个片。

```
C:\Users\win7>ping www.cctv.com -l 3500

正在 Ping cctv.xdwscache.ourglb0.com [111.11.31.114] 具有 3500 字节的数据:
来自 111.11.31.114 的回复: 字节=3500 时间=10ms TTL=128
来自 111.11.31.114 的回复: 字节=3500 时间=11ms TTL=128
来自 111.11.31.114 的回复: 字节=3500 时间=10ms TTL=128
来自 111.11.31.114 的回复: 字节=3500 时间=11ms TTL=128

111.11.31.114 的 Ping 统计信息:
    数据包: 已发送 = 4, 已接收 = 4, 丢失 = 0 (0% 丢失),
往返行程的估计时间(以毫秒为单位):
    最短 = 10ms, 最长 = 11ms, 平均 = 10ms
```

停止抓包,查看数据包分片。如图 6-16 所示,先观察没有分片的 ICMP 数据包,可以看到分片标记为 0,说明该数据包就是一个完整的数据包,在最下面也可以看到这 32 字节是什么数据。一定要注意,要查看源地址是本地计算机的 ICMP 数据包。

下面分析 ICMP 数据包分片。计算机发送了 4 个 ICMP 请求数据包,每个请求数据包指定的大小为 3500 字节,数据包会被分成 3 个分片。如图 6-17 所示,第 1 个分片和第 2 个分片都有分片标记,第 3 个分片没有分片标记,说明这是一个数据包的最后一个分片。

图6-16 数据包没有分片

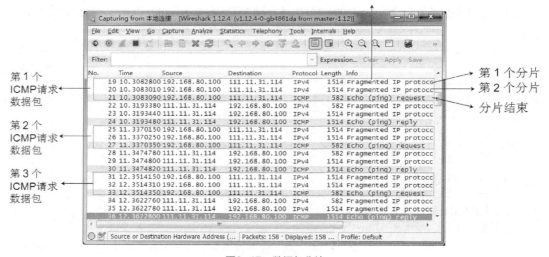

图6-17 数据包分片

下面观察第 1 个 ICMP 请求数据包的 3 个分片。

图 6-18 所示的是第 1 个分片，第 1 个分片的标识是 517，分片标志为 1，片偏移为 0 字节。

图 6-19 所示的是第 2 个分片，数据包标识为 517（与第 1 个分片一样），分片标志为 1，片偏移为 1480 字节。

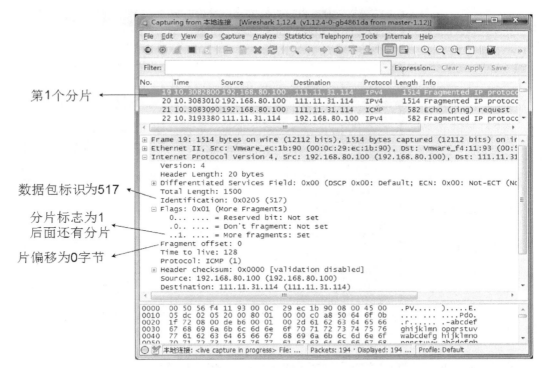

图6-18　第1个分片

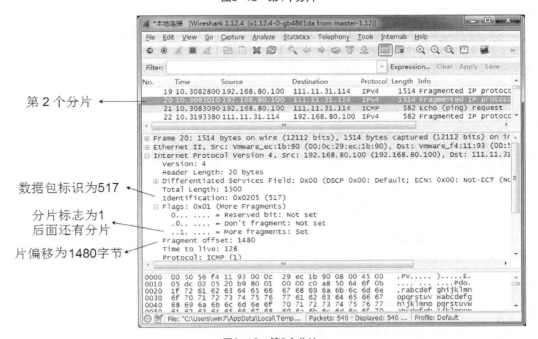

图6-19　第2个分片

图 6-20 所示的是第 3 个分片，数据包标识为 517（与第 1 个和第 2 个分片一样），分片标志为 0，这意味着该分片是数据包的最后一个分片，片偏移为 2960 字节。

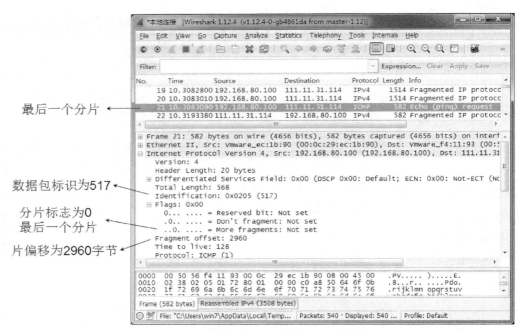

图6-20　第3个分片

　　当然应用程序也可以禁止数据包在传输过程中分片，这就要求将数据包首部的标志字段的第二位"Don't fragment"设置为1。

　　如果使用ping命令测试一个主机时指定了数据包的大小，同时添加一个选项-f，禁止数据包分片，就会看到提示"需要拆分数据包但是设置DF"，（DF就是Don't fragment，即禁止分片）。

```
C:\Users\win7>ping www.cctv.com -l 3500 -f

正在 Ping cctv.xdwscache.ourglb0.com [111.11.31.114] 具有 3500 字节的数据:
需要拆分数据包但是设置 DF。
需要拆分数据包但是设置 DF。
需要拆分数据包但是设置 DF。
需要拆分数据包但是设置 DF。

111.11.31.114 的 Ping 统计信息:
    数据包: 已发送 = 4, 已接收 = 0, 丢失 = 4 (100% 丢失),
```

运行抓包工具 Wireshark 后，执行下面的操作。

```
C:\Users\win7>ping www.cctv.com -f -l 500

正在 Ping cctv.xdwscache.ourglb0.com [111.11.31.114] 具有 500 字节的数据:
来自 111.11.31.114 的回复: 字节=500 时间=8ms TTL=128
来自 111.11.31.114 的回复: 字节=500 时间=10ms TTL=128
来自 111.11.31.114 的回复: 字节=500 时间=8ms TTL=128
来自 111.11.31.114 的回复: 字节=500 时间=8ms TTL=128

111.11.31.114 的 Ping 统计信息:
    数据包: 已发送 = 4, 已接收 = 4, 丢失 = 0 (0% 丢失),
```

往返行程的估计时间(以毫秒为单位):
最短 = 8ms, 最长 = 10ms, 平均 = 8ms

如图 6-21 所示,观察捕获的 ICMP 数据包,注意查看网络层首部的标志字段的 Don't fragment 标记,该标记如果为 1,则表明该数据包不允许被分片。

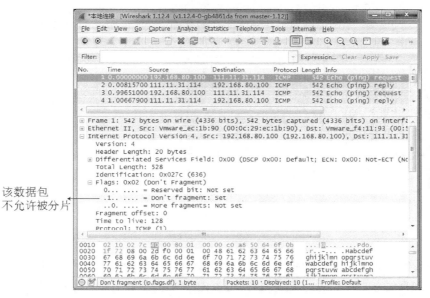

图6-21 ICMP数据包

6.1.6 数据包生存时间详解

各种操作系统发送数据包,在网络首部都要给 TTL 字段赋值,用来限制该数据包能够通过的路由器数量。部分操作系统发送数据包默认的 TTL 值如表 6-1 所示。

数据包生存时间详解

表6-1 部分操作系统发送数据包默认的TTL值

操作系统	默认 TTL
Windows NT 4.0/2000/XP/2003/7/10	128
Windows Server 2008/2012/2016/2019	128
MS Windows 95/98/NT 3.51	32
Linux	64
UNIX 及类 UNIX	255

在计算机上使用 ping 命令测试一个远程计算机的 IP 地址时,可以看到从远程计算机发过来的响应数据包的 TTL。如图 6-22 所示,计算机 A 使用 ping 命令测试远程计算机 B,计算机 B 给计算机 A 返回响应数据包。计算机 B 上的 Windows 7 操作系统将发送到网络上的数据包的 TTL 设置为 128,每经过一个路由器该数据包的 TTL 值就会减 1,到达计算机 A 时响应数据包的 TTL 减少到 126,因此可以看到 ping 命令的输出结果:"来自 192.168.80.20 的回复: 字节=32 时间<1ms TTL=126"。

路由器除根据数据包的目标地址查找路由表给数据包选择转发的路径外,还要修改数据包网络层首部的 TTL,还要重新计算首部校验和再进行转发。

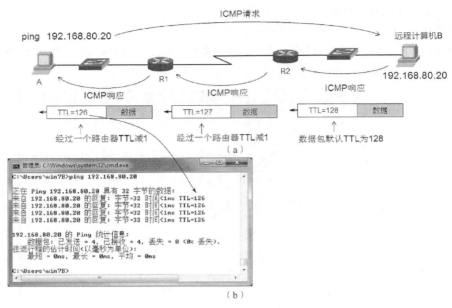

图6-22　TTL字段

如果计算机 A 和计算机 C 在同一网段，在计算机 A 上使用 ping 命令测试计算机 C，计算机 A 显示返回响应数据包的 TTL 是 128。因为没有经过路由器转发，所以看到的就是计算机 C 发送时给数据包指定的 TTL。

操作系统给数据包网络层设置的 TTL 的默认值是可以修改的。

6.1.7　实战：指定ping命令发送数据包的TTL值

虽然操作系统会给发送的数据包指定默认的 TTL 值，但是 ping 命令允许使用选项-i 指定发送的 ICMP 请求数据包的 TTL 值。

实战：指定 ping 命令
发送数据包的TTL值

如果一个路由器在转发数据包之前将该数据包的 TTL 值减 1，且减 1 后 TTL 值变为 0，路由器就会丢弃该数据包，然后产生一个 ICMP 响应数据包给发送者，说明 TTL 耗尽。通过这种方式，能够知道数据包到达目的地经过哪些路由器。

如图 6-23 所示，在计算机 A 上使用 ping 命令测试远程网站 edu.51cto.com，指定 TTL 为 1。

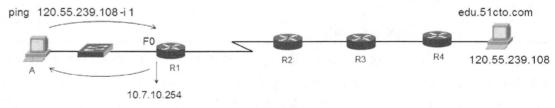

图6-23　指定TTL（1）

路由器 R1 的接口 F0 收到 ICMP 请求数据包，将其 TTL 值减 1 后，发现其 TTL 值为 0，于是丢弃该 ICMP 请求数据包，路由器 R1 产生一个新的 ICMP 响应数据包给计算机 A，计算机 A 收到输出结果："来自 10.7.10.254 的回复：TTL 传输中过期"。因此会知道途经的第一个路由器是

10.7.10.254。

```
C:\Users\han>ping edu.51cto.com -i 1
正在 Ping yun.dns.51cto.com [120.55.239.108] 具有 32 字节的数据:
来自 10.7.10.254 的回复: TTL 传输中过期。
来自 10.7.10.254 的回复: TTL 传输中过期。
来自 10.7.10.254 的回复: TTL 传输中过期。
来自 10.7.10.254 的回复: TTL 传输中过期。
120.55.239.108 的 Ping 统计信息:
        数据包: 已发送 = 4, 已接收 = 4, 丢失 = 0 (0% 丢失),
```

如图 6-24 所示, 在计算机 A 上使用 ping 命令测试远程网站 edu.51cto.com, 指定 TTL 值为 2。该 ICMP 请求数据包经过路由器 R1 后 TTL 值变为 1, 路由器 R2 收到该数据包后将其 TTL 值减 1 后, 发现其 TTL 值为 0, 于是丢弃该 ICMP 请求数据包, 路由器 R2 产生一个新的 ICMP 响应数据包给计算机 A。计算机 A 收到输出结果:"来自 172.16.0.250 的回复: TTL 传输中过期"。就会知道途经的第二个路由器是 172.16.0.250。

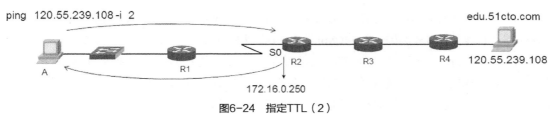

图6-24 指定TTL(2)

```
C:\Users\han>ping edu.51cto.com -i 2

正在 Ping yun.dns.51cto.com [120.55.239.108] 具有 32 字节的数据:
来自 172.16.0.250 的回复: TTL 传输中过期。
来自 172.16.0.250 的回复: TTL 传输中过期。
来自 172.16.0.250 的回复: TTL 传输中过期。
来自 172.16.0.250 的回复: TTL 传输中过期。

120.55.239.108 的 Ping 统计信息:
        数据包: 已发送 = 4, 已接收 = 4, 丢失 = 0 (0% 丢失),
```

在计算机 A 上使用 ping 命令测试远程网站 edu.51cto.com, 指定 TTL 值为 3。就会收到从第三个路由器 R3 发过来的 ICMP 响应数据包。就会知道途经的第三个路由器是 111.11.85.1。

通过这种方式能够知道计算机给目标地址发送数据包, 途经的第 n 个路由器是哪个路由器。

6.2 ICMP

Internet 控制报文协议(Internet Control Message Protocol, ICMP)是 TCP/IP 协议栈中的网络层的一个协议, 用于在网络主机和路由器之间传递控制消息。控制消息是指网络通不通、主机是否可达、路由是否可用等网络本身的消息。

ICMP 报文是在 IP 数据报内部被传输的, 它封装在 IP 数据报内。ICMP 报文通常被 IP 层或更高层协议(TCP 或 UDP)使用, 一些 ICMP 报文将差错报文返回给用户进程。

6.2.1　抓包查看ICMP报文格式

抓包查看 ICMP 报文格式

ping 命令能够产生一个 ICMP 请求报文并发送给目标地址，用来测试网络是否畅通；如果目标计算机收到 ICMP 请求报文，就会返回 ICMP 响应报文，如图 6-25 所示。

图6-25　ICMP请求和ICMP响应报文

运行抓包工具 Wireshark，打开 cmd.exe 软件，输入命令 ping www.91xueit.com，测试到这个网站的网络是否畅通，能够捕获发出去的 ICMP 请求和返回来的 ICMP 响应报文。如图 6-26 所示，在显示过滤器中输入 icmp 后，应用显示过滤器。可以看到第 56 个数据包为 ICMP 请求报文。ICMP 包括 ICMP 报文类型、ICMP 报文代码、校验和及 ICMP 数据部分。ICMP 请求报文类型值为 8，报文代码为 0。注意：现在不是查看网络层首部格式，而是 ICMP 报文的格式。

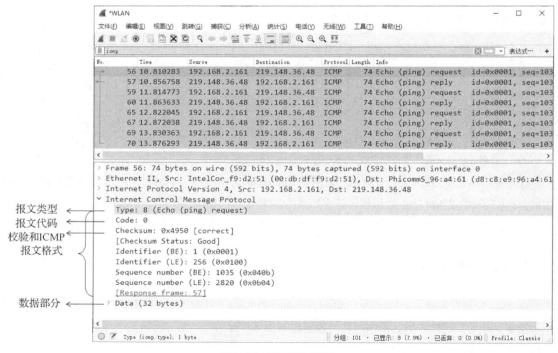

图6-26　ICMP请求报文

图 6-27 所示为 ICMP 响应报文，其类型值为 0，报文代码为 0。

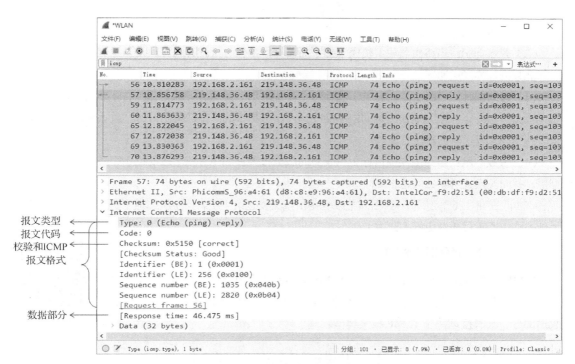

图6-27 ICMP响应报文

ICMP 定义了 3 种报文类型：请求报文、响应报文和差错报告报文。每种类型又使用代码来进一步指明 ICMP 报文所代表的不同含义。表 6-2 所示为常见的 ICMP 报文类型和代码。

表6-2 常见的ICMP报文类型和代码

报文类型	类型值	代码	描述
请求报文	8	0	请求回显报文
响应报文	0	0	回显应答报文
差错报告报文	3	0	网络不可达
		1	主机不可达
		2	协议不可达
		3	端口不可达
		4	需要进行分片但设置了不允许分片
		13	由于路由器过滤，通信被禁止
	4	0	源点被关闭
	5	0	对网络重定向
		1	对主机重定向
	11	0	传输期间 TTL 值为 0
	12	0	坏的 IP 首部
		1	缺少必要的选项

ICMP 差错报告报文共有以下五种。

（1）终点不可到达：当路由器或主机没有到达目标地址的路由时，就丢弃该数据包，给源点发送终点不可到达报文。

（2）源点抑制：当路由器或主机由于拥塞而丢弃数据包时，就会向源点发送源点抑制报文，使源点降低数据包的发送速率。

（3）时间超时：当路由器收到 TTL 值为 0 的数据报时，除丢弃该数据报外，还要向源点发送时间超过报文。当终点在预先规定的时间内不能收到一个数据报的全部数据报片时，就丢弃已收到的数据报，并向源点发送时间超过报文。

（4）参数问题：当路由器或目标主机收到的数据报的首部中有些字段的值不正确时，就丢弃该数据报，并向源点发送参数问题报文。

（5）改变路由（重定向）：路由器把改变路由报文发送给主机，使主机知道下次应将数据报发送给另外的路由器（可通过更好的路由）。

6.2.2　ICMP报文格式

ICMP 报文格式如图 6-28 所示。ICMP 报文的前 4 字节是统一的格式，共有 3 个字段：类型、代码及校验和；接着 4 字节的内容与 ICMP 的类型有关；最后是数据部分，其长度取决于 ICMP 报文类型。

ICMP 报文格式

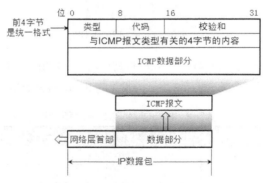

图6-28　ICMP报文格式

如图 6-29 所示，所有 ICMP 差错报告报文中的数据字段都具有同样的格式。把收到的需要进行差错报告的 IP 数据报的首部和数据字段的前 8 字节提取出来，作为 ICMP 报文的数据字段。再加上相应的 ICMP 差错报告报文的前 8 字节，就构成了 ICMP 差错报告报文。

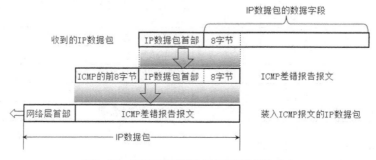

图6-29　ICMP差错报告报文数据字段的内容

提取收到的数据报的数据字段的前 8 个字节是为了得到传输层的端口号（对 TCP 和 UDP）及传输层报文的发送序号（对 TCP），这些信息对源点通知高层协议是有用的。整个 ICMP 报文作为 IP 数据报的数据字段发送给源点。

6.2.3 实战：捕获ICMP差错报告报文——TTL过期

在计算机上运行抓包工具后，运行命令 ping www.91xueit.com -i 2，指定 TTL 值为 2，会从途经的第二个路由器返回 TTL 传输中过期的 ICMP 差错报告，图 6-30 展示了 TTL 过期的 ICMP 差错报告报文。

实战：捕获 ICMP 差错报告报文—— TTL 过期

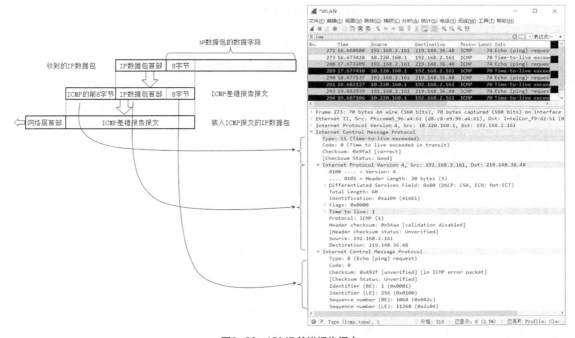

图6-30 ICMP差错报告报文

6.3 ARP

在 TCP/IP 协议栈的网络层有地址解析协议（Address Resolution Protocol，ARP），在计算机与目标计算机通信之前，需要使用该协议解析目标计算机的 MAC 地址（同一网段通信）或网关的 MAC 地址（跨网段通信）。

6.3.1 ARP的作用

如图 6-31 所示，网络中有两个以太网和一个点到点链路，计算机和路由器接口的地址如图 6-31 所示，图中 MA、MB、…、MH 代表对应接口的 MAC 地址。下面讲解计算机 A 和本网段计算机 B 的通信过程，以及计算机 A 和计算机 H 跨网段的通信过程。

ARP 的作用

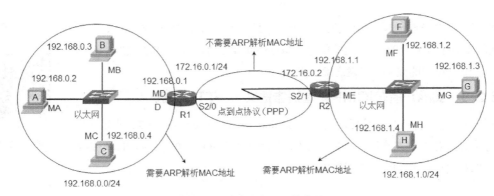

图6-31　以太网中ARP的作用

　　如果在计算机 A 上使用 ping 命令测试计算机 C 的地址 192.168.0.4，计算机 A 通过判断知道目标 IP 地址和本机在一个网段，数据链路层封装的目标 MAC 地址就是计算机 C 的 MAC 地址，图 6-32 所示为同一网段通信目标 MAC 地址。

　　如果在计算机 A 上使用 ping 命令测试计算机 H 的地址 192.168.1.4，计算机 A 判断出目标 IP 地址和本机不在一个网段，数据链路层封装的目标 MAC 地址就是网关的 MAC 地址，也就是路由器 R1 的接口 D 的 MAC 地址，如图 6-33 所示。

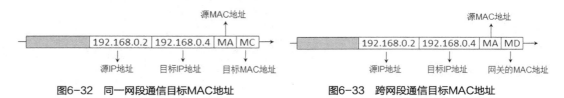

图6-32　同一网段通信目标MAC地址　　　　　图6-33　跨网段通信目标MAC地址

　　计算机接入以太网，只需给计算机配置 IP 地址、子网掩码和网关，并没有告诉计算机网络中其他计算机的 MAC 地址。计算机与目标计算机通信前必须知道目标 MAC 地址，那么问题来了，计算机 A 是如何知道计算机 C 的 MAC 地址的或网关的 MAC 地址的呢？

　　在计算机与目标计算机通信之前，需要使用 ARP 解析到目标计算机的 MAC 地址（同一网段通信）或网关的 MAC 地址（跨网段通信）。

　　这里大家需要知道：ARP 只是在以太网中使用，点到点链路使用 PPP 通信，PPP 帧的数据链路层根本不用 MAC 地址，所以也不用 ARP 解析 MAC 地址。

6.3.2　ARP的工作过程和安全隐患

　　以图 6-31 中计算机 A 跟计算机 C 通信为例来说明 ARP 的工作过程。

　　（1）计算机 A 跟计算机 C 通信之前，先要检查 ARP 缓存中是否有计算机 C 的 IP 地址对应的 MAC 地址。如果没有，就启用 ARP 发送一个 ARP 广播请求解析 192.168.0.4 的 MAC 地址，ARP 广播帧目标 MAC 地址是 ff-ff-ff-ff-ff-ff。

ARP 的工作过程和
安全隐患

　　ARP 请求数据报文的主要内容表明：本机的 IP 地址是 192.168.0.2，本机的硬件地址是 MA，想知道 IP 地址为 192.168.0.4 的主机的 MAC 地址。

（2）交换机将 ARP 广播帧转发到同一个网络的全部接口。这就意味着同一个网段中的计算机都能够收到该 ARP 请求。

（3）正常情况，只有计算机 C 收到该 ARP 请求后，发送 ARP 应答消息。还有不正常情况，就是网络中的任何一个计算机都可以发送 ARP 应答消息，告诉计算机 A 一个错误的 MAC 地址。

（4）计算机 A 将解析到的结果保存在 ARP 缓存中，并保留一段时间，如果缓存中有，就不再发送 ARP 解析请求。

图 6-34 所示的是使用抓包工具捕获的 ARP 请求数据包，第 27 帧是计算机 192.168.80.20 解析 192.168.80.30 的 MAC 地址发送的 ARP 请求数据包。目标 MAC 地址为 ff: ff: ff: ff: ff: ff。其中，opcode 是选项代码，指示当前包是请求包还是应答包，对应的值分别是 0x0001 和 0x0002。

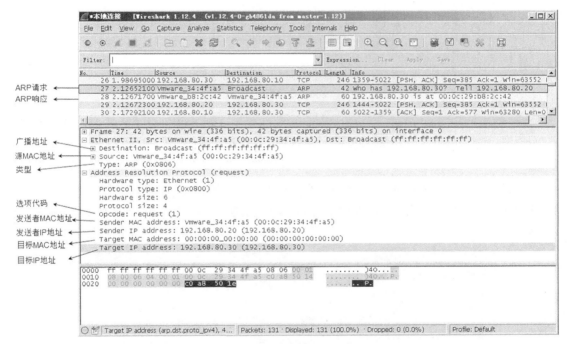

图6-34　ARP请求

ARP 是建立在网络中各个主机互相信任的基础上的，计算机 A 发送 ARP 广播帧解析计算机 C 的 MAC 地址，同一个网段中的计算机都能收到这个 ARP 请求消息，任何一个主机都可以给计算机 A 发送 ARP 应答消息，可以告诉计算机 A 一个错误的 MAC 地址，计算机 A 收到 ARP 应答报文时并不会检测该报文的真实性就将其记入本机 ARP 缓存，这就存在一个安全隐患——ARP 欺骗。

6.3.3　ARP欺骗

网络执法官是一款局域网管理辅助软件，安装该软件的计算机通过周期性解析本网段 IP 地址的 MAC 地址来统计计算机的在线（开机）和下线（关机）状态，能够利用 ARP 欺骗来禁止与关键主机的通信或禁止与网络中所有计算机的通信。该软件可以指定哪些地址是"关键主机"。

ARP 欺骗

如图 6-35 所示，在计算机 B 上安装网络执法官软件，指定关键主机，创建规则禁止计算机 A 与关键主机通信，当计算机 A 解析关键主机的 MAC 地址时，网络执法官就会发送给计算机 A 一个根本不存在的 MAC 地址。

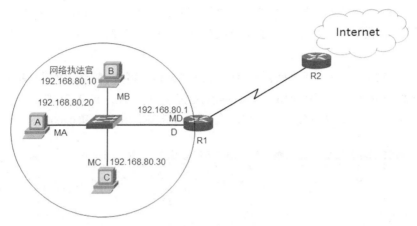

图6-35　网络环境

要想禁止计算机访问 Internet，只需将网关 192.168.80.1 设置为关键主机，然后设置计算机权限，禁止与关键主机通信即可，计算机解析到一个错误的网关 MAC 地址，路由器就不会接收发往 Internet 的帧。

下面在 3 个安装了 Windows Server 2003 的虚拟机中验证网络执法官软件的应用。如图 6-36 所示，按着图 6-35 标注的地址设置计算机 A 和计算机 B 以及计算机 C 的 IP 地址，在计算机 B 上安装网络执法官软件。

图6-36　网络执法官

第一次运行网络执法官软件，会出现对话框选择监控范围（注意只能监控和计算机 B 在一个网段的计算机），选择用于监控的网卡，指定该网段的第一个地址 192.168.80.1 和最后一个地址 192.168.80.254（见图 6-36），单击"添加/修改"按钮，然后单击"确定"按钮。网络执法官软件会发送 ARP 请求给这个范围的每一个地址，通过统计接收到的 ARP 响应，来发现该网段有多少个计算机在线。

如图 6-37 所示，可以看到网络执法官软件发现的地址范围在 192.168.80.1～192.168.80.254 的计算机。

图6-37　发现本网段计算机

如图 6-38 所示，单击"设置" → "关键主机"菜单项，在打开的"关键主机"对话框中，添加关键主机，指定 IP 输入主机 C 的 IP 地址，然后单击"添加"按钮。

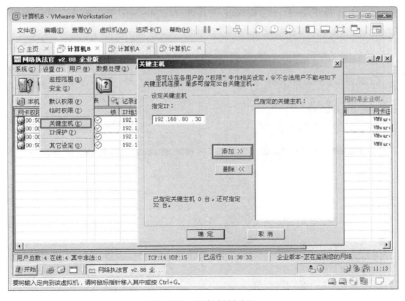

图6-38　添加关键主机

如图 6-39 所示，在计算机 A 上使用 ping 命令测试计算机 C 的 IP 地址，在发送 ICMP 请求数据包之前，先要使用 ARP 解析到计算机 C 的 MAC 地址，可以看到网络畅通。

图6-39　解析到的MAC地址

然后输入命令 arp -a 可以查看缓存的 MAC 地址。能够发现刚刚解析到的 192.168.80.30 的 MAC 地址，通过 ARP 解析得到的 IP 地址和 MAC 的对应项类型（Type）为动态（dynamic）。动态类型的记录过一会儿不用就会从缓存中删除。

如果输入命令 arp -a 没有看到网络中的某个 IP 地址对应的 MAC 地址，需要先使用 ping 命令测试一下该地址，计算机会发送 ARP 广播解析该地址的 MAC 地址，再输入命令 arp -a 就能够看到解析的结果。

如图 6-40 所示，在计算机 B 上，右键单击计算机 A 的那条记录，单击"设定权限"菜单项。

图6-40　设定权限

在图 6-41 所示的设定用户权限对话框中，权限设定选择"发现该用户与网络连接即进行管理"单选按钮，管理方式选择"禁止与关键主机的 TCP/IP 连接（但与本机的连接不会断开）"，然后单击"确定"按钮。

图6-41 设定权限

在计算机 A 上使用 ping 命令测试计算机 C，请求超时；再次输入命令 arp -a 可以看到缓存了一个错误的 MAC 地址，如图 6-42 所示。

图6-42 ARP欺骗

191

6.3.4 判断和防止ARP欺骗的方法

当计算机不能和同一个网段的另一个计算机通信，但与其他计算机通信正常时，如果不是双方的计算机防火墙设置引起的网络故障，就很有可能是 ARP 欺骗引起的网络故障。如何断定是不是 ARP 欺骗呢？

判断和防止 ARP
欺骗的方法

以 6.3.3 小节为例，在计算机 A 上使用 ping 命令测试计算机 C 不能连通，要断定是不是 ARP 欺骗造成的网络故障，就要比较在计算机 A 上输入命令 arp -a 查看缓存中的计算机 C 的 MAC 地址和在计算机 C 上输入命令 ipconfig /all 查看到的计算机 C 的 MAC 地址是否一致，如果不一致就是 ARP 欺骗造成的网络故障。

如果计算机不使用 ARP 解析 MAC 地址了，网络执法官软件也就没有办法进行 ARP 欺骗了。可以在计算机 A 和计算机 C 上直接使用 arp 命令的-s 选项添加对方 IP 地址和 MAC 地址静态映射（见图6-43），这样这两个计算机通信，就不需要使用 ARP 解析对方 MAC 地址了，网络执法官软件也就无法进行 ARP 欺骗了。

输入命令 arp -d 192.168.80.30 可以删除上面添加的静态映射。

图6-43　添加IP地址和MAC地址的静态映射

6.4　IGMP

Internet 组管理协议（Internet Group Management Protocol，IGMP）是 Internet 协议家族中的一个多播协议。该协议运行在主机和多播路由器之间，是网络层协议。要想搞明白 IGMP 的作用和用途，先要搞明白什么是多播（多播）通信。

6.4.1 什么是多播

计算机通信分为一对一通信、多播通信和广播通信。

什么是组播

如图 6-44 所示，教室中有一个流媒体服务器，课堂上老师安排学生在线学习流媒体服务器上的"Excel VBA"课程。教室中每台计算机访问流媒体服务器看这个视频就是一对一通信。流媒体服务器到交换机的流量很大。

电视台发送视频信号，可以让无数个电视机同时收看节目。现在老师安排学生同时学习"Excel VBA"课程，在网络中也可以让流媒体服务器像一个电视台一样，不同的视频节目使用不同的多播地址（相当于电视台的不同频道）发送到网络中。网络中的计算机要想收到某个视频流，只需将网卡绑定相应的多播地址，这个绑定过程通常由应用程序来实现。多播节目文件就自带多播地址信息，只要使用视频播放软件播放，就会自动给计算机网卡绑定该多播地址。

如图 6-45 所示，上午 8 点老师安排 1 班学生学习"Excel VBA"课程，安排 2 班学生学习"PPT 2010"视频，机房管理员提前就配置好了流媒体服务，8 点准时使用 224.4.5.4 这个多播地址发送"Excel VBA"课程的视频，使用 224.4.5.3 这个多播地址发送"PPT 2010"课程的视频。

网络中的计算机除配置唯一地址外，收看多播视频还需要绑定多播地址，观看多播视频学习过程学生不能"快进"或"倒退"。这样流媒体服务的带宽压力大大降低，网络中有 10 个学生收看视频和 1000 个学生收看视频对流媒体服务器来说流量是一样的。

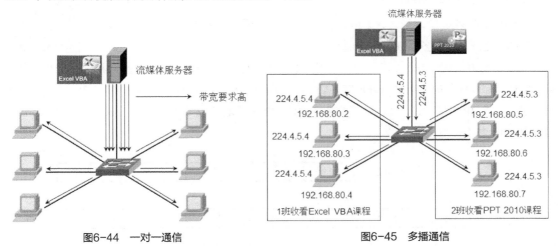

图6-44　一对一通信　　　　　　图6-45　多播通信

由图 6-45 可以看出，"多播"就是给一组计算机绑定相同的地址。如果计算机同时收看多个多播视频，该计算机的网卡需要同时绑定多个多播地址。

6.4.2　多播的IP地址

在 Internet 中每个主机必须有一个全球唯一的 IP 地址。如果某个主机想接收某个特定多播的数据包，就需要给该主机的网卡绑定这个多播地址。

多播的 IP 地址

IP 地址中的 D 类地址是多播地址。D 类 IP 地址的前四位是 1110，因此 D 类地址范围是 224.0.0.0～239.255.255.255。每个 D 类地址标志一个多播组，D 类地址共可标志 2^{28} 个多播组。多播数据报也是"尽最大努力交付"，不保证一定能够交付给多播组内的所有成员。因此，多播数据包和一般的 IP 数据包的区别就是它使用 D 类 IP 地址作为目标地址。显然，多播地址只能用于目标地址，而不能用于源地址。此外，多播数据报不产生 ICMP 差错报文。因此，若在 ping 命令后面加入多播地址，将永远不会收到响应。D 类地址中有一些是不能随意使用的，因为有的地址已经被互联网数字分配机构（IANA）指派为永久多播地址了。

例如：

224.0.0.0：基地址（保留）。

224.0.0.1：在本子网上的所有参加多播的主机和路由器。

224.0.0.2：在本子网上的所有参加多播的路由器。

224.0.0.3：未指派。

224.0.0.4：DVMRP 路由器。

224.0.1.0～238.255.255.255：全球范围都可使用的多播地址。

239.0.0.0～239.255.255.255：限制在一个组织的范围可以使用的多播地址。

IP 多播可以分为两种：一种是只在本局域网上进行硬件多播；另一种则是在因特网的范围进行多播。前者虽然简单，但也非常重要，因为现在大部分主机都是通过局域网接入到因特网的；后者的最后阶段，还是要利用前者。

6.4.3　多播的MAC地址

多播的 MAC 地址

目标地址为多播 IP 地址的数据包到达以太网时，就要使用多播 MAC 地址封装，多播 MAC 地址是使用多播 IP 地址构造的。

为了支持 IP 多播，IANA 已经为以太网的 MAC 地址保留了一个多播地址区间 01-00-5E-00-00-00～01-00-5E-7F-FF-FF。如图 6-46 所示，48 位多播 MAC 地址中的高 25 位是固定的，为了映射一个 IP 多播地址到 MAC 层的多播地址，IP 多播地址的低 23 位可以直接映射为 MAC 层多播地址的低 23 位。

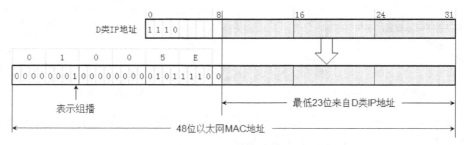

图6-46　IP地址构造多播MAC地址

如图 6-47 所示，多播 IP 地址 224.128.64.32，使用上面的方法构造出的 MAC 地址为 01-00-5E-00-40-20。

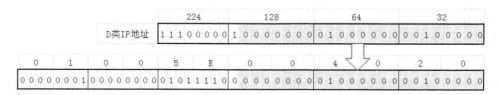

图6-47　IP地址224.128.64.32构造多播MAC地址

如图 6-48 所示，多播 IP 地址 224.0.64.32，使用上面的方法构造出的 MAC 地址也是 01-00-5E-00-40-20。

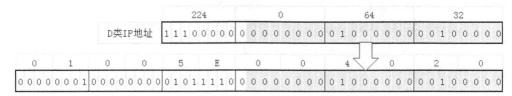

图6-48　不同的多播IP地址构造的多播MAC地址可能相同

仔细观察，就会发现这两个多播地址构造出来的多播 MAC 地址一样，即多播 IP 地址与以太网硬件地址的映射关系不是唯一的，因此收到多播数据包的主机，还要进一步根据 IP 地址判断是否接收该数据包，丢弃不是本主机应接收的数据包。

6.4.4　IGMP的应用

IGMP 的应用

前面介绍的多播是流媒体服务器和接收多播的计算机在同一个网段的情景，多播也可以跨网段。如图 6-49 所示，流媒体服务器在北京总公司的网络中，上海分公司和石家庄分公司接收流媒体服务器的多播视频。这就要求网络中的路由器启用多播转发，多播数据流要从路由器 R1 发送到路由器 R2，路由器 R2 将多播数据流同时转发到路由器 R3 和路由器 R4。

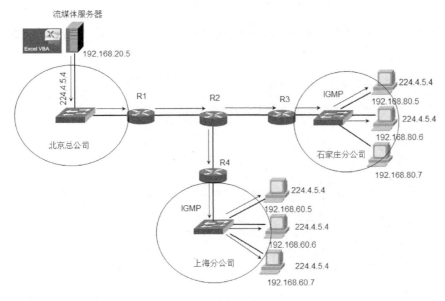

图6-49　跨网段多播

如果上海分公司的计算机都不再接收来自 IP 地址为 224.4.5.4 的多播视频，路由器 R4 就会告诉路由器 R2，路由器 R2 就不再向路由器 R4 转发该多播数据包。上海分公司网络中只要有一个计算机接收该多播视频，路由器 R4 就会向路由器 R2 申请该多播数据包。

这就要求路由器 R4 必须知道网络中的计算机正在接收哪些多播。上海分公司的主机与本地路由器

R4 之间使用 IGMP 来进行多播组成员信息的交互，管理多播组成员的加入和离开。

IGMP 提供了在转发多播数据包到目的地的最后阶段所需的信息，并实现以下双向的功能。

（1）主机通过 IGMP 通知路由器希望接收或离开某个特定多播组的信息。

（2）路由器通过 IGMP 周期性地查询局域网内的多播组成员是否处于活动状态，实现所连网段多播组成员关系的收集与维护。

习　题

1. ARP实现的功能是（　　　）。

    A．域名地址到IP地址的解析   B．IP地址到域名地址的解析

    C．IP地址到物理地址的解析   D．物理地址到IP地址的解析

2. 如图6-50所示，主机A发送IP数据报给主机B，途中经过了2个路由器。试问在IP数据报的发送过程中在哪些网络用到ARP？

图6-50　网络拓扑

3. 图6-51所示为一家企业排除网络故障时捕获的数据包。其中有哪些问题，哪台主机在网上发的ARP广播包？

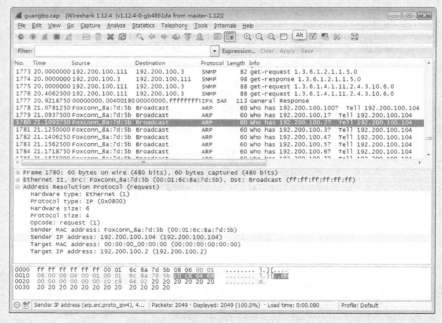

图6-51　抓包结果

4. 图6-52所示的第300个数据包是一个分片。如何找到后面与这个分片是同一个数据包的后继分片?

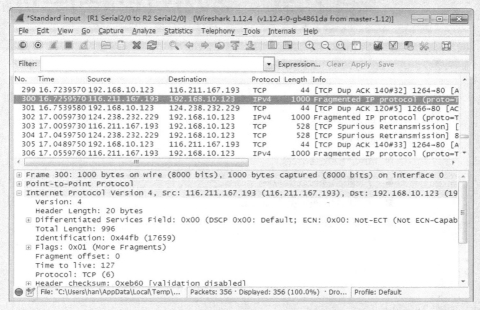

图6-52 分片

5. 试说明IP、ARP、ICMP、IGMP的作用。

6. 什么是MTU，它和IP数据报首部中的哪个字段有关系?

7. 在因特网中将IP数据报分片传送，然后在最后的目标主机进行组装。还可以有另一种做法，即数据报片通过一个网络就进行一次组装。试比较这两种方法的优劣。

07 第7章 数据链路层协议

本章内容

- 链路和数据链路
- 广播信道的数据链路
- 点到点信道的数据链路层
- 扩展以太网

链路加上数据链路层协议才能实现数据传输。数据链路层协议负责把数据从链路的一端发送到另一端。数据链路层协议的甲方和乙方是同一链路上的设备。

本章重点讲解广播信道的数据链路和点到点信道的数据链路使用的协议。

7.1　链路和数据链路

链路和数据链路

7.1.1　数据链路和帧

在本书中链路和数据链路是有区别的。

链路指的是从一个节点到相邻节点的一段物理线路（有线或无线），而中间没有任何其他交换节点。计算机通信的路径往往要经过许多段这样的链路。链路只是一条路径的组成部分。

数据链路和帧

如图 7-1 所示，两端使用同轴电缆组建的网络，计算机 A 和计算机 B 通信要经过链路 1、链路 2、链路 3 和链路 4。通俗一点来讲，链路就是一段用于通信的线缆。链路 1 和链路 2 是同轴电缆，一条链路上有多台计算机，这些计算机使用同一条链路进行通信，这样的链路就是广播信道。链路 2 和链路 3 只有两端连接设备，这样的链路称为点到点信道。

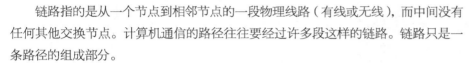

图7-1　链路（1）

如图 7-2 所示，计算机 A 到计算机 B 要经过链路 1、链路 2、链路 3、链路 4 和链路 5。集线器不是交换节点，因此计算机 A 和路由器 1 之间是一条链路，计算机 B 和路由器 3 之间使用交换机连接，这就是两条链路，链路 4 和链路 5。

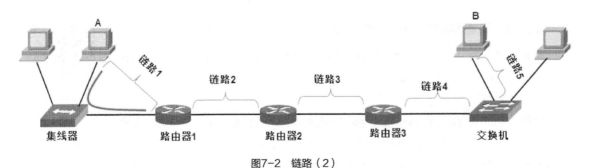

图7-2　链路（2）

数据链路则是另一个概念。当需要在一条线路上传送数据时，除必须有一条物理线路外，还必须有一些必要的通信协议来控制这些数据的传输。若把实现这些协议的硬件和软件加到链路上，就构成了数据链路。现在最常用的方法是使用网络适配器来实现这些协议的硬件和软件。一般的适配器都包括数据链路层和物理层。

　　早期的数据通信协议叫作通信规程。因此在数据链路层，规程和协议是同义语。

　　下面介绍点对点信道的数据链路层的协议数据单元——帧。

　　数据链路层把网络层交下来的数据封装成帧发送到链路上，以及把接收的帧中的数据取出并上交给网络层。在因特网中，网络层协议数据单元就是 IP 数据报。如图 7-3 所示，数据链路层封装的帧，在物理层变成数字信号在链路上传输。

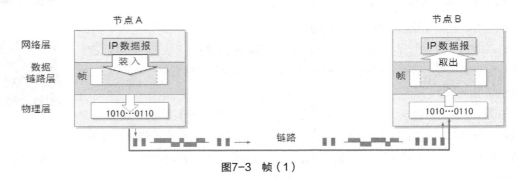

图7-3　帧（1）

　　本章主要探讨数据链路层，不考虑物理层如何实现数据传输的细节。如图 7-4 所示，我们可以简单地认为数据帧通过数据链路由节点 A 发送到节点 B。

图7-4　帧（2）

　　数据链路层要把网络层交下来的 IP 数据报添加首部和尾部封装成帧，节点 B 收到后检测帧在传输过程中是否产生差错，如果无差错，把 IP 数据报上交给网络层；如果有差错，则丢弃 IP 数据报。

7.1.2　数据链路层三个基本问题

　　数据链路层的协议有许多种，但有三个基本问题是共同的。这三个基本问题是封装成帧、透明传输和差错检验。

数据链路层三个
基本问题

　　1. **封装成帧**

　　将网络层的 IP 数据报的前后分别添加首部和尾部，这样就构成了一个帧。如图 7-5 所示，不同的数据链路层协议的帧的首部和尾部包含的信息有明确的规定，帧的首部和尾部有帧开始符和帧结束符，称为帧定界符。接收端收到物理层传过来的数字信号时，读取到帧开始符一直到帧结束符，就认为接收到了一个完整的帧。

　　在数据传输中出现差错时，帧定界符的作用更加明显。如果发送端在尚未发送完一个帧时突然出现故障而中断发送，接收端收到了只有帧开始符没有帧结束符的帧，就认为是一个不完整的帧，必须丢弃。

为了提高数据链路层的传输效率，应当使帧的数据部分尽可能大于首部和尾部的长度。但是每一种数据链路层协议都规定了所能够传送的帧的数据部分长度的上限，即最大传输单元，以太网的 MTU 为 1500 字节，如图 7-5 所示。注意：MTU 是指的数据部分长度。

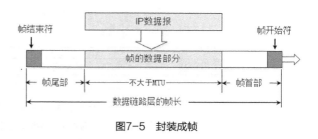

图7-5 封装成帧

2. 透明传输

帧开始符和帧结束符最好是不会出现在帧的数据部分的字符。通常计算机的键盘能够输入的字符是 ASCII 字符代码表中的打印字符。在图 7-6 所示的 ASCII 字符代码表中，还有非打印控制字符。在非打印字符中有两个字符专门用来做帧定界符，代码 SOH（Start of Header）作为帧开始符，对应的二进制编码为 0000 0001，代码 EOT（End of Transmission）作为帧结束符，对应的二进制编码为 0000 0100。

高四位						ASCII非打印控制字符							ASCII打印字符						
		0000					0001					0010	0011	0100	0101	0110	0111		
		0					1					2	3	4	5	6	7		
低四位		+进制	字符	ctrl	代码	字符解释	+进制	字符	ctrl	代码	字符解释	+进制 字符	+进制 字符	+进制 字符	+进制 字符	+进制 字符	+进制 字符		ctrl
0000	0	0	BLANK NULL	^@	NUL	空	16	►	^P	DLE	数据链路转意	32	48 0	64 @	80 P	96 `	112 p		
0001	1	1	☺	^A	SOH	头标开始	17	◄	^Q	DC1	设备控制1	33 !	49 1	65 A	81 Q	97 a	113 q		
0010	2	2	☻	^B	STX	正文开始	18	↕	^R	DC2	设备控制2	34 "	50 2	66 B	82 R	98 b	114 r		
0011	3	3	♥	^C	ETX	正文结束	19	‼	^S	DC3	设备控制3	35 #	51 3	67 C	83 S	99 c	115 s		
0100	4	4	♦	^D	EOT	传输结束	20	¶	^T	DC4	设备控制4	36 $	52 4	68 D	84 T	100 d	116 t		
0101	5	5	♣	^E	ENQ	查询	21	§	^U	NAK	反确认	37 %	53 5	69 E	85 U	101 e	117 u		
0110	6	6	♠	^F	ACK	确认	22	▬	^V	SYN	同步空闲	38 &	54 6	70 F	86 V	102 f	118 v		
0111	7	7	●	^G	BEL	震铃	23	↨	^W	ETB	传输块结束	39 '	55 7	71 G	87 W	103 g	119 w		
1000	8	8	◘	^H	BS	退格	24	↑	^X	CAN	取消	40 (	56 8	72 H	88 X	104 h	120 x		
1001	9	9	○	^I	TAB	水平制表符	25	↓	^Y	EM	媒体结束	41)	57 9	73 I	89 Y	105 i	121 y		
1010	A	10	◎	^J	LF	换行/新行	26	→	^Z	SUB	替换	42 *	58 :	74 J	90 Z	106 j	122 z		
1011	B	11	♂	^K	VT	竖直制表符	27	←	^[	ESC	转意	43 +	59 ;	75 K	91 [	107 k	123 {		
1100	C	12	♀	^L	FF	换页/新页	28	∟	^\	FS	文件分隔符	44 ,	60 <	76 L	92 \	108 l	124 |		
1101	D	13	♪	^M	CR	回车	29	↔	^]	GS	组分隔符	45 -	61 =	77 M	93]	109 m	125 }		
1110	E	14	♫	^N	SO	移出	30	▲	^6	RS	记录分隔符	46 .	62 >	78 N	94 ^	110 n	126 ~		
1111	F	15	☼	^O	SI	移入	31	▼	^-	US	单元分隔符	47 /	63 ?	79 O	95 _	111 o	127 Δ		^Back space

图7-6 ASCII字符代码表

如果传送的帧是用文本文件组成的（文本文件中的字符都是使用键盘输入的可打印字符），其数据部分显然不会出现 SOH 或 EOT 这样的帧定界符。从键盘上输入的任意字符都可以放在这样的帧中传输。

当数据部分是非 ASCII 字符代码表的文本文件时（如二进制代码的计算机程序或图像等），情况就不同了。如果数据中的某一段二进制代码正好和 SOH 或 EOT 帧定界符编码一样，接收端就会误认为这就是帧的边界。如图 7-7 所示，接收端收到的数据部分出现 EOT 帧定界符，就误认为接收了一个完整的帧，而后面的部分因为没有帧开始符被接收端当作无效帧而被丢弃。

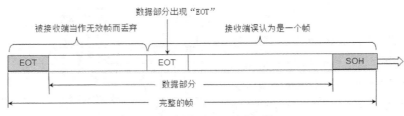

图7-7　数据中出现帧定界符

接收端如何区分帧中的 EOT 或 SOH 是数据部分还是帧定界符呢？可以在数据部分出现的帧定界符编码前面插入转义字符。在ASCII 字符代码表中，用非打印字符（代码是"ESC"，二进制编码为0001 1011）专门用来做转义字符。接收端在收到帧后提交给网络层之前去掉转义字符，并认为转义字符后面的字符为数据。如果数据部分有转义字符 ESC 的编码，需要在 ESC 字符编码前插入一个 ESC 字符编码。

如图 7-8 所示，节点 A 给节点 B 发送数据帧，在发送到数据链路之前，在数据中出现 SOH、ESC 和 EOT 字符编码之前的位置插入转义字符 ESC 的编码，这个过程就是字节填充，节点 B 接收之后，再去掉填充的转义字符，视转义字符后的字符为数据。

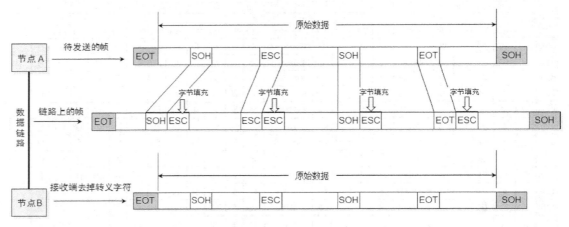

图7-8　插入转义字符

发送节点 A 发送帧之前，在原始数据中的必要位置插入转义字符；接收节点 B 在收到数据后去掉转义字符，又得到原始数据。中间插入转义字符让要传输的原始数据原封不动的发送到节点 B，这个过程称为透明传输。

3. **差错检验**

现实中的通信链路都不会是理想的。这就是说，比特在传输过程中可能会产生差错：1 可能变成 0，而 0 也可能变成 1，这就叫作比特差错。比特差错是传输差错中的一种。在一段时间内，传输错误的比特占所传输比特总数的比率称为误码率（Bit Error Rate，BER）。例如，误码率为 10^{-10} 时，表示平均每传送 10^{10} 个比特就会出现一个比特的差错。误码率与信噪比有很大的关系，如果设法提高信噪比，就可以使误码率减小。实际的通信链路并非理想的，它不可能使误码率下降到零。因此，为了保证数据传输的可靠性，在计算机网络传输数据时，必须采用各种差错检验措施。目前在数据链路层广泛使用循环冗余检验（Cyclic Redundancy Check，CRC）的差错检验技术。

要想让接收端能够判断帧在传输过程是否出现差错，需要在传输的帧中包含用于检测错误的信息，这部分信息就称为帧校验序列（Frame Check Sequence，FCS）。

下面就通过简单的例子来说明如何使用 CRC 的差错检验技术来计算 FCS。CRC 运算就是在数 M 的后面添加供差错检测用的 n 位冗余码，然后构成一个帧发送出去。如图 7-9 所示，使用帧的数据部分和数据链路层首部合起来的数据（M=101001）来计算 n 位 FCS，放到帧的尾部，那么校验序列是如何计算出来的呢？

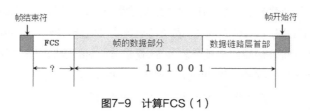

图7-9 计算FCS（1）

首先在要校验的二进制数 M=101001 后面添加 n 位 0，再除以收发双方事先商定好的 $n+1$ 位的除数 P，得出的商是 Q，而余数是 R（n 位，比除数少一位），这个 n 位余数 R 就是计算出的 FCS。

假如要得到 3 位帧校验序列，就要在 M 后面添加 3 个 0，就成为 101001000，假定事先商定好的除数 P=1101（4 位）。如图 7-10 所示，做完除法运算后余数是 001，001 将会添加到帧的尾部作为 FCS，得到商 Q=110101，这个商并没什么用途。

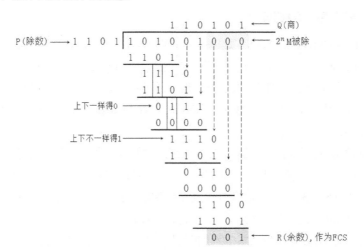

图7-10 CRC算法

如图 7-11 所示，计算出的 FCS=001 和要发送的数据 M=101001 一起发送到接收端。

图7-11 计算FCS（2）

接收端收到后，会使用 M 和 FCS 合成一个二进制数 101001001，再除以 P=1101，如果在传输过程没有出现差错，则余数是 0。可以计算一下看看结果。如果出现误码，余数还为 0 的概率非常小。

接收端对收到的每帧都进行 CRC，如果得到的余数 R 等于 0，则断定该帧没有差错，就接收。若余数 R 不等于 0，则断定这个帧有差错（无法确定究竟是哪位或哪几位出现的差错，也不能纠错），并丢弃这个帧。这对于通信的两个计算机来说，就出现丢包现象了，不过通信的两个计算机的传输层的 TCP 可以实现可靠传输（如丢包重传）。

计算机通信往往需要经过多条链路，IP 数据报经过路由器，网络层首部会发生变化（比如经过一个路由器转发，网络层首部的 TTL 值会减 1，或经过配置端口地址转换（Port Address Translation，PAT）路由器，IP 数据报的源地址和源端口会被修改），这就相当于帧的数据部分被修改，并且 IP 数据报从一个链路发送到下一个链路，每条链路的协议不同时，数据链路层首部格式也会不同，并且帧开始符和帧结束符也许会不同。这都需要将帧进行重新封装，重新计算 FCS。

在数据链路层，发送端 FCS 的生成和接收端的 CRC 都是由硬件完成的，处理很迅速，因此并不会延误数据的传输。

7.2 广播信道的数据链路

广播信道多用于局域网通信。

7.2.1 广播信道的局域网

局域网（Local Area Network，LAN）是在一个局部的地理范围内，一般是方圆几千米以内，将各种计算机、外部设备和数据库等互相连接起来组成的计算机通信网。

广播信道的局域网

现在大多数企业都有自己的网络，通常是企业购买网络设备组建的内部办公网络，局域网严格意义上是封闭型的，这样的网络通常不对 Internet 用户开放，但允许访问 Internet，并且使用保留的私网地址。

早期的局域网使用同轴电缆进行组网，总线拓扑，如图 7-12 所示。与点到点信道相比，一条链路通过 T 形接口连接多个网络设备（网卡），链路上的两个计算机通信，如计算机 A 给计算机 B 发送一个帧，同轴电缆会把承载该帧的数字信号传送到所有终端，链路上的所有计算机都能收到（所以称为广播信道），要在这样的一个广播信道实现点到点通信，就需要给发送的帧添加源地址和目标地址，这就要求网络中的每个计算机的网卡有唯一的物理地址（MAC 地址），仅当帧的目标 MAC 地址和计算机的网卡 MAC 地址相同时，网卡才接收该帧，对于不是发给自己的帧则丢弃。

广播信道中的计算机发送数据的机会均等（多路访问），但链路上同时传送多个计算机发送的信号，会产生信号叠加进而产生干扰，因此每台计算机发送数据之前要判断链路上是否有信号在传（载波侦听），开始发送后还要判断是否和其他正在链路上传过来的数字信号发生碰撞（冲突检测），一旦发现有碰撞，就要等待一个随机时间重新发送。这种机制就是一种数据链路层协议，即带冲突检测的载波侦听多路访问（Carrier Sense Multiple Access with Collision Detection，CSMA/CD）协议，以太网就是指使用 CSMA/CD 协议的网络。

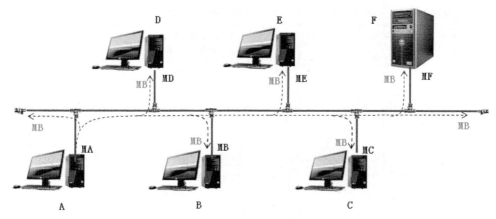

图7-12 总线拓扑

广播信道除总线拓扑外，还可以连接成星状拓扑。如图 7-13 所示，计算机 A 发送给计算机 C 的数字信号，会被集线器发送到所有接口（这和总线拓扑一样），网络中的计算机 B、C 和 D 的网卡都能收到，该帧的目标 MAC 地址和计算机 C 的网卡相同，只有计算机 C 接收该帧。为了避免冲突，计算机 B 和计算机 D 不能同时发送帧，因此连接在集线器上的计算机也要使用 CSMA/CD 协议进行通信。

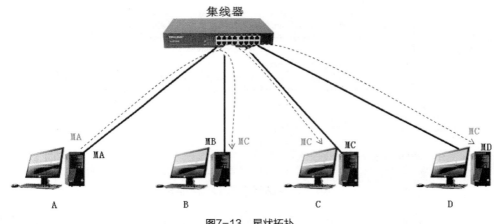

图7-13 星状拓扑

7.2.2 以太网帧格式

常用的以太网 MAC 帧格式有两种标准，一种是以太网 V2 标准，另一种是 IEEE 的 802.3 标准。使用最多的是前者。

如图 7-14 所示，看到捕获的数据包后，停止抓包，选中抓包工具捕获的数据包，可以看到以太网帧是以太网 V2 标准帧。帧的首部有目标 MAC 地址、源 MAC 地址及协议类型三个字段。

以太网帧格式

抓包工具捕获的帧，数据链路层只有这三个字段，在这里看不到帧定界符、帧校验序列。这些字段在接收帧以后就去掉了。图 7-15 所示为以太网 V2 标准帧的格式。

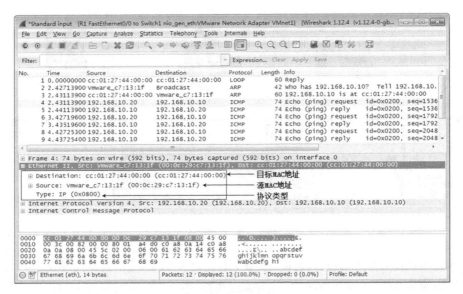

图7-14　以太网帧字段

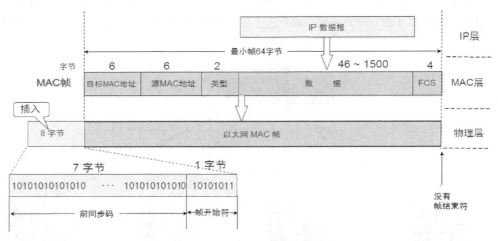

图7-15　以太网V2标准帧的帧格式

以太网 V2 标准帧比较简单，由 5 个字段组成。前两个字段分别为 6 字节的目标 MAC 地址和源 MAC 地址。第 3 个字段是 2 字节的类型字段，用来标识上一层使用的是什么协议，以便把收到的 MAC 帧的数据上交给上一层的这个协议。例如，当类型字段的值为 0x0800 时，就表示上层使用的是 IP 数据报。若类型字段的值为 0x8137，则表示该帧是由 Novell IPX 发过来的。第 4 个字段是数据字段，其长度范围为 46～1500 字节（帧最小长度 64 字节减去 18 字节的首部和尾部就得出数据字段的最小长度）。最后一个字段是 4 字节的 FCS（使用 CRC）。

以太网 V2 标准帧没有帧结束符，接收端如何断定帧是否结束呢？以太网使用曼彻斯特编码，这种曼彻斯特编码的一个重要特点就是：在曼彻斯特编码的每个码元（不管码元是 1 或 0）的正中间一定有一次电压的转换（从高到低或从低到高）。当发送方把一个以太网帧发送完毕后，就不再发送其他码元（既不发送 1，也不发送 0）。因此，发送方网络适配器的接口上的电压也就不再变化了。这样，接收方就可以很容易地找到以太网帧的结束位置。在这个位置往前数 4 字节（FCS 字段长度是 4 字节），就能确定数据字段的结束位置。

7.2.3　网卡的作用

网卡的作用

计算机与外界局域网的连接是通过主机箱内插入一块网络接口板（或者是在笔记本电脑中插入一块 PCMCIA 卡）。网络接口板又称为通信适配器或网络适配器（Network Adapter）或网络接口卡（Network Interface Card，NIC），但是更多的人愿意使用更为简单的名称"网卡"。

网卡是工作在数据链路层和物理层的网络组件，是局域网中连接计算机和传输介质的接口，不仅能实现与局域网传输介质之间的物理连接和电信号匹配，还涉及帧的发送与接收、帧的封装与拆封、帧的差错校验、介质访问控制、数据的编码与解码以及数据缓存的功能等。网卡的作用如图 7-16 所示。

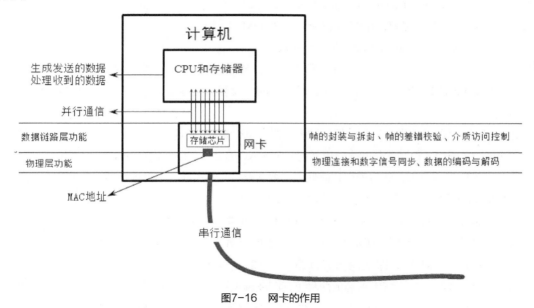

图7-16　网卡的作用

不管是集成网卡还是独立网卡，安装上驱动就能够实现数据链路层功能和物理层功能。

网卡上装有处理器和存储器（包括 RAM 和 ROM）。网卡与局域网内计算机的通信是通过电缆或双绞线以串行传输的方式进行的。而网卡和计算机之间的通信则是通过计算机主板上的 I/O 总线以并行传输的方式进行的。因此，网卡的一个重要功能就是要进行串行/并行转换。由于网络上的数据率和计算机总线上的数据率并不相同，因此在网卡中必须装有对数据进行缓存的存储芯片。

网卡还要实现 CSMA/CD 协议、帧的封装和拆封功能，CPU 根本不关心这些事情。网卡接收和发送各种帧时不使用 CPU，这时 CPU 可以处理其他任务。当网卡收到有差错的帧时，直接把这个帧丢弃而不必通知计算机。当网卡收到正确的帧时，它就使用中断来通知计算机并交付给协议栈中的网络层。当计算机要发送 IP 数据报时，就由协议栈把 IP 数据报向下交给网卡，组装成帧后发送到局域网。

物理层功能实现网卡和网络的连接和数字信号同步，实现数据的编码即曼彻斯特编码与译码。

7.2.4　MAC地址

MAC 地址

在广播信道实现点到点通信，这就需要网络中的每个网卡有一个地址。IEEE802标准为局域网规定了一种 48 位的全球地址（一般都简称为"地址"）。

在生产网卡时，这种 6 字节的 MAC 地址已被固化在网卡的 ROM 中。因此，MAC 地址也叫作硬件地址（Hardware Address）或物理地址。当这块网卡插入（或嵌入）到某台计算机后，网卡上的 MAC 地址就成为这台计算机的 MAC 地址了。

如何确保各网卡生产厂家生产的网卡的 MAC 地址是全球唯一呢？这就要有一个组织对这些网卡生产厂家分配地址块。现在 IEEE 的注册管理机构（Registration Authority，RA）是局域网全球地址的法定管理机构，它负责分配地址字段的 6 字节中的前 3 字节（高的 24 位）。世界上凡要生产网卡的厂家都必须向 IEEE 购买由这 3 字节构成的这个编号（地址块），这个号的正式名称是组织唯一标识符（Organizationally Unique Identifier，OUI），通常也叫作公司标识符。例如，如图 7-17 所示，3COM 公司生产的适配器的 MAC 地址的前 3 字节是 02-60-8C。地址字段中的后 3 字节（低的 24 位）则是由厂家自行指派的，称为扩展

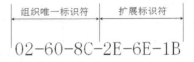

图7-17　MAC地址的构成

标识符（Extended Identifier），只要保证生产出的网卡没有重复地址即可。一个地址块可以生成 2^{24} 个不同的地址。

连接在以太网的路由器接口和计算机网卡一样，也有 MAC 地址。

网卡有过滤功能，但网卡从网络上每收到一个 MAC 帧就先用硬件检查 MAC 帧中的目的地址。如果是发往本站的帧则收下，然后进行其他处理。否则就将此帧丢弃，不再进行其他处理。这样做就不浪费主机的处理器和内存资源。这里"发往本站的帧"包括以下 3 种帧。

（1）单播帧（一对一），即收到的帧的 MAC 地址与本站的硬件地址相同。

（2）广播帧（一对全体），即发送给本局域网上所有站点的帧（全 1 地址）。

（3）多播帧（一对多），即发送给本局域网上一部分站点的帧。

所有的网卡都至少应当能够识别前两种帧，即能够识别单播地址和广播地址。有的网卡可用编程的方式识别多播地址。当操作系统启动时，它会把网卡初始化，使网卡能够识别某些多播地址。显然，只有目标地址才能使用广播地址和多播地址。

7.2.5　实战：查看和更改MAC地址

实战：查看和更改
MAC 地址

如图 7-18 所示，在 Windows 7 操作系统上打开 cmd.exe 软件，输入命令 ipconfig/all 可以看到网卡的物理地址（MAC 地址），这里是以十六进制的方式显示的物理地址，用一位十六进制数标识 4 位二进制。

网卡上的 MAC 地址在出厂时就已经固化到网卡的芯片上了，但是可以让计算机不使用网卡上的 MAC 地址，而使用指定的 MAC 地址。

如图 7-19 所示，打开计算机网络连接，右键单击"本地连接"按钮，在弹出的菜单中单击"属性"按钮。

图7-18　查看网卡MAC地址

图7-19　打开本地连接属性

如图 7-20 所示，在弹出的"本地连接属性"对话框中，单击"配置"按钮。

如图 7-21 所示，在弹出的"Realtek PCIe GBE Family Controller 属性"对话框中，单击"高级"标签，选中"网络地址"选项，在其值中输入新的 MAC 地址，然后单击"确定"按钮。

在 cmd.exe 软件中，再次输入命令 ipconfig /all，可以看到网卡使用的 MAC 地址被改为 C8-60-00-2E-6E-1E。

209

图7-20　打开配置　　　　　　　　　　　　图7-21　更改网卡使用的MAC地址

7.3　点到点信道的数据链路层

点到点信道指的是一条链路上就一个发送端和接收端的信道，通常用在广域网链路上。如图 7-22 所示，例如，两个路由器通过串口（广域网口）相连；或家庭用户使用调制解调器通过电话线拨号连接 ISP，如图 7-23 所示。

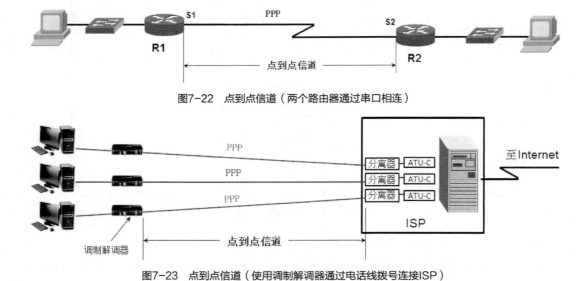

图7-22　点到点信道（两个路由器通过串口相连）

图7-23　点到点信道（使用调制解调器通过电话线拨号连接ISP）

在通信线路质量较差的时代，在数据链路层使用可靠传输协议是一种好办法。因此，能实现可靠传输的高级数据链路控制（High-level Data Link Control，HDLC）就成为当时比较流行的数据链路层协议。但现在 HDLC 已很少使用了。对于点对点的链路而言，点到点协议（Point-to-Point Protocol，PPP）则是目前使用最广泛的数据链路层协议。

7.3.1 PPP的特点

PPP 的特点

适合于点到点信道的协议有很多，当前应用的最为广泛的是 PPP。PPP 在 1994 年就成为 Internet 的正式标准。该协议是开放式协议，是不同厂家的网络设备都支持的协议。

PPP 有数据链路层的 3 个功能：封装成帧、透明传输和差错检测，同时还有以下 10 个特点。

（1）简单。

PPP 不负责可靠传输、纠错和流量控制，也不需要给帧编号，接收端收到帧后，就进行 CRC，如果 CRC 正确，就收下该帧；反之，直接丢弃，其他什么也不做。

（2）封装成帧。

PPP 必须规定特殊的字符作为帧定界符（每种数据链路层协议都有特定的帧定界符），以便接收端能准确地从收到的比特流中找出帧的开始和结束位置。

（3）透明传输。

PPP 必须保证数据传输的透明性。如果数据中碰巧出现了和帧定界符一样的比特组合时，就要采取有效的措施来解决这个问题。

（4）差错检测。

PPP 必须能够对接收端收到的帧进行检测，并立即丢弃有差错的帧。若在数据链路层不进行差错检测，那么已出现差错的无用帧就会在网络中继续向前转发，会白白地浪费许多网络资源。

（5）支持多种网络层协议。

在同一条物理链路上，PPP 必须能同时支持多种网络层协议（如 IP 和 IPX 等）的运行。当点对点链路连接局域网或路由器时，PPP 必须同时支持该链路所连接的局域网或路由器上运行的各种网络层协议。

（6）多种类型链路。

除要支持多种网络层的协议外，PPP 还必须能够在多种类型的链路上运行。例如，串行的（一次只发送一个比特）或并行的（一次并行地发送多个比特）、同步的或异步的、低速的或高速的、电的或光的、交换的（动态的）或非交换的（静态的）点对点链路。

（7）检测连接状态。

PPP 必须具有一种机制能够及时（不超过几分钟）自动检测出链路是否处于正常工作状态。当出现故障的链路隔了一段时间后又重新恢复正常工作时，就特别需要有这种及时检测功能。

（8）最大传送单元。

PPP 必须对每种类型的点对点链路设置默认的 MTU 值。如果高层协议发送的分组过长并超过 MTU 值，PPP 就要丢弃这样的帧，并返回差错。需要强调的是，MTU 是数据链路层的帧可以载荷的数据部分的最大长度，而不是帧的总长度。

211

（9）网络层地址协商。

PPP 必须提供一种机制使通信的两个网络层（如两个 IP 层）的实体能够通过协商知道或能够配置彼此的网络层地址。使用调制解调器拨号访问 Internet，ISP 会给拨号的计算机分配一个公网地址，这就是 PPP 的功能。

（10）数据压缩协商。

PPP 必须提供一种方法来协商使用数据压缩算法。PPP 并不要求将数据压缩算法进行标准化。

7.3.2　抓包查看PPP的帧首部

抓包查看 PPP 的帧首部

如图 7-24 所示，PPP 帧的协议为 PPP LCP，即链路控制协议（Link Control Protocol，LCP）。选中其中的第 4 个帧，单击 Point-to-Point Protocol，可以看到 PPP 帧首部有 3 个字段。

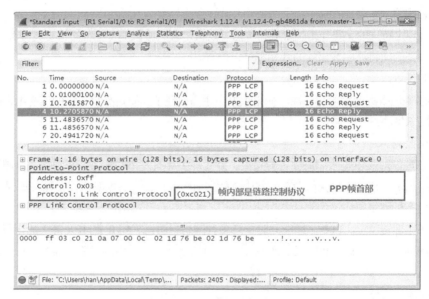

图7-24　PPP帧的格式（1）

（1）Address 字段的值为 0xff，0x 表示后面的 ff 为十六进制数，写成二进制为 1111 1111，占一个字节的长度。点到点信道 PPP 帧中的地址字段形同虚设，可以看到没有源地址和目标地址。

（2）Control 字段的值为 0x03，写成二进制为 0000 0011，占一个字节长度。最初曾考虑以后对地址字段和控制字段的值进行其他定义，但至今也没给出。

（3）Protocol 字段占两字节，不同的值用来标识 PPP 帧内的信息是什么数据。

0x0021：PPP 帧的信息字段就是 IP 数据报。

0xC021：信息字段是 PPP 链路控制数据。

0x8021：表示这是网络控制数据。

0xC023：信息字段是安全性认证 PAP。

0xC025：信息字段是 LQR。

0xC223：信息字段是安全性认证 CHAP。

选中后面抓到的数据包,查看一个 Protocol 是 TCP 的帧(见图 7-25),可以看到数据帧首部 Protocol
字段为 0x0021,表明 PPP 帧的信息字段就是 IP 数据报。

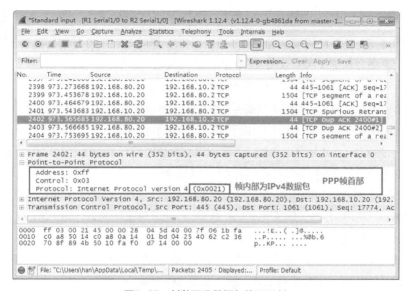

图7-25 封装了IP数据包的PPP帧

7.3.3 PPP的帧格式

PPP 的帧格式

前面通过抓包工具给大家分析了 PPP 帧首部格式,并没有看到前面所讲的帧首
部的帧开始符,也没有看到帧尾部的 FCS 以及帧结束符。这是为什么呢?

帧开始符和帧结束符是用来定位帧的开始和结束的,只在网卡接收帧时使用,
网卡并不保存这些字段。FCS 只是用来检测接收的帧是否出现误码的,网卡也不保
存。至于那些在发送端插入的转义字符,接收端也会删掉后提交给抓包工具。

PPP 帧的首部和尾部,如图 7-26 所示。首部有 5 字节:F 字段为帧开始符(0x7E),占 1 字节;字
段 A 为地址字段,占 1 字节;字段 C 为控制字段,占 1 字节。尾部有 3 字节:2 字节是 FCS,另 1 字
节是帧结束符(0x7E)。整个信息部分不超过 1500 字节。

PPP 是面向字节的,所有的 PPP 帧的长度都是整数字节。

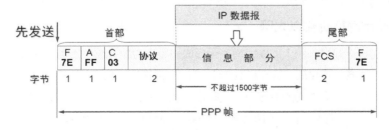

图7-26 PPP帧的格式（2）

7.4 扩展以太网

下面讲如何扩展以太网，首先讨论从距离上如何扩展，让以太网覆盖更大范围；然后讨论从数据链路层扩展以太网，也就是如何从数据链路层优化以太网。

7.4.1 集线器

集线器

传统以太网最初是使用粗同轴电缆，后来演进到使用比较便宜的细同轴电缆，最后发展为使用更便宜和更灵活的双绞线。这种以太网采用星形拓扑，在星形的中心则增加了一种可靠性非常高的设备，叫作集线器（Hub），如图 7-27 所示。双绞线以太网总是和集线器配合使用的。每个站需要用两对无屏蔽双绞线（做在一根电缆内），分别用于发送和接收。双绞线的两端使用 RJ-45 插头。由于集线器使用了大规模集成电路芯片，因此大大提高了集线器的可靠性。1990 年 IEEE 制定出星形以太网 10BASE-T 的标准 802.3i。"10"代表 10Mbit/s 的数据率，BASE 代表连接线上的信号是基带信号，T 代表双绞线。

10BASE-T 以太网的通信距离较短，每个站到集线器的距离不超过 100m。这种性价比很高的 10BASE-T 双绞线以太网的出现，是局域网发展史上的一个非常重要的里程碑，它为以太网在局域网中的统治地位奠定了牢固的基础。

集线器组建的以太网中的计算机带宽共享，计算机数量越多，平分下来的带宽就越低。在图 7-27 所示的网络中的计算机 D 上安装抓包工具，就会发现该网卡就工作在混杂模式，只要收到数据帧，不管目标 MAC 地址是不是本机的，统统能够捕获，因此以太网具有与生俱来的安全隐患。

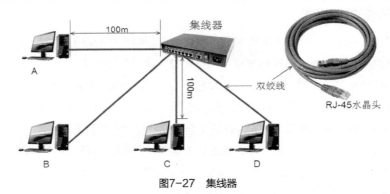

图7-27 集线器

集线器和网线一样工作在物理层，是因为它的功能和网线一样只是将数字信号发送到其他端口，并不能识别哪些数字信号是前同步码、哪些是帧定界符、哪些是网络层数据首部。

7.4.2 使用网桥优化以太网

使用网桥优化以太网

多个集线器连接组建成一个大的以太网，会形成一个大的冲突域。如图 7-28 所示，集线器 1 和集线器 2 连接后，计算机 A 给计算机 B 发送帧，数字信号会通过集线器之间的网线到达集线器 2 的所有接口，这时连接在集线器 2 上的计算机 D 就不能和计算机 E 通信，这就是一个大的冲突域。随着以太网中的计算机数量的增加，网络利用率就会大大降低。

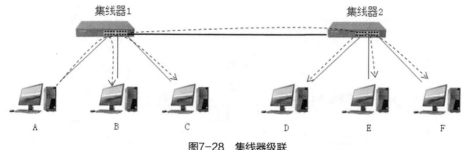

图7-28 集线器级联

为了优化以太网，将冲突控制在一个小范围，就出现了网桥这种设备。如图 7-29 所示，网桥有两个接口，接口 E0 连接集线器 1，接口 E1 连接集线器 2，在网桥中有 MAC 地址表，记录了接口 E0 这边全部的网卡 MAC 地址和接口 E1 这边全部的网卡 MAC 地址。当计算机 A 给计算机 B 发送一个帧时，网桥的接口 E0 接收到该帧，查看到该帧目标 MAC 地址是 MB，对比 MAC 地址表，发现 MB 这个 MAC 地址在接口 E0 这一侧，该帧不会被网桥转发到接口 E1。这时集线器 2 上的计算机 D 可以向计算机 E 发送数据帧，不会和计算机 A 发送给计算机 B 的帧产生冲突。同样，计算机 D 发送给计算机 E 的帧也不会被网桥转发到接口 E0。

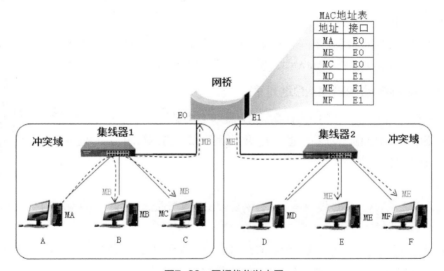

图7-29 网桥优化以太网

网桥的引入，将一个大的以太网的冲突域，划分成了多个小的冲突域，降低了冲突，优化了以太网。

如图 7-30 所示，计算机 A 发送给计算机 E 的帧，网桥的接口 E0 接收该帧后，会判断该帧是否满足最小帧要求，CRC 该帧是否出错。如果没有错误，将会查找 MAC 地址表选择出口，看到 MAC 地址 ME 对应的是接口 E1；接口 E1 再使用 CSMA/CD 协议将该帧发送出去；集线器 2 中的计算机都能接收到该帧。

总之，网桥根据帧的目标 MAC 地址转发帧，这就意味着网桥能够看懂帧的首部和尾部，因此说网桥是数据链路层设备，也称为二层设备。

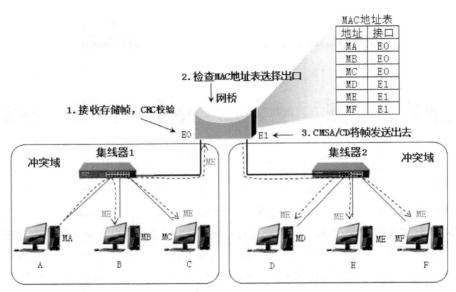

图7-30　网桥转发帧的过程

网桥的接口可以是不同的带宽，如网桥接口 E0 是 10MB 的带宽，接口 E1 可以是 100MB 的带宽。这一点和集线器不同。

网桥的接口和集线器的接口不同。网桥的接口对数据帧进行存储，然后根据帧的目标 MAC 地址进行转发，转发之前还要进行 CSMA/CD 协议，即发送时遇到碰撞要退避，增加了时延。

7.4.3　网桥自动构建MAC地址表

使用网桥优化以太网，网络中的计算机对此是没有感觉的，即以太网中的计算机不知道网络中是否有网桥存在的，也不需要网络管理员配置网桥的 MAC 地址表，因此网桥是透明桥接。

网桥自动构建 MAC
地址表

（1）自学习。

网桥接入以太网时，MAC 地址是空的，网桥会在计算机通信过程中自动构建 MAC 地址表，这称为自学习。

网桥的接口收到一个帧，就要检查 MAC 地址表中与收到的帧的源 MAC 地址有无匹配的项目。如果没有，就在 MAC 地址表中添加该接口和该帧的源 MAC 地址的对应关系以及进入接口的时间；如果有，则更新原有的项目。

（2）转发帧。

网桥接口收到一个帧，就检查 MAC 地址表中有没有该帧的目标 MAC 地址对应的端口。如果有，就会将该帧转发到对应的端口；如果没有，则将该帧转发到全部端口（接收端口除外）。如果转发表中给出的接口就是该帧进入网桥的接口，则应该丢弃这个帧（因为这个帧不需要经过网桥进行转发）。

下面就举例说明 MAC 地址表的构建过程。如图 7-31 所示，网桥 1 和网桥 2 刚刚接入以太网，MAC 地址表是空的。

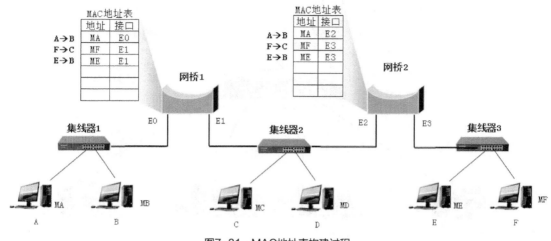

图7-31 MAC地址表构建过程

（1）计算机 A 给计算机 B 发送一个帧，源 MAC 地址为 MA，目标 MAC 地址为 MB。网桥 1 的接口 E0 收到一个该帧，查看该帧的源 MAC 地址是 MA，就可以断定接口 E0 连接着 MA，于是就会在 MAC 地址表中记录一条对应关系 MA 和 E0，这就意味着以后要是有到达 MA 的帧，需要转发给接口 E0。

（2）网桥 1 在 MAC 地址表中没有找到关于 MB 和接口的对应关系，就会将该帧转发到接口 E1。

（3）网桥 2 的接口 E2 收到该帧，查看该帧的源 MAC 地址，就会在 MAC 地址表中记录一条 MA 和 E2 的对应关系。

（4）这时，计算机 F 给计算机 C 发送一个帧，会在网桥 2 的 MAC 地址表中添加一条 MF 和 E3 的对应关系。由于网桥 2 的 MAC 地址表没有 MC 和接口的对应关系，该帧会被发送到接口 E2。

（5）网桥 1 的接口 E1 收到该帧，会在 MAC 地址表中添加一条 MF 和 E1 的对应关系，同时将该帧发送到接口 E0。

（6）同样，计算机 E 给计算机 B 发送一个帧，会在网桥 1 的 MAC 地址表中添加 ME 和 E1 的对应关系，在网桥 2 的 MAC 地址表中添加 ME 和 E3 的对应关系。

只要网桥收到的帧的目标 MAC 地址能够在 MAC 地址表中找到和端口的对应关系，就会将该帧转发到指定端口。

网桥中的 MAC 地址表和接口的对应关系是临时的，这是为了适应网络中的计算机可能发生的调整，比如连接在集线器 1 上的计算机 A 连接到了集线器 2 上，或者计算机 F 从网络中移除，网桥中的 MAC 地址表中的条目就不能一成不变。端口和 MAC 地址的对应关系有时间限制，如果过了几分钟没有使用该对应关系转发帧，该条目将会从 MAC 地址表中删除。

7.4.4 多接口网桥——交换机

随着技术的发展，网桥的接口增多，就直接与计算机相连了，网桥就发展成现在的交换机，如图 7-32 所示。现在组建企业局域网大都使用交换机，网桥这类设备已经成为历史。

多接口网桥——
交换机

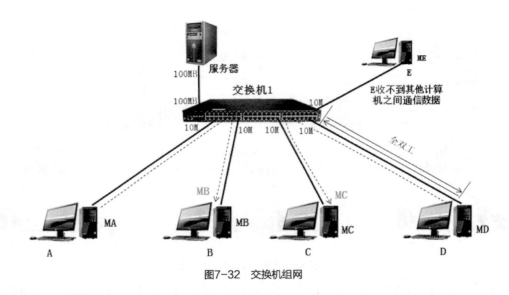

图7-32 交换机组网

使用交换机组网与集线器组网相比有以下特点。

（1）端口独享带宽。

交换机的每个端口独享带宽，10MB 交换机的每个端口带宽是 10MB。24 口 10MB 交换机的总体交换能力就是 240MB，这和集线器不同。

（2）安全。

使用交换机连接的网络比集线器连接的网络安全，比如计算机 A 给计算机 B 发送的帧，以及计算机 D 给计算机 C 发送的帧，交换机根据 MAC 地址表只转发到目标端口，计算机 E 根本收不到其他计算机的通信数据，即便安装了抓包工具也没用。

（3）全双工通信。

交换机接口和计算机直接相连，计算机和交换机之间的链路可以使用全双工通信，也就是可以同时收发数据帧。

（4）全双工不再使用 CSMA/CD 协议。

交换机接口和计算机直接相连，使用全双工通信数据链路层就不需要使用 CSMA/CD 协议，但交换机组建的网络仍然是以太网，因为帧格式和以太网一样。

（5）接口工作在不同的速率。

交换机使用的是存储转发，也就是交换机的每个接口都可以存储帧，从其他端口转发出去时，可以使用不同的速率。通常连接服务器的接口要比连接普通计算机的接口的带宽高，交换机连接交换机的接口也比交换机连接普通计算机的接口的带宽高。

（6）转发广播帧。

广播帧会转发到除发送端口外的全部接口。广播帧就是指目标 MAC 地址的 48 位二进制全是 1 的帧。如图 7-33 所示，抓包工具捕获的广播帧的目标 MAC 地址为 ff-ff-ff-ff-ff-ff，图中捕获的数据帧是 TCP/IP 中网络层协议 ARP 发送的广播帧，将本网段计算机的 IP 地址解析为 MAC 地址。有些病毒也会在网络中发送广播帧，造成交换机忙于转发这些广播帧而影响网络中正常计算机的通信，造成网络堵塞。

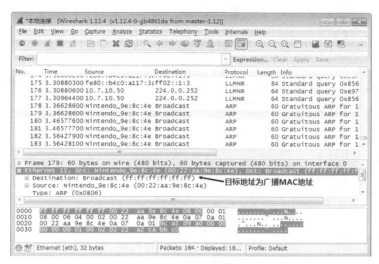

图7-33 广播MAC地址

交换机组建的以太网就是一个广播域，路由器负责在不同网段转发数据，广播数据包不跨路由器，所以说路由器隔绝广播。

如图 7-34 所示，交换机和集线器连接组建的两个以太网使用路由器连接。连接在集线器上的计算机就在一个冲突域中，交换机和集线器连接形成一个大的广播域。连接在集线器上的设备只能工作在半双工（不能同时收发数据）模式，使用 CSMA/CD 协议，交换机和计算机连接的接口工作在全双工模式，数据链路层不再使用 CSMA/CD 协议。

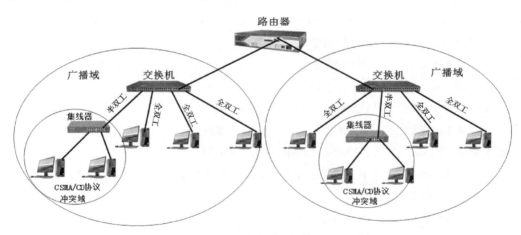

图7-34 广播域、冲突域

7.4.5 实战：查看交换机MAC地址表

使用 Packet Tracer 参照图 7-35 所示的网络拓扑搭建实现环境，在 PC3 上使用 ping 命令测试 PC4、PC2、PC0、PC1。

在 Switch0 上，输入命令 show mac-address-table，查看 MAC 地址表。思考：是否能够看到 PC1 的 MAC 地址？

实战：查看交换机
MAC 地址表

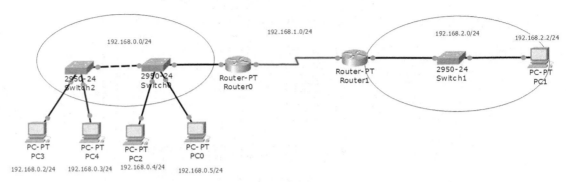

图7-35　网络拓扑

```
Switch>show mac-address-table
Mac Address Table
-------------------------------------------
Vlan Mac Address Type Ports
---- ----------- -------- -----
1 0002.4ab9.cbb8 DYNAMIC Fa0/2
1 00d0.bccb.9245 DYNAMIC Fa0/4
1 00e0.8fb0.9601 DYNAMIC Fa0/3
1 00e0.b05c.0c71 DYNAMIC Fa0/3
Switch>
```

习　题

1. 网桥是在（　　）上实现不同网络的互连设备。

    A. 数据链路层　　　　B. 网络层　　　　　C. 对话层　　　　　D. 物理层

2. PPP和CSMA/CD协议是_____协议。

3. CRC校验可以查出帧传输过程中的（　　）差错。

    A. 基本比特差错　　B. 帧丢失　　　　　C. 帧重复　　　　　D. 帧失序

4. CSMA/CD协议是IEEE 802.3所定义的协议标准，它适用于（　　）。

    A. 令牌环网　　　　B. 权标总线网　　　C. 网络互连　　　　D. 以太网

5. 10BASE-T中的T代表（　　）。

    A. 基带信号　　　　B. 双绞线　　　　　C. 光纤　　　　　　D. 同轴电缆

6. 以下关于100BASE-T的描述中错误的是（　　）。

    A. 数据传输速率为100Mbit/s　　　　　　B. 信号类型为基带信号

    C. 采用5类UTP，其最大传输距离为185m　　D. 支持共享式和交换式两种组网方式

7. 数据链路层中的链路控制包括哪些功能。试讨论将数据链路层做成可靠的链路层有哪些优点和缺点。

8. 网络适配器的作用是什么，网络适配器工作在哪一层？

9. 数据链路层的三个基本问题（帧定界、透明传输和差错检测）为什么都必须加以解决？

10. 如果在数据链路层不进行帧定界，会发生什么问题？

11. 局域网的主要特点是什么，为什么局域网采用广播通信方式而广域网不采用呢？

12. 10BASE-T中的"10""BASE""T"分别代表什么？

13. 交换机的工作原理和特点是什么？

14. 交换机中的MAC地址表是用自学习算法建立的。如果有的站点总是不发送数据而仅仅接收数据，那么在MAC地址表中是否就没有与这样的站点相对应的项目？如果要向这个站点发送数据帧，那么网桥能够把数据帧正确转发到目标地址吗？

08 第8章 物理层

本章内容

- 物理层的基本概念
- 数据通信基础
- 信道和调制
- 传输介质
- 信道复用技术

数据链路层协议用来将传输的数据包封装成帧从链路的一端传向另一端。数据的传输离不开通信技术，本章讲解通信方面的知识，也就是如何在各种介质（双绞线、同轴电缆、光纤和无线）中更快地传递数字信号和模拟信号。涉及的通信的概念有模拟信号、数字信号、全双工通信、半双工通信、单工通信、常用编码方式和调制方式等。

在通信线路上更快的传输数据的技术有频分复用、时分复用、波分复用和码分复用。

国际标准化组织定义了各种介质组网的接口标准、电压标准等，这些标准就相当于物理层协议。

8.1　物理层的基本概念

物理层的基本概念

物理层定义了与传输介质的接口有关的一些特性。有了这些接口标准，各厂家生产的网络设备接口才能相互连接和通信，比如思科的交换机和华为的交换机使用双绞线就能够连接。

物理层包括以下 4 个方面的定义。

（1）机械特性：指明接口所用接线器的形状和尺寸、引脚数目和排列、固定的锁定装置等，常见的各种规格的接插部件都有严格的标准化规定。这很像平时常见的各种规格的电源插头，其尺寸都有严格的规定。图 8-1 所示为广域网接口和线缆接口。

（2）电气特性：指明在接口电缆的各条线上出现的电压范围，如-10～10V。

（3）功能特性：指明某条线上出现的某一电平的电压表示的意义。

图8-1　广域网接口和线缆接口

（4）过程特性：指明在信号线上进行二进制比特流传输的一组操作过程，包括各信号线的工作顺序和时序，使比特流传输得以完成。

8.2　数据通信基础

数据通信模型

8.2.1　数据通信模型

下面列出几种常见的计算机通信模型。

1. 局域网通信模型

如图 8-2 所示，使用集线器或交换机组建局域网，使计算机 A 和计算机 B 能够通信，计算机 A 将要传输的信息变成数字信号通过集线器或交换机发送给计算机B，这个过程不需要对数字信号进行转换。

图8-2　局域网通信模型

2. 广域网通信模型

为了将计算机要传输的数字信号进行长距离传输，就需要把要传输的数字信号转换成模拟信号或光信号。如图 8-3 所示，计算机 A 通过 ADSL 接入 Internet，就需要将计算机网卡的数字信号调制成模拟信号，以便适合在电话线上进行长距离传输，接收端需要使用调制解调器将模拟信号转换成数字信号，以便能够和 Internet 中的计算机 B 通信。后面会讲解如何通过频分复用提高模拟信号的通信速率。

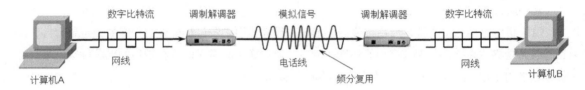

图8-3　广域网通信模型（1）

如图 8-4 所示，现在很多家庭用户已经通过光纤接入 Internet 了，这就需要将计算机网卡的数字信号通过光电转换器转换成光信号进行长距离传输，接收端再使用光电转换器将光信号转换成数字信号。本章后面会讲解如何通过波分复用技术充分利用光纤的通信速率。

图8-4　广域网通信模型（2）

8.2.2　数据通信的一些常用术语

信息：通信的目的是传送信息，如文字、图像、视频和音频等都是消息。

数据：信息在传输之前需要进行编码，编码后的信息就变成数据。

信号：数据在通信线路上传递需要变成电信号或光信号。

数据通信的一些常用术语

图 8-5 所示为浏览器访问网站的过程，展现了信息、数据和信号之间的关系，网页的内容就是要传送的信息，经过 M 字符集（字符集就是给一个国家的文字或字符进行编码，英文字符集有 ASCII 码，中文字符集有 GBK、UTF-8 等，为了方便说明字符集的作用，案例中的字符集只列举了 4 字符）进行编码，变成二进制数据，网卡将数字信号变成电信号在网络中传递，接收端网卡收到电信号，并将之转化为数据，再经过 M 字符集解码，得到信息。

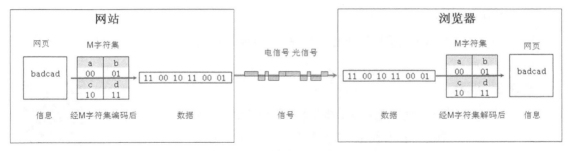

图8-5 信息、数据和信号的关系

当然，为了传输图片或声音文件，可以使用数据表示图片中的每一个像素颜色，使用数据表示声音文件中的声音高低，这样图片和声音都可以编码成数据。

8.3 信道和调制

8.3.1 信道

信道（Channel）是信息传输的通道，即信息进行传输时所经过的一条通路，信道的一端是发送端，另一端是接收端。一条传输介质上可以有多条信道（多路复用）。如图 8-6 所示，计算机 A 和计算机 B 通过一条物理线路，使用频分复用技术，划分为两个信道。对信道 1，计算机 A 是发送端而计算机 B 是接收端，对信道 2，计算机 B 是发送端而计算机 A 是接收端。

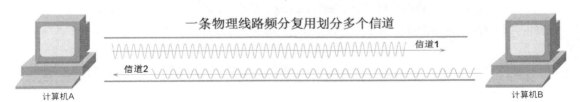

图8-6 物理链路多信道

与信号分类相对应，信道可以分为用来传输数字信号的数字信道和用来传输模拟数据的模拟信道。图 8-6 所示的两个信道是模拟信道。数字信号经过数模转换后可以在模拟信道上传输；模拟信号经过模数转换后可以在数字信道上传输。

8.3.2 单工、半双工、全双工通信

单工、半双工、全双工通信

按照信号传送方向与时间的关系，数据通信可以分为 3 种类型：单工通信、半双工通信与全双工通信。

（1）单工通信：又称为单向通信，即信号只能向一个方向传输，任何时候都不能改变信号的传送方向。无线电广播或有线电视广播就是单工通信。

（2）半双工通信：又称双向交替通信，信号可以双向传送，但是必须是交替进行，一个时间只能向一个方向传送。有些对讲机就是使用半双工通信，A 端说话 B 端接听，B 端说话 A 端接听，不能同时说和听。

（3）全双工通信：又称双向同时通信，即信号可以同时双向传送。比如我们使用手机打电话，听

和说就可以同时进行。

图 8-6 中，计算机 A 和计算机 B 通过一条线路创建的两个信道，能够实现同时收发信号，就是全双工通信。

8.3.3 调制

调制

信源的信号通常称为基带信号（基本频带信号）。计算机输出的代表各种文字或图像文件的数据信号都属于基带信号。基带信号往往包含较多的低频分量，甚至有直流分量，而许多信道不能传输这种低频分量或直流分量。为了解决这一问题，必须对基带信号进行调制（Modulation）。

如图 8-7 所示，调制可以分为两大类。一类是仅仅对基带信号的波形进行变换，使它能够与信道特性相适应。变化后的信号仍然是基带信号，这类调制称为基带调制。由于这种基带调制是把数字信号转换成另一种形式的数字信号，因此大家更愿意把这种过程称为编码（Coding）。另一类则是需要使用载波（Carrier）进行调制，把基带信号的频率范围搬移到较高的频段以便在信道中传输。经过载波调制后的信号称为带通信号（仅在一段频率范围内能够通过信道），而使用载波的调制称为带通调制。

1. 常用编码方式

（1）归零制。

每传输完一位数据，信号就返回到零电平，也就是说，信号线上会出现 3 种电平：正电平、负电平、零电平。因为每位传输之后都要归零，所以接收者在信号归零后采样即可，这样就不再需要单独的时钟信号，这样的信号也叫作自同步（Self-clocking）信号。这样虽然省了时钟数据线，但是还是有缺点的，因为在归零制编码中，大部分的数据带宽，都用来传输"归零"而浪费掉了。

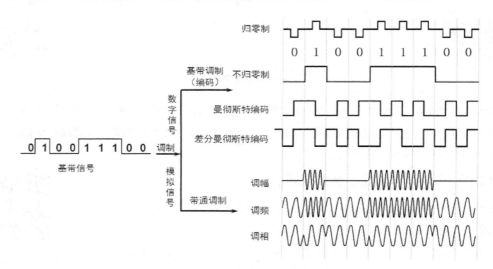

图8-7 调制技术分类

（2）不归零制。

正电平代表 1，负电平代表 0。不归零制编码是效率最高的编码。缺点是发送端发送连续的 0 或 1，接收端不容易判断码元的边界。

（3）曼彻斯特编码。

在曼彻斯特编码中，每位的中间有一跳变，位中间的跳变既作时钟信号，又作数据信号；从低到高跳变表示"1"，从高到低跳变表示"0"。曼彻斯特编码常用于局域网传输。曼彻斯特编码将时钟和数据包含在数据流中，在传输编码信息的同时，也将时钟同步信号一起传输给对方，每位编码中有一跳变，不存在直流分量，因此具有自同步能力和良好的抗干扰性能。但每个码元都被调成两个电平，使用曼彻斯特编码 1 比特需要两个码元，所以数据传输速率只有调制速率的 1/2。

（4）差分曼彻斯特编码。

在信号位开始时改变信号的极性，表示逻辑 0，在信号位开始时不改变信号的极性，表示逻辑 1。这种编码方式叫作差分曼彻斯特编码。识别差分曼彻斯特编码的方法：主要是看两个相邻的波形，如果后一个波形和前一个波形相同，则后一个波形表示 0；如果波形不同，则表示 1。因此画差分曼彻斯特波形要给出初始波形。

差分曼彻斯特编码比曼彻斯特编码的变化要少，因此更适合于传输高速的信息，被广泛用于宽带高速网中。然而，由于每个时钟位都必须有一次变化，所以这两种编码的效率仅可达到 50%左右。使用差分曼彻斯特编码 1 比特也需要两个码元。

2. 常用带通调制方法

最基本的带通调制方法有以下 3 种。

（1）调幅（AM）。

载波的振幅随基带数字信号的变化而变化。例如，0 或 1 分别对应于无载波或有载波输出。

（2）调频（FM）。

载波的频率随基带数字信号的变化而变化。例如，0 或 1 分别对应于频率 f1 或频率 f2。

（3）调相（PM）。

载波的初始相位随基带数字信号的变化而变化。例如，0 或 1 分别对应相位 0° 或 180°。

8.4 传输介质

传输介质也称为传输媒体或传输媒介，它是数据传输系统中在发送器和接收器之间的物理通路。传输介质可分为两大类，即导向传输介质和非导向传输介质。在导向传输介质中，电磁波被导向沿着固体介质（铜线或光纤）传播；而非导向传输介质是指自由空间，在非导向传输介质中电磁波的传输常称为无线传输。

8.4.1 导向传输介质

1. 双绞线

导向传输介质

双绞线也称为双纽线，它是最古老也是最常用的传输介质。把两根互相绝缘的铜导线并排放在一起，然后用规则的方法绞合（Twist）起来就构成了双绞线。用这种方式，不仅可以抵御一部分来自外界的电磁波干扰，也可以降低多对绞线之间的相互干扰。使用双绞线最多的地方就是电话系统。几乎所有的电话都是用双绞线连接电话交换机的。这段从用户电话机到交换机的双绞线称为用户线或用户环路（Subscribe Loop）。通常将一定数量的双绞线捆成电缆，并在其外面包上护套。

模拟信号传输和数字信号传输都可以使用双绞线，其通信距离一般为几到十几千米。距离太长时就要加放大器以便将衰减了的信号放大到合适的数值（对模拟信号传输），或者加上中继器以便将失真了的数字信号进行整形（对数字信号传输）。导线越粗，其通信距离就越远，但导线的价格也越高。数字信号传输时，若传输速率为几 Mbit/s，则传输距离可达几千米。由于双绞线的价格便宜且性能也不错，因此使用十分广泛。

为了提高双绞线的抗电磁干扰的能力，可以在双绞线的外面再加上一层用金属丝编织而成的屏蔽层，这就是屏蔽双绞线（Shielded Twisted Pair，STP）。它的价格当然比无屏蔽双绞线（Unshielded Twisted Pair，UTP）要贵一些。图 8-8 所示的是无屏蔽双绞线，图 8-9 所示的是屏蔽双绞线。

屏蔽层

图8-8 无屏蔽双绞线   图8-9 屏蔽双绞线

1991 年，美国电子工业协会（Electronic Industries Association，EIA）和电信行业协会（Telecommunications Industries Association，TIA）联合发布了《商用建筑物电信布线标准》（*Commercial Building Telecommunications Cabling Standard*）。这个标准规定了用于室内传送数据的无屏蔽双绞线和屏蔽双绞线的标准。随着局域网上数据传送速率的不断提高，EIA/TIA 也不断对其布线标准进行更新。

表 8-1 给出了常用的绞合线的类别、带宽和典型应用。无论是哪种类别的线，衰减都随频率的升高而增大。使用更粗的导线可以降低衰减，但增加了导线的价格和质量；线对之间的绞合度（单位长度内的绞合次数）和线对内两根导线的绞合度都必须经过精心的设计，并在生产过程中加以严格的控制，使干扰在一定程度上得以抵消，这样才能提高线路的传输特性。使用更大的和更精确的绞合度，就可以获得更高的带宽。在设计布线时，要考虑信号应当有足够大的振幅，以便在有噪声干扰的条件下能够在接收端正确地被检测出来。双绞线究竟能够传送多高速率（Mbit/s）的数据与数字信号的编码方法有很大的关系。

表8-1 常用的绞合线的类别、带宽和典型应用

绞合线类别	带宽	典型应用
3	16MHz	低速网络、模拟电话
4	20MHz	短距离的 10BASE-T 以太网
5	100MHz	10BASE-T 以太网、某些 100BASE-T 快速以太网
5E（超 5 类）	100MHz	100BASE-T 快速以太网、某些 1000BASE-T 吉比特以太网
6	250MHz	1000BASE-T 吉比特以太网、ATM 网络
7	600MHz	只使用 STP，可用于 10 吉比特以太网

现在计算机连接交换使用的网线就是双绞线，其中有 8 根线，网线的两头用 RJ-45 连接头（俗称水晶头）连接。对于传输信号来说，它们所起的作用分别是：1、2 用于发送，3、6 用于接收，4、5 和 7、8 是双向线。对于与其相连接的双绞线来说，为降低相互干扰，标准要求 1、2 必须是绞缠的一对线，3、6、4、5 以及 7、8 也必须是绞缠的一对线。

8 根线的接法标准分别为 TIA/EIA-568B（T568B）和 TIA/EIA-568A（T568A）。

TIA/EIA-568B：1 为橙白，2 为橙，3 为绿白，4 为蓝，5 为蓝白，6 为绿，7 为棕白，8 为棕。

TIA/EIA-568A：1 为绿白，2 为绿，3 为橙白，4 为蓝，5 为蓝白，6 为橙，7 为棕白，8 为棕。

如图 8-10 所示，网线的水晶头两端的线序如果都是 T568B，就称为直通线。如果网线的一端的线序是 T568B，而另一端的线序是 T568A，就称为交叉线。不同的设备相连，要注意线序，不过现在的计算机网卡大多能够自适应线序。

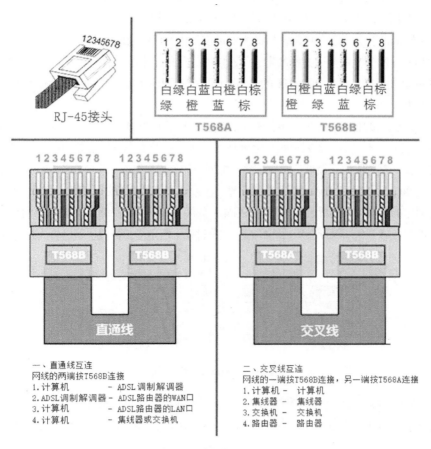

图8-10 直通线和交叉线

2. 同轴电缆

如图 8-11 所示，同轴电缆由内导体铜质芯线（单股实心线或多股绞合线）、绝缘层、网状编织的外导体屏蔽层（也可以是单股的）以及保护塑料外层组成。由于外导体屏蔽的作用，同轴电缆具有很好的抗干扰特性，被广泛用于传输较高速率的数据。

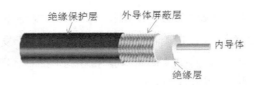

图8-11　同轴电缆结构

在局域网发展的初期曾广泛地使用同轴电缆作为传输介质。但随着技术的进步，在局域网领域基本上都是采用双绞线作为传输介质。目前同轴电缆主要用在使用有线电视网的居民小区中。同轴电缆的带宽取决于电缆的质量。目前高质量的同轴电缆带宽已接近 1GHz。

3.　光缆

通信和计算机都发展得非常快，计算机的运行速度大约每 10 年提高了 10 倍。但在通信领域里，信息的传输速率则提高得更快，从 70 年代的 56kbit/s 提高到现在的几个到几十 Gbit/s（使用光纤通信技术）。相当于每 10 年提高了 100 倍。因此光纤通信就成为现代通信技术中一个十分重要的领域。

光纤通信就是利用光纤传递光脉冲来进行通信的。有光脉冲相当于 1，而没有光脉冲相当于 0。由于可见光的频率非常高，约为 10^8MHz 的量级，因此光纤通信系统的传输带宽远远大于目前其他各种传输介质的带宽。

光纤是光纤通信的传输介质。在发送端有光源，可以采用发光二极管或半导体激光器，它们在电脉冲的作用下能产生出光脉冲。在接收端检测到光脉冲时利用光检测器还原出电脉冲。

光纤通常由非常透明的石英玻璃拉成细丝，主要由纤芯和包层构成双层通信圆柱体。纤芯很细，其直径只有 8～100μm。光线正是通过纤芯进行传导。包层较纤芯有较低的折射率。当光线从高折射率的介质射向低折射率的介质时，其折射角将大于入射角，如图 8-12 所示。因此，如果入射角足够大，就会出现全反射，即光线碰到包层时就会折射回纤芯。这个过程不断重复，光线也就沿着光纤传输下去。

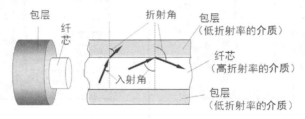

图8-12　光线在光纤中折射

图 8-13 所示为光线在纤芯中传播的示意图。现代的生产工艺可以制造出超低损耗的光纤，即做到光线在纤芯中传输数千米而基本上没有什么衰耗。这是光纤通信得到飞速发展的最关键因素。

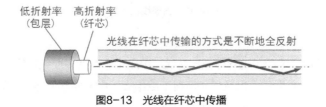

图8-13　光线在纤芯中传播

在图 8-13 中只画了一条光线。实际上，只要从纤芯中射到纤芯表面的光线的入射角大于某一个临界角度，就可产生全反射。因此，可以存在许多条不同角度入射的光线在一条光纤中传输。这种光纤就称为多模光纤，如图 8-14（a）所示。光脉冲在多模光纤中传输时会逐渐展宽，造成失真。因此多模光纤只适合于近距离传输。若光纤的直径减小到只有一个光的波长，则光纤就像一根波导那样，它可使光线一直向前传播，而不会产生多次反射。这样的光纤就称为单模光纤，如图 8-14（b）所示。单模光纤的纤芯很细，其直径只有几微米，制造起来成本较高。同时，单模光纤的光源要使用昂贵的半导体激光器，而不能使用较便宜的发光二极管。但单模光纤的衰耗较小，在 2.5Gbit/s 的高速率下可传输数十千米而不必采用中继器。

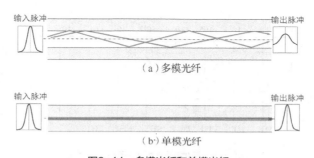

图8-14　多模光纤和单模光纤

光纤不仅具有通信容量非常大的优点，而且还具有以下一些特点。

（1）传输损耗小，中继距离长，对远距离传输特别经济。

（2）抗雷电和电磁干扰性能好。在有大电流脉冲干扰的环境下尤为重要。

（3）无串音干扰，保密性好，也不易被窃听或截取数据。

（4）体积小，质量轻。这在现有电缆管道已拥塞不堪的情况下特别有利。例如，1km 长的 1000 对双绞线电缆约 8000kg，而同样长度但容量大得多的一对两芯光缆仅 100kg。

当然，光纤也有一定的缺点：要将两根光纤精确地连接在一起需要使用专用设备。

8.4.2　非导向传输介质

非导向传输介质

前面介绍了 3 种导向型传输介质。但是，若通信线路要通过一些高山或岛屿，有时就很难施工。即使是在城市中，敷设电缆也不是一件很容易的事。当通信距离很远时，敷设电缆既昂贵又费时。利用无线电波在自由空间的传播就可较快地实现多种通信。由于这种通信方式不使用 8.4.1 小节所介绍的各种导向传输介质，因此就将自由空间称为非导向传输介质。

特别要指出的是，由于信息技术的发展，社会各方面的节奏变快了。人们不仅要求移动电话通信，而且还要求手机能够访问 Internet。最近十几年无线电通信发展得特别快，因为利用无线信道进行信息的传输，是移动通信的唯一手段。

1.　无线电频段

如图 8-15 所示，无线传输可使用的频段很广，人们现在已经利用了好几个波段进行通信，紫外线和更高的波段目前还不能用于通信。国际电信联盟（International Telecommunication Union，ITU）给不同波段取了正式名称。例如，低频（LF）波段的波长范围是 1～10km（对应于 30～300kHz）。除 LF 外，频段还有中频（MF）和高频（HF）。更高的频段中的 V、U、S 和 E 分别对应于 Very、Ultra、Super 和 Extremely，相应的频段的中文名字分别是甚高频、特高频、超高频和极高频。在 LF 的下面其实还有几个更低的频段，如甚低频（VLF）、特低频（ULF）、超低频（SLF）和极低频（ELF）等，因不用于一般的通信，故未在图中画出。

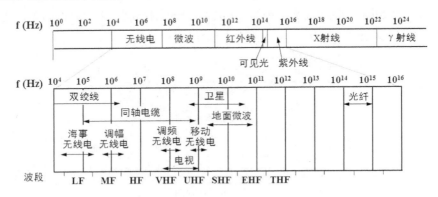

图8-15　电信领域使用的电磁波的频谱

电磁波频段名称和频段范围如表 8-2 所示。

表8-2　电磁波频段名称和频段范围

频段名称	频率范围	波段名称	波长范围
甚低频（VLF）	3～30kHz	万米波，甚长波	10～100km
低频（LF）	30～300kHz	千米波，长波	1～10km
中频（MF）	300～3000kHz	百米波，中波	100～1000m
高频（HF）	3～30MHz	十米波，短波	10～100m
甚高频（VHF）	30～300MHz	米波，超短波	1～10m
特高频（UHF）	300～3000MHz	分米波	10～100cm
超高频（SHF）	3～30GHz	厘米波	1～10cm
极高频（EHF）	30～300GHz	毫米波	1～10mm
	300～3000GHz	亚毫米波	0.1～1mm

2. 短波通信

短波通信即高频通信，主要是靠电离层的反射。人们发现，当电磁波以一定的入射角到达电离层时，它也会像光学中的反射那样以相同的角度离开电离层，如图 8-16 所示。显然，电离层越高或电磁波进入电离层时与电离层的夹角越小，电磁波从发射点经电离层反射到达地面的跨越距离就越大，这就是短波可以进行远程通信的根本原因。电磁波返回地面时又可能被大地反射而再次进入电离层，形成电离层的第二次、第三次反射。由于电离层对电磁波的反射作用，使本来是直线传播的电磁波有可能到达地球的背面或其他任何一个地方。电磁波经电离层一次反射称为单跳，单跳的跨越距离取决于电离层的高度。

电离层的不稳定所产生的衰落现象和电离层反射所产生的多径效应使短波信道的通信质量较差。因此，当必须使用短波无线电台传送数据时，一般都是低速传输，即速率为一个标准模拟话路传几十至几百 bit/s。只有在采用复杂的调制解调技术后，才能使数据的传输速率达到 kbit/s。

3. 微波通信

微波通信在数据通信中占有重要地位。微波的频率范围为 300MHz～300GHz（波长范围为 1m～10cm），但主要是使用 2G～40GHz 的频率范围。微波在空间主要是直线传播。由于微波会穿透电离层而进入宇宙空间，因此它不像短波那样可以经电离层反射传播到地面上很远的地方。传统的微波通信主要有两种主要的方式：地面微波接力通信系统和卫星通信。

由于微波在空间是直线传播，而地球表面是个曲面，或地球上有高山或高楼等障碍，因此其传播距离受到限制，一般只有 50km 左右。若采用 100m 高的天线塔，则传播距离可增大到 100km。如图 8-17 所示，为实现远距离通信必须在一条无线电通信信道的两个终端之间建立若干个中继站。中继站把前一站送来的信号经过放大后再发送到下一站，故称为接力。

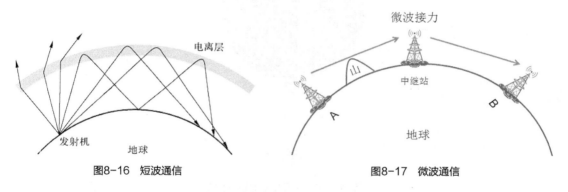

图8-16 短波通信　　　　　　图8-17 微波通信

微波接力通信系统的主要优点如下。

（1）微波波段频率很高，频段范围也很宽，因此其通信信道的容量很大。

（2）由于工业干扰和天电干扰的主要频率比微波频率低得多，对微波通信的危害比对短波和米波通信小得多，因此微波传输质量较高。

（3）与相同容量和长度的电缆载波通信比较，微波接力通信系统建设投资少、见效快，易于跨越山区、江河等复杂地形。

当然，微波接力通信系统也存在以下一些缺点。

（1）相邻站之间必须可以直视，不能有障碍物。有时一个天线发射出的信号也会被分成几条略有差别的路径到达接收天线，从而造成失真。

（2）微波的传播有时也会受到恶劣气候的影响。

（3）与电缆通信系统相比，微波通信的隐蔽性和保密性较差。

（4）对大量中继站的使用和维护要耗费较多的人力和物力。

另一种微波接力是使用地球卫星，如图 8-18 所示。卫星通信是在地球站之间利用位于约 36000km 高空的人造地球同步卫星作为中继器的一种微波接力通信系统。对地静止通信卫星就是在太空的无人值守的微波通信的中继站。卫星通信的主要优缺点大体上和地面微波通信的优缺点差不多。

卫星通信的最大特点是通信距离远，并且通信费用与通信距离无关。地球同步卫星发射出的电磁波能辐射到地球上的通信覆盖区的跨度达 18000 多千米，面积约占全球的三分之一。只要在地球赤道上空的同步轨道上，等距离地放置 3 颗相隔 120° 的卫星，基本上就能满足全球的通信。和微波接力通信系统相似，卫星通信的频带很宽，通信容量很大，信号所受到的干扰也较小，通信比较稳定。为了避免产生干扰，卫星之间相隔不能小于 2°，那么整个赤道上空只能放置 180 个同步卫星。卫星上使用不同的频段来进行通信。因此总的通信容量还是很大的。

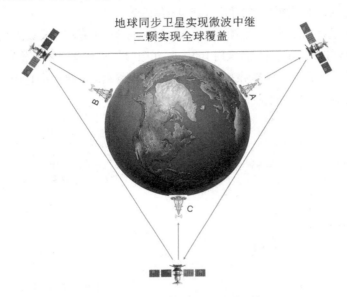

图8-18　使用卫星中继的短波通信

卫星通信的另一个特点就是具有较大的传播时延。由于各地球站的天线仰角并不相同，因此不管两个地球站之间的地面距离是多少（相隔一条街或相隔上万千米），从一个地球站经卫星到另一地球站的传播时延均在 250～300ms。一般取为 270ms。这和其他通信有较大差别。注意：这和两个地球站之间的距离没有什么关系。对比之下，地面微波接力通信系统链路的传播时延一般取为 3.3μs/km。

注意，"卫星信道的传播时延较大"并不等于"用卫星信道传送数据的时延较大"。这是因为传送数据的总时延除传播时延外，还有传输时延、处理时延和排队时延等部分。传播时延在总时延中所占的比例有多大，取决于具体情况。卫星通信非常适合于广播通信，因为它的覆盖面很广。从安全方面考虑，卫星通信系统的保密性是较差的。

4. 无线局域网

自 20 世纪 90 年代起，无线移动通信和因特网一样，得到了飞速的发展。与此同时，使用无线信道的计算机局域网也获得了越来越广泛的应用。我们知道，要使用某一段无线电进行通信，通常必须得到本国政府有关无线电频谱管理机构的许可证。但是，也有一些无线电频段是可以自由使用的（只要不干扰他人在这个频段中的通信），这正好满足计算机无线局域网的需求。图 8-19 给出了美国的工、农、医频段（Industrial Scientific Medical，ISM），现在的无线局域网就使用其中的 2.4GHz 和 5.8GHz 频段。

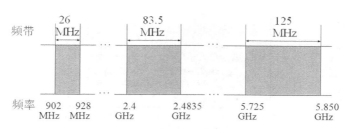

图8-19　无线局域网使用的ISM频段

8.5　信道复用技术

复用（Multiplexing）是通信技术中的基本概念。在计算机网络中的信道广泛使用各种复用技术。下面对信道复用技术进行简单的介绍。

如图 8-20 所示，A_1、B_1、C_1 分别使用一个单独的信道和 A_2、B_2、C_2 进行通信，总共需要 3 个信道。

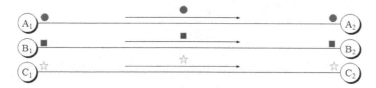

图8-20　使用单独的信道

如果在发送端使用一个复用器，就可以让 3 个信道合起来使用一个共享信道进行通信。在接收端再使用分用器，把合起来传输的信息分别送到相应的终点，如图 8-21 所示。当然复用要付出一定代价（共享信道由于带宽较大因而费用也较高，再加上还要使用复用器和分用器）。但如果复用的信道数量较大，那么在经济上还是合算的。

图8-21　使用共享信道

信道复用技术，发送端要用到复用器，接收端要用到分用器，复用器和分用器需要成对地使用。在复用器和分用器之间是用户共享的高速信道。分用器的作用正好和复用器相反，它把高速信道传送过来的数据进行分用，分别送交到相应的用户。

信道复用技术有频分复用、时分复用、波分复用和码分复用，下面逐一详细讲解。

8.5.1　频分复用

频分复用（Frequency Division Multiplexing，FDM）适用于模拟信号。频分复用如图 8-22 所示。用户在分配到一定的频带后，在通信过程中自始至终都占用这个频带。可见频分复用的所有用户在同样的时间占用不同的带宽资源（请注意，这里的"带宽"是频率带宽而不是数据的发送速率）。

频分复用

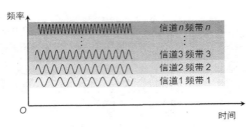

图8-22　频分复用示意图

频分复用的细节如图 8-23 所示，$A_1 \rightarrow A_2$ 信道使用频率 f_1 调制载波，$B_1 \rightarrow B_2$ 信道使用频率 f_2 调制载波，$C_1 \rightarrow C_2$ 信道使用频率 f_3 调制载波，不同频率调制后的载波通过复用器将信号叠加后发送到信道。接收端的分用器将信号发送到 3 个滤波器，滤波器过滤出特定频率的载波信号，再经过解调得到信源发送的模拟信号。

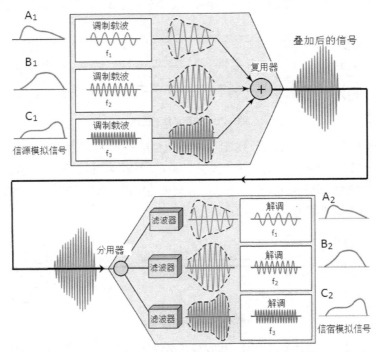

图8-23　频分复用的细节

8.5.2　时分复用

数字信号的传输更多使用时分复用（Time Division Multiplexing，TDM）技术。时分复用采用同一物理连接的不同时段来传输不同的信号，将时间划分为一段段等长的 TDM 帧。每个时分复用的用户在每个 TDM 帧中占用固定序号的时隙。为简单起见，在图 8-24 中只画出了 4 个用户 A、B、C 和 D。每个用户所占用的时隙是周期性出现的（其周期就是 TDM 帧的长度）。因此 TDM 信号也称为等时（Isochronous）信号。时分复用的所有用户是在不同的时间段占用同样的频带宽度。

时分复用

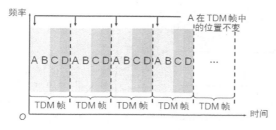

图8-24　时分复用（1）

如图 8-25 所示，4 个用户 A、B、C 和 D 时分复用传输数字信号，通过复用器，每个 TDM 帧都包含了 4 个用户的一个比特，在接收端使用分用器将 TDM 帧中的数据分离。

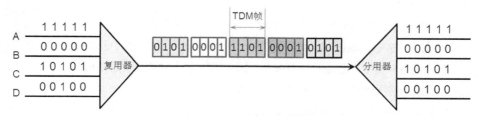

图8-25　时分复用（2）

当用户在某一段时间暂时无数据传输时，那就只能让已经分配到的子信道空闲着，而其他用户也无法使用这个暂时空闲的线路资源。如图 8-26 所示，假定有 4 个用户 A、B、C 和 D 进行时分复用。复用器按 A→B→C→D 的顺序依次对用户的时隙进行扫描，然后构成一个个时分复用帧。图中共画出了 4 个时分复用帧，每个时分复用帧有 4 个时隙。当某用户暂时无数据发送时，在时分复用帧中分配给该用户的时隙只能处于空闲状态，其他用户即使一直有数据要发送，也不能使用这些空闲的时隙。这就导致复用后的信道利用率不高。

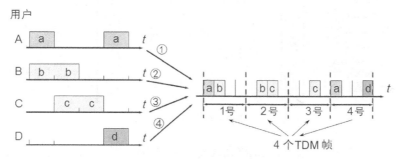

图8-26　时分复用有浪费

统计时分复用 STDM（Statistic TDM）是一种改进的时分复用，它能明显地提高信道的利用率。图 8-27 所示为统计时分复用的原理。一个使用统计时分复用的集中器连接 4 个低速用户，然后将它们的数据集中起来通过高速线路发送到另一端。统计时分复用要求每个用户的数据需要添加地址或信道标识信息，接收端根据地址或信道标识信息分离各个信道的数据。比如在交换机干道链路就使用统计时分复用的技术，通过在帧中插入标记区分不同的 VLAN 帧，帧中继交换机使用数据链路连接标识符（Data Link Connection Identifire，DLCI）区分不同的用户。

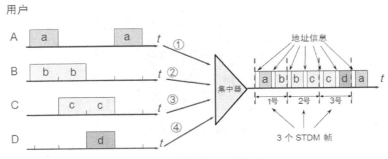

图8-27　统计时分复用的原理

8.5.3　波分复用

波分复用

光纤技术的应用使得数据的传输速率空前提高。目前一根单模光纤的传输速率可达到 2.5Gbit/s，再提高传输速率就比较困难了。为了提高光纤的传输信号的速率，也可以进行频分复用，由于光载波的频率很高，因此习惯上用波长而不用频率来表示所使用的光载波。这样就得出了波分复用这一名词。

波分复用（Wavelength Division Multiplexing，WDM）是将两种或多种不同波长的光载波信号（携带各种信息）在发送端经复用器（亦称合波器）汇合在一起，并耦合到光线路的同一根光纤中进行传输的技术；在接收端，经解复用器（Demultiplexer，亦称分波器或去复用器）将各种波长的光载波分离，然后由光接收机做进一步处理以恢复原信号。这种在同一根光纤中同时传输两个或多个不同波长光信号的技术，称为波分复用，如图 8-28 所示。

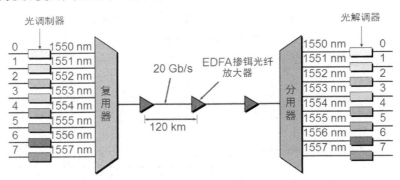

图8-28　波分复用

最初，人们只能在一根光纤上复用两路光载波信号。随着技术的发展，在一根光纤上复用的光载波信号路数越来越多。现在已能做到在一根光纤上复用 80 路或更多路数的光载波信号。于是就使用了密集波分复用（Dense Wavelength Division Multiplexing，DWDM）这一名词。

8.5.4　码分复用

码分复用

码分复用（Code Division Multiplexing，CDM）又称码分多址（Code Division Multiple Access，CDMA），是扩频通信技术（数字技术的分支）上发展起来的一种崭新而成熟的无线通信技术。CDM 与 FDM 和 TDM 不同，它既共享信道的频率，又共享时间，是一种真正的动态复用技术。

码分复用最初用于军事通信，因为这种系统发送的信号有很强的抗干扰能力（其频谱类似于白噪声），不易被敌人发现。后来才广泛地应用在民用的移动通信中，它的优越性包括可以提高通信的话音质量和数据传输的可靠性、减少干扰对通信的影响、增大通信系统的容量、降低手机的平均发射功率等。

习 题

1. ADSL服务采用的多路复用技术属于（ ）。

   A. 频分多路复用　　　B. 时分多路复用　　　C. 波分多路复用　　　D. 码分多路复用

2. 双绞线中电缆相互绞在一起的作用是（ ）。

   A. 使线缆更粗　　　　B. 使线缆更便宜　　　C. 使线缆强度加强　　　D. 降低噪声

3. 在物理层接口特性中，用于描述完成每种功能的事件发生顺序的是（ ）。

   A. 机械特性　　　　　B. 功能特性　　　　　C. 过程特性　　　　　D. 电气特性

4. 在基本的带通调制方法中，使用0对应频率f_1，使用1对应频率f_2，这种调制方法叫作（ ）。

   A. 调幅　　　　　　　B. 调频　　　　　　　C. 调相　　　　　　　D. 正交振幅调制

5. 将数字信号调制成模拟信号的方法有调幅、_____、调相。

6. 信道复用技术有时分复用、_____、波分复用、码分复用。

7. 物理层的接口有哪几个方面的特性，各包含些什么内容？

8. 为什么在ADSL技术中，在不到1MHz的带宽中却可以传送速率高达每秒几个兆比特？

09

第 9 章　OSI 参考模型和 TCP/IP

本章内容

- TCP/IP 的分层
- OSI 参考模型
- 网络排错

前面章节讲了计算机通信使用的协议。应用层协议、传输层协议、网络层协议、数据链路层协议、网络接口规范（物理层协议）共同实现计算机网络通信，这一组协议就称为 TCP/IP 簇。

国际标准化组织（International Organization for Standardization，ISO）创建了开放式系统互连（Open Systems Interconnection，OSI）参考模型，将计算机通信划分成 7 层，并规定了每一层实现的功能。这样互联网设备的厂家以及软件公司就能按照 OSI 参考模型来设计自己的硬件和软件，不同供应商的网络设备之间就能够互相协同工作。

本章将讲解 TCP/IP 和 OSI 参考模型的关系，以及分层设计的好处。

本章最后还将讲解排除网络故障的常规步骤。

9.1 TCP/IP的分层

TCP/IP 的分层

计算机通信使用的协议按功能分层，可分为应用层协议、传输层协议、网络层协议和数据链路层协议。每层协议用来实现该层的功能。

前面讲的 HTTP、FTP、DNS 协议、DHCP、SMTP、POP3、TCP、UDP、ARP、IP、ICMP、IGMP、CSMA/CD 协议、PPP 等这一组协议，称为 TCP/IP 簇。

TCP/IP 是目前最完整、使用最广泛的通信协议。它的魅力在于可使不同硬件结构、不同操作系统的计算机相互通信。TCP/IP 既可用于广域网，也可用于局域网，它是 Internet/Intranet 的基石。TCP/IP 事实上是一组协议，其主要协议有传输控制协议（Transmission Control Protocol，TCP）和网际协议（Internet Protocol，IP）两个，如图 9-1 所示。

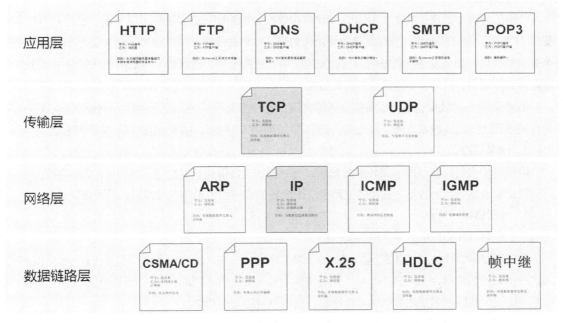

图9-1 TCP/IP簇

从图 9-1 可以看到，通常所说的 TCP/IP 簇不是一个协议，也不是 TCP 和 IP 两个协议，而是一组独立的协议。这组协议按功能进行了分层，TCP/IP 簇共分为 4 层，把数据链路层和物理层视为网络接口层，如图 9-2 所示。

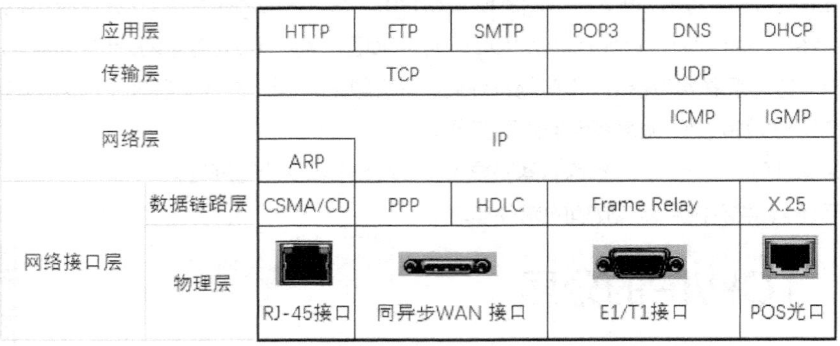

应用层	HTTP	FTP	SMTP	POP3	DNS	DHCP
传输层		TCP			UDP	
网络层		IP			ICMP	IGMP
	ARP					
数据链路层	CSMA/CD	PPP	HDLC	Frame Relay		X.25
物理层	RJ-45接口	同异步WAN 接口		E1/T1接口		POS光口

图9-2　TCP/IP簇的分层

1. 应用层协议

应用层协议定义了互联网上常见的应用程序（服务端和客户端通信）的通信规范。互联网上的应用很多，这就意味着应用层协议也很多，图 9-2 中只列出了几个常见的应用层协议，但不能认为就只有这几个。每个应用层协议定义了客户端能够向服务端发送哪些请求或哪些命令，以及这些命令发送的顺序；服务端能够向客户端返回哪些响应。这些请求报文和响应报文都有哪些字段，每个字段实现什么功能，以及每个字段的各种取值所代表的意思。

2. 传输层协议

传输层有两个协议：TCP 和 UDP。如果要传输的数据需要分成多个数据包发送，发送端和接收端使用 TCP 确保接收端最终完整无误地收到所传数据。如果在传输过程中出现丢包，发送端会超时重传丢失的数据包；如果发送的数据包没有按发送顺序到达接收端，接收端会将数据包在缓存中排序，等待迟到的数据包，最终收到连续、完整的数据。

UDP 用于一个数据包就完成数据发送的情景，这种情况下，不检查是否丢包，也不检查数据包是否按顺序到达，以及数据发送是否成功，这些都由应用程序判断。UDP 要比 TCP 简单得多。

3. 网络层协议

网络层协议负责在不同网段转发数据包，为数据包选择最佳转发路径。网络中的路由器负责在不同网段转发数据包，为数据包选择转发路径，因此我们称路由器工作在网络层，是网络层设备。

4. 数据链路层协议

数据链路层和物理层合并为网络接口层。

数据链路层协议负责把数据包从链路的一端发送到另一端。网络设备由线缆连接，连接网络设备的这段网线或线缆称为一条链路。在不同的链路上传输数据有不同的机制和方法，也就是不同的数据链路层协议，如以太网使用 CSMA/CD 协议，点到点链路使用 PPP。

物理层定义网络设备接口有关的一些特性，并对其进行标准化，如接口的形状、尺寸、引脚数目和排列、固定和锁定装置、接口电缆的各条线上出现的电压范围等规定，可以认为是物理层协议。

协议按功能分层的好处就是，某层的改变不会影响其他层。某层协议可以改进或改变，但其功能是不变的。比如计算机通信可以使用 IPv4，也可以使用 IPv6。网络层协议变了，但其功能依然是为数据包选择转发路径，不会引起传输层协议的改变，也不会引起数据链路层协议的改变。

这些协议，每层都是为其上一层提供服务，物理层为数据链路层提供服务，数据链路层为网络层提供服务，网络层为传输层提供服务，传输层为应用层提供服务。网络出现故障时，比如计算机不能使用浏览器浏览网页，排除网络故障就要从底层到高层逐一检查。首先看看网线是否连接，这是物理层排错；然后输入命令 ipconfig /all 查看 IP 地址、子网掩码、网关和 DNS 是否设置正确；接着使用 ping 命令测试 Internet 上的一个公网地址，看看网络是否畅通，这是网络层排错；最后检查浏览器设置是否正确，比如是否设置了错误的代理，这是应用层排错。

9.2 OSI参考模型

前面讲的 TCP/IP 簇是互联网通信的工业标准。当网络刚开始出现时，典型情况下只能在同一制造商制造的计算机产品之间进行通信。20 世纪 70 年代后期，国际标准化组织（ISO）创建了开放式系统互连（OSI）参考模型，从而打破了这一壁垒。

9.2.1 OSI参考模型与TCP/IP簇的关系

OSI 参考模型将计算机通信过程按功能划分为 7 层，并规定了每层实现的功能。这样互联网设备的厂家以及软件公司就能参照 OSI 参考模型来设计自己的硬件和软件，不同供应商的网络设备之间就能够互相协同工作。

OSI 参考模型与
TCP/IP 簇的关系

OSI 参考模型不是具体的协议，TCP/IP 簇是具体的协议，怎么来理解它们之间的关系呢？

比如，定义一下汽车参考模型：汽车要有动力系统、变速系统、转向系统、制动系统，这就相当于 OSI 参考模型定义计算机通信每层要实现的功能。汽车厂商可以按照这个汽车参考模型研发的自己的汽车。比如奥迪轿车，它实现了汽车参考模型的全部功能，此时奥迪汽车就相当于 TCP/IP。当然还有宝马汽车，它也实现了汽车参考模型的全部功能，此时宝马车就相当于 IPX/SPX。这些不同的汽车，它们的动力系统使用汽油或天然气，发动机是 8 缸或 10 缸，但实现的功能都是汽车参考模型的动力系统。变速系统采用手动挡或自动挡，采用 4 级变速、6 级变速或无级变速，实现的功能都是汽车参考模型的变速功能。

同样 OSI 参考模型只定义了计算机通信要实现的功能，并没有规定如何实现以及实现的细节，不同的协议簇实现方法可以不同。

OSI 参考模型将计算机通信分成 7 层。TCP/IP 对其进行了合并简化，其应用层实现了 OSI 参考模型的应用层、表示层和会话层的功能，并将数据链路层和物理层合并成网络接口层，如图 9-3 所示。

本书的内容就以 TCP/IP 簇分层来划分，为了给大家讲解得更加清楚，本书将 TCP/IP 簇的网络接口层按照 OSI 参考模型拆分成数据链路层和物理层。

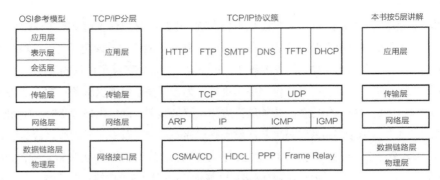

图9-3　OSI参考模型和TCP/IP分层对照

9.2.2　OSI参考模型每层功能

OSI 参考模型每层功能

国际标准化组织指定的 OSI 参考模型把计算机通信分成了 7 层。

应用层是 OSI 参考模型的第 7 层。应用层根据互联网中需要通信的应用程序的功能，定义客户端和服务端程序通信的规范，应用层向表示层发出请求。

表示层是 OSI 参考模型的第 6 层。表示层的功能是定义数据格式、检查是否加密或压缩。例如，FTP 允许选择以二进制或 ASCII 格式传输。如果选择二进制，那么发送方和接收方不需要改变文件的内容。如果选择 ASCII 格式，发送方先把文本从发送方计算机的字符集转换成标准的 ASCII 格式后发送数据，接收方再将收到的标准的 ASCII 格式转换成接收方计算机的字符集。这一层常常是软件开发人员需要考虑的问题，比如 QQ 软件开发人员就要考虑用户的聊天记录在网络传输之前进行加密，防止有人使用抓包工具捕获用户数据，从而泄露信息；针对 QQ 视频聊天，开发人员就要考虑如何通过压缩数据节省网络带宽。

会话层是 OSI 参考模型的第 5 层，它定义了如何开始、控制和结束一个会话，包括对多个双向消息的控制和管理，以便在只完成连续消息的一部分时就可以通知应用，从而使表示层看到的数据是连续的。

传输层是 OSI 参考模型的第 4 层，它负责常规数据递送，传送方式分为面向连接或无连接。面向连接实现可靠传输，如 TCP；无连接提供不可靠传输，如 UDP。传输层把消息分成若干个分组，并在接收端对它们进行重组。

网络层是 OSI 参考模型的第 3 层，它根据网络地址为数据包选择转发路径。网络层为传输层提供服务，只是尽力转发数据包，不保证不丢包，也不保证按顺序到达接收端。

数据链路层是 OSI 参考模型的第 2 层，简称为链路层。两台主机之间的数据传输，总是在一段一段的链路上传送的，这就需要专门的链路层协议。在两个相邻节点之间传送数据时，数据链路层将网络层提交下来的 IP 数据包组装成帧，在两个相邻节点间的链路上传送帧。每帧包括数据和必要的控制信息（数据链路层首部、同步信息、地址信息、差错控制等）。接收端必须知道帧的开始和结束，根据差错控制信息判断传输过程是否出现差错，如果出现差错，就丢弃该帧。

物理层是 OSI 参考模型的第 1 层，在物理层上所传输的数据单位是比特。发送方发送 1（或 0）时，接收方应该收到 1（或 0），而不是 0（或 1）。因此，物理层要考虑用多大电压代表"1"或"0"，以及接收方如何识别出发送方所代表的比特。物理层还要确定连接电缆的插头应当有多少根引脚以及各条引脚应如何连接。

9.3　网络排错

排除网络故障除书本上的知识外，还需要经验的积累。

9.3.1　网络排错的过程

网络排错的过程如下。

（1）先看症状。

（2）列出引起该症状的尽可能多的原因。

网络排错的过程

（3）针对每个原因进行排查。

（4）找到原因。

（5）解决问题。

在这里第（2）步非常重要，列出的原因越多，就能排除越复杂的网络故障。第（3）步，通常使用替换法排错，也就是把可能引起问题的因素去掉，看看是否能够解决问题。

例如，单位计算机访问 Internet 慢，怀疑是防火墙设备引起的，那就去掉防火墙设备，看看访问速度是否正常。再例如，某企业的某个网段不能访问 Internet，怀疑是路由器的访问控制列表配置错误引起的，那就先删除访问控制列表，看看是否能访问 Internet。又例如，单位的一台计算机和网络中的其他计算机不通，怀疑是网线的问题，找一个使用正常的网线替换，如果能访问了，就是网线的问题。

现在就以一个用户的计算机不能访问 Internet 为例，展示网络排错的过程。

9.3.2　网络排错案例

如图 9-4 所示，某公司局域网内的计算机 A 不能打开 Internet 网页。现在就针对这个具体案例，展示网络排错的过程。

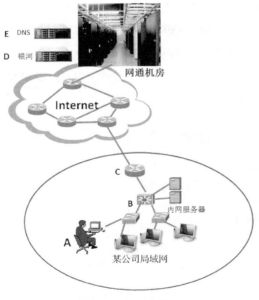

网络排错案例

图9-4　网络排错

（1）症状：某公司一台计算机不能打开 Internet 网页。

（2）可能引起该问题的原因如下。

① 计算机 A 的网线没有连接好。

② 计算机 A 的网卡没有安装驱动。

③ 计算机 A 的 IP 地址、子网掩码、网关配置错误。

④ 计算机 A 被 ARP 欺骗。

⑤ 计算机 A 域名解析出现故障。

⑥ 计算机 A 设置了 IPSec。

⑦ 计算机 A 的浏览器设置错误的代理服务。

⑧ 公司的路由器 C 设置访问控制列表错误。

（3）排错过程如下。

① 确定是计算机 A 不能访问 Internet，还是和计算机 A 在一个网段的所有计算机都不能访问。如果是只有计算机 A 不能访问 Internet，那么就在计算机 A 上找原因。

② 查看计算机 A 是不是有本地连接，如果没有，需要安装网卡驱动，如图 9-5 所示。

如果有"本地连接"，并且显示"已连接"，查看本地连接是否有收发的数据包。如果只有收的数据包或只有发的数据包，就需要重新连接网线或重新做网线的水晶头。网络通信要求必须既能接收数据包和又能发送数据包。如果还是不能打开 Internet 网页，就重新卸载网卡驱动，重新扫描硬件，并加载驱动。

图9-5　没有安装驱动

③ 如果有"本地连接"，看看网线连接是否正常，网线没接好如图 9-6 所示。

④ 同时也要查看网卡的速度是否和交换机的接口匹配，默认是自动协商速度。如果强制指定带宽和交换机的接口速度不能匹配成功，网络也会不通，如图 9-7 所示。

图9-6　网线没接好

图9-7　查看收发包以及带宽情况

⑤ 打开 TCP/IP 属性，可以看到配置的静态 IP 地址、子网掩码和网关，以及 DNS 是否设置正确，如图 9-8 所示。

还可以在 cmd.exe 软件中下输入命令 ipconfig /all 查看是否配置正确。如图 9-9 所示，可以查看自动获取的 IP 地址，以及配置的静态的 IP 地址。如果从这看到的地址和配置的静态地址不一致，需要先禁用再启用一下网卡。如果还不行，就重启一下系统。默认情况下 Windows 更改 IP 地址后就直接生效，但是个别情况有例外。使用命令 ipconfig /all 看到的地址是当前生效的地址。

⑥ 多余的网卡上的错误 IP 地址也会造成网络问题，需要禁用由此类网卡生成的本地连接，如图 9-10 所示。

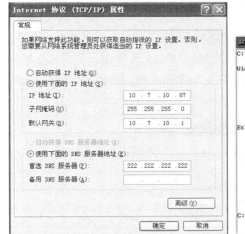

图9-8　查看网络配置

图9-9　使用命令查看网络配置

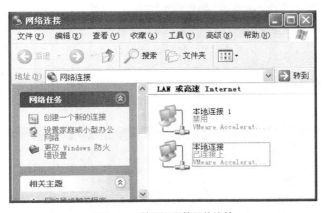

图9-10　禁用没用的网络连接

⑦ 检查网络连接是否正常。是否有收发的数据包，IP 地址子网掩码和网关是否都正常，使用 ping 命令测试网关是否通，使用 ping 命令测试本网段的其他计算机是否通。查看 time 的值是否正常，100Mbit/s 网络如果不堵塞，延迟应该小于 10ms。如果大于 100ms，则要考虑使用抓包工具排错，如图 9-11 所示。

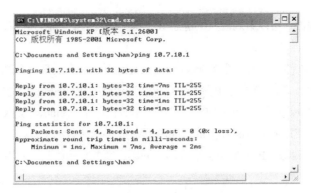

图9-11　测试网关

⑧ 如果使用 ping 命令测试网关不通，而使用 ping 命令测试本网段其他计算机能够通，则要考虑是否存在 MAC 地址欺骗。输入命令 arp -a 查看缓存的网关 MAC 地址，是不是正确网关的 MAC 地址。如果计算机缓存了一个错误的网关 MAC 地址，则要安装 ARP 防火墙，防止 ARP 欺骗，如图 9-12 所示。

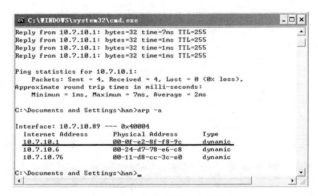

图9-12　查看解析的MAC地址

⑨ 检查 Windows 是否指派了错误的 IPSec，将所有的 IPSec 都不指派，测试是否能够上网，如图 9-13 所示。

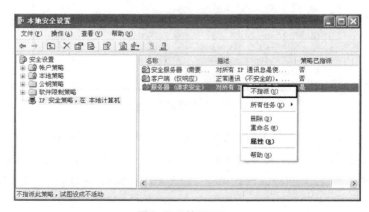

图9-13　禁用IPSec

⑩ 检查在公司路由器 C 上是否设置访问控制列表，允许本网段能够访问 Internet。

⑪ 使用命令 ping 202.99.160.68 -t 测试是否能访问 Internet，该地址是河北石家庄（中国网通）DNS 服务器地址，如图 9-14 所示。

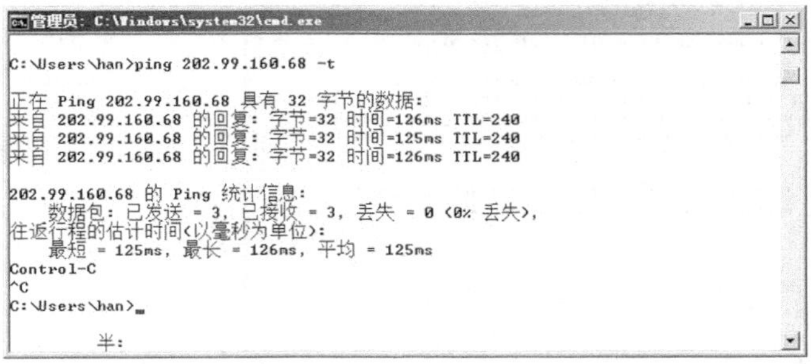

图9-14　测试到Internet网络是否畅通

⑫ 使用命令 ping 域名，查看是否能解析到网站的域名。如图 9-15 所示，使用命令 ping www.baidu.com 能够解析域名，并且能够通，ping www.huawei.com 可以看到能够解析出 IP 地址，请求超时，有些网站设置了防火墙，不允许 ICMP 协议通过。如果 DNS 设置错误，计算机就不能进行域名解析，可以为计算机配置多个 DNS 服务器，如图 9-16 所示。

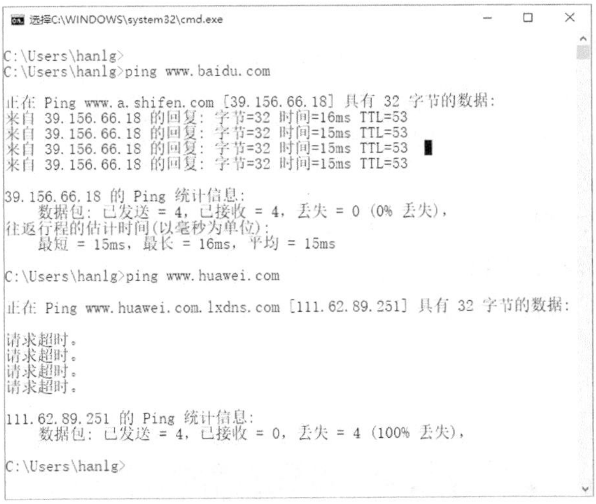

图9-15　测试域名解析

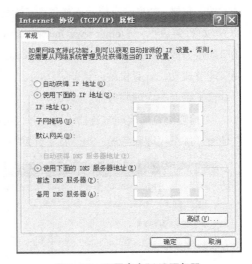

图9-16　配置多个DNS服务器

⑬ 如果个别网站访问不了，也可能是病毒向计算机 C:\Windows\System32\drivers\etc\hosts 文件添加内容了。使用记事本打开该文件，只保留图 9-17 所示的内容就可以了。该文件存储域名和 IP 地址的对应关系，如果某对应关系在该文件有就不用再 DNS 解析了。所以如果病毒在该记事本中添加一条 22.22.22.22 www.baidu.com，就不能访问百度网站了。使用命令 ping www.baidu.com 可以看到解析的地址是 22.22.22.22。

⑭ 如果计算机使用错误的 DNS 服务器解析到了错误的 IP 地址，或 ARP 解析到了错误的 MAC 地址，可以通过修复按钮清除缓存，如图 9-18 所示。

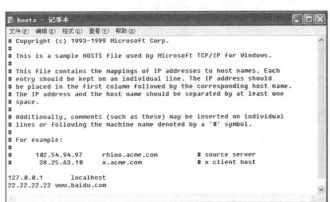

图9-17　Host文件

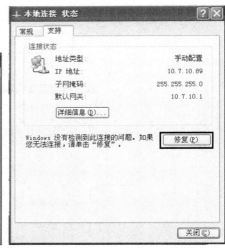

图9-18　修复网络连接

⑮ 如果使用命令 ping www.huawei.com 能够解析到 IP 地址。测试是否能够访问 Web 服务，就要使用命令 telnet www.huawei.com 80 进行测试并按回车键，如果没有提示连接失败，就是成功了。如图 9-19 所示，telnet www.huawei.com 25 端口连接失败。如果 telnet www.huawei.com 80

图9-19　telnet测试

端口能够成功，计算机就应该能够访问该网站。如果浏览器还是访问不了，应该检查浏览器设置，是否设置了错误的代理服务器。

⑯ 检查浏览器代理服务器设置。有些病毒给浏览器设置了一个并不存在的代理服务器。访问网站总是通过这个代理服务器，当然打不开网页，如图 9-20 和图 9-21 所示。

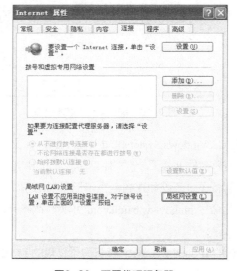

图9-20　配置代理服务器

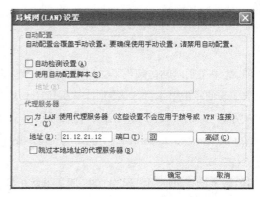

图9-21　检查代理服务器设置

到目前为止已经尽可能多地展示了访问 Internet 可能失败的原因以及解决办法。在真实的环境下还可以使用抓包工具分析网络中是否有大量广播包造成网络堵塞。

9.3.3 抓包分析网络故障

某单位网络时通时断，使用抓包工具捕获的数据包如图 9-22 所示。从 1778 个数据包开始，出现了 ARP 广播包，后续捕获的数据包都是 ARP 广播包，这就意味着其他计算机没机会发送数据包了，就出现了网络中断。可以看到 ARP 广播的目标MAC 地址为广播地址 ff:ff:ff:ff:ff:ff，源 MAC 地址是 00:01:06:8a:7d:5b。发送广播的计算机的 IP 地址是192.168.100.104，在解析本网段的全部 IP 地址的 MAC 地址。来自同一台计算机连续的 ARP 广播是一种攻击行为，因为正常的 ARP 广播包只有计算机需要将 IP 地址解析出 MAC 地址时才发送。

抓包分析网络故障

通过查看源 MAC 地址或源 IP 地址，就能定位发送广播包的计算机，拔掉该计算机的网线，网络立即恢复畅通。

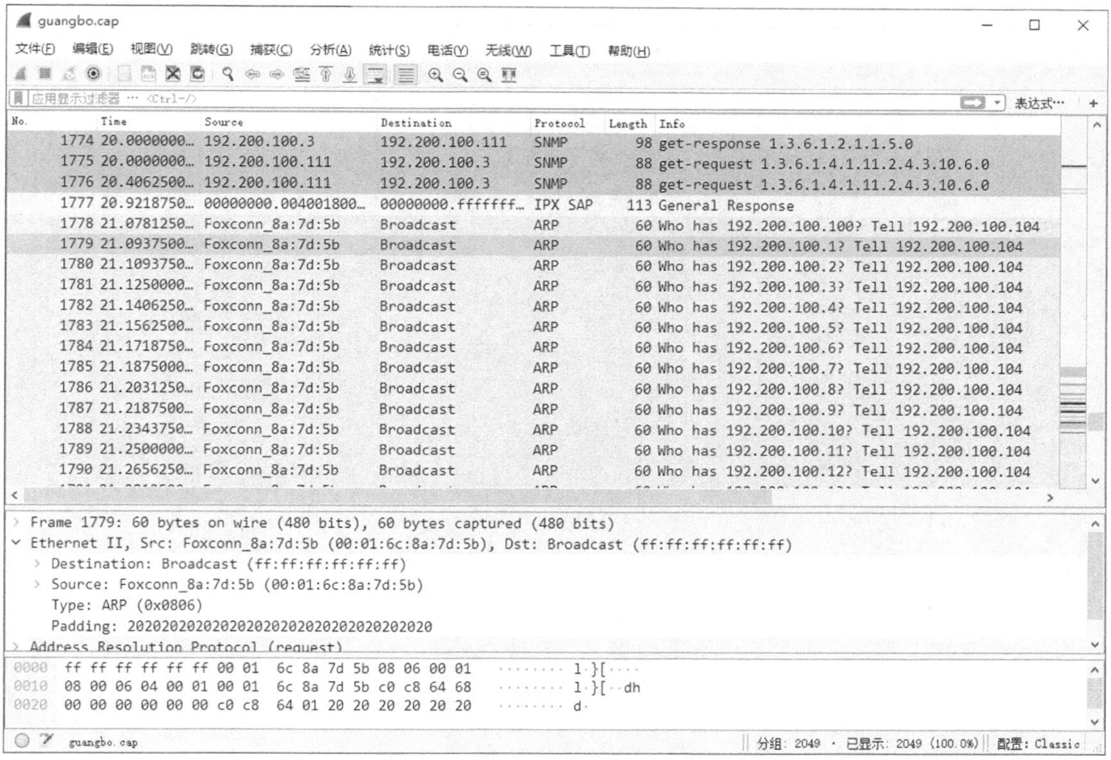

![图9-22 抓包分析网络故障 Wireshark 抓包窗口截图]

图9-22 抓包分析网络故障

习 题

1. 计算机通信实现可靠传输的是TCP/IP的（ ）。

    A. 物理层   B. 应用层   C. 传输层   D. 网络层

2. 由IPv4升级到IPv6，对TCP/IP来说是（ ）做了更改。

    A. 数据链路层   B. 网络层   C. 应用层   D. 物理层

3. 以太网使用（ ）在链路上发送帧。

    A. HTTP   B. TCP   C. CSMA/CD   D. ARP

4. 在Windows中，ping命令使用的协议是（ ）。

    A. HTTP   B. IGMP   C. TCP   D. ICMP

5. OSI参考模型的＿＿＿＿＿＿＿＿＿＿实现了端到端可靠传输。

6. TCP/IP按什么分层？写出每层协议实现的功能。

7. 列出几个常见的应用层协议。

8. 应用层协议要定义哪些内容？

9. 列出传输层的两个协议及应用场景。

10. 列出网络层的4个协议及每个协议的功能。